农业高等职业教育本科系列教材

U0965144

南方果树生产技术(总论)

园艺、农学类专业用

黄海生　主编

中国农业大学出版社
·北京·

内 容 简 介

本教材由校企合作开发，包括果树生长发育、果树苗木生产技术、果园建设技术、果园土肥水管理技术、果树树体和花果管理技术5个学习项目，每个学习项目安排若干学习任务。在继承传统知识和果树管理技术基础上，融合了当前果树研究领域的新成果、华南地区果树产业化生产主流先进技术、行业标准，并配套14个技能实训任务，具有较强的实用性和行业先进性，符合果树生产典型岗位(群)职业能力要求。教材依托互联网平台建设自主产权课程学习资源库，实现文、图、表、视频有机结合，且资源库实行动态管理，持续更新。编写课程思政案例共6个，发挥课程育人功能。本教材实用性较强且区域特色鲜明，可作为华南地区普通高等农业职业院校园艺专业及农学种植类相关专业本科、专科教材，也可作为华南地区果树生产管理技术人员的参考书。

图书在版编目(CIP)数据

南方果树生产技术. 总论/黄海生主编. --北京：中国农业大学出版社，2024.8
ISBN 978-7-5655-3235-1

Ⅰ. S66

中国国家版本馆 CIP 数据核字第 2024J1W109 号

书　名 南方果树生产技术(总论)
作　者 黄海生　主编

策划编辑 司建新　韩元凤　　**责任编辑** 韩元凤
封面设计 郑川　李尘工作室
出版发行 中国农业大学出版社
社　址 北京市海淀区圆明园西路2号　　**邮政编码** 100193
电　话 发行部 010-62733489，1190　　读者服务部 010-62732336
编辑部 010-62732617，2618　　出 版 部 010-62733440
网　址 http://www.caupress.cn　　**E-mail** cbsszs@cau.edu.cn
经　销 新华书店
印　刷 运河(唐山)印务有限公司
版　次 2024年9月第1版　2024年9月第1次印刷
规　格 185mm×260mm　16开本　16.75印张　413千字
定　价 51.00元

编审人员

主　编　黄海生（广西农业职业技术大学）

副主编　潘瑞立（广西南宁市蓝天农业有限公司）
梁　增（广西桂洁农业开发有限公司）
李宝深（广西金穗农业集团有限公司）

参　编　李志坚（广西农业职业技术大学）
孙　奇（广西农业职业技术大学）
黄笑仙（广西农业职业技术大学）
陆月坚（广西特色作物研究院）
青钟准（广西美呈农业科技有限公司）
葛　旭（广西南宁昇华农业科技有限公司）
农诚海（广西百色市田阳区果业发展中心）
曾黎明（广西亚热带作物研究所）
苏美鉴（广西钦州市钦南区水果产业发展中心）
黄　强（广西八桂农业科技有限公司）
陈绍阳（广西八桂农业科技有限公司）
方金达（广西农业职业技术大学）
崔忠吉（广西农业职业技术大学）
卢广湘（广西灵山县龙武农场）

审　稿　罗瑞鸿（广西农业科学院园艺研究所）
郑发娇（广西农业职业技术大学）
农文登（广西南宁美田农业科技有限公司）

前言

党的二十大擘画了以中国式现代化全面推进中华民族伟大复兴、建设社会主义现代化强国的宏伟蓝图，明确指出教育、科技、人才是全面建设社会主义现代化国家的基础性、战略性支撑，强调要统筹职业教育、高等教育、继续教育协同创新，推进职普融通、产教融合、科教融汇，优化职业教育类型定位，提出深化教育领域综合改革，加强教材建设和管理等一系列任务和措施。

为贯彻落实党的二十大精神，2022 年 12 月，中共中央办公厅、国务院办公厅联合印发《关于深化现代职业教育体系建设改革的意见》，提出现代职业教育改革方向要坚持以教促产、以产助教、产教融合、产学合作，组织知名专家、业界精英和优秀教师，打造一批核心课程、优质教材、教师团队、实践项目，及时把新方法、新技术、新工艺、新标准引入教育教学实践。同年，教育部办公厅也印发了《"十四五"职业教育规划教材建设实施方案》，对现代职业教育教材建设、编写、选用提出了明确的要求。

本教材以党和国家有关职业教育的方针政策为指引，结合高等职业教育特点，紧扣广西、广东、海南等华南地区各省(自治区)当前果树产业发展对人才的需求，按照"产教融合、校企合作"的要求，由农业职业本科院校、区域行业龙头和特色企业、科研机构、政府部门、行业协会共同合作完成，编写成员包括校内教师、企业能工巧匠、科研院所研究人员、行业专家。教材可作为华南地区高等农业职业院校园艺专业及农学种植类相关专业的本科、专科教材，也可作为华南地区果树生产管理技术人员的参考书。教材编写具有以下特点：

一、以果树生产岗位需求为导向设计学习单元

教材设计"果树生长发育、果树苗木生产技术、果园建设技术、果园土肥水管理技术、果树树体和花果管理技术"共 5 个学习项目，知识结构完整。每个学习项目下设若干学习任务，满足果树生产、技术、管理、销售、服务等岗位知识和职业技能的基本需求。围绕果树苗木生产、果园规划和设计、果园土肥水管理、果树整形修剪等设计了 14 个技能实训任务，使教材适应岗位需求，体现知行合一、工学结合等现代职业教育理念，帮助学生掌握理论知识和实践技能，构建职业能力体系。

二、将行业企业新技术新工艺新标准融入教材内容

职业教育教材需要紧密对接产业升级和技术变革趋势，将区域内产业结构需求及时反映到教材中，增强服务区域产业高质量发展的能力。编写组深入调研华南地区果树产业企业，摸清果树产业发展现状和发展趋势，了解区域果树生产龙头企业和特色企业当前产业化生产普遍采用的先进技术、生产工艺、操作规程、行业标准等，收集归纳果树研究领域的新成果，结合

高等职业教育本科设施园艺专业教学标准、专业人才培养方案和课程标准,将新技术、新工艺、新规范、新标准科学融入教材内容,使教材达到职业教育和产业经济充分融合的目的,具有较强的实用性和行业先进性。

三、根据专业人才培养目标有机融入思政元素

职业教育必须落实立德树人根本任务,坚持正确的政治方向和价值导向,教材按“三全育人”的要求有机融入思政元素。编写组结合专业人才培养目标和教材内容,深入挖掘课程思政元素,精心编写了6个课程思政案例,注重加强爱党爱国教育和国情教育,引导学生增强“四个意识”、坚定“四个自信”、做到“两个维护”,增强做中国人的自信心和自豪感,树立和践行绿水青山就是金山银山的理念,坚持“人与自然和谐共生”的科学自然观,培养学生保护生态环境意识,引导学生以强农兴农为己任,做到懂农业、爱农村、爱农民,增强学生服务农业农村现代化、服务乡村全面振兴的使命感和责任感,使教材具有鲜明的政治导向,充分发挥育人功能。

四、按新形态教材的要求建设教材互联网资源库

教材采用当代信息化技术,依托互联网平台,配套建设拥有自主产权的课程学习资源库,包括电子教材、教学PPT、重点内容图片库、视频库、理论知识复习题及电子参考文献等电子材料。将教材及课堂教学延伸至互联网,帮助学生扩展知识技术、掌握前沿资讯、开展自主学习。资源库实行动态管理、持续更新。

本教材编写分工:绪论由黄海生编写;项目一(果树生长发育)由黄海生、李宝深、李志坚、孙奇、曾黎明编写;项目二(果树苗木生产技术)由黄海生、陆月坚、方金达、崔忠吉编写;项目三(果园建设技术)由黄海生、梁增、葛旭编写;项目四(果园土肥水管理技术)由潘瑞立、青钟准、葛旭、黄海生、黄强、陈绍阳编写;项目五(果树树体和花果管理技术)由黄海生、农诚海、苏美鉴、卢广湘、潘瑞立、青钟准编写;技能实训部分由黄海生、潘瑞立、李宝深、黄强编写;课程思政部分由黄笑仙编写。全书由黄海生统稿,广西农业科学院园艺研究所罗瑞鸿、广西农业职业技术大学郑发娇、广西南宁美田农业科技有限公司农文登审稿。

本书编写得到广西农业职业技术大学、广西金穗农业集团有限公司、广西美呈农业科技有限公司、广西桂洁农业开发有限公司、广西南宁市蓝天农业有限公司、广西八桂农业科技有限公司、广西南宁昇华农业科技有限公司、广西特色作物研究院、广西亚热带作物研究所、广西百色市田阳区果业发展中心、广西钦州市钦南区水果产业发展中心等院校和企业大力支持。教材编写过程参阅、参考了诸多专家和学者的专著、文献、教材等资料,在此一并表示最诚挚的谢意!鉴于编者水平有限,书中错误及不妥之处在所难免,恳请专家和同行批评指正。

编　者

2024年5月

目　录

绪　论

【学习目标】

了解我国果树生产历史及我国改革开放以来果树产业发展历程；了解果树生产的经济价值、社会价值和生态价值；了解我国果树生产现状、成就及未来发展趋势；了解果树分类方法及代表树种。

任务一　我国果树生产历史、现状及趋势

一、果树生产历史

果树指的是果实或种子可供人类食用的木本植物，如荔枝、柑橘、杧果、苹果、梨、李等，但当前一些草本植物如香蕉、菠萝、草莓也归入果树范围。果树的果实营养丰富，风味鲜美，是人类生活重要的食品，除了鲜果食用外，还可加工为果干、果脯、果汁、果粉等食品。

（一）我国果树栽培历史源远流长

果树栽培是指人类对果树进行种植、土肥水管理、枝叶花果管理的过程。我国果树栽培历史悠久，全世界栽培的果树有60余种原产于我国。公元前8世纪的《夏小正》中有"囿有见杏"的记载，为世界最早的杏的历史资料。据文献记载我国已有3 000余年栽培历史；在成书于春秋时期（前770—前476年）的《诗经》中就有"八月剥枣""丘中有李""桃之夭夭，有蕡其实""东门之栗，有践家室"相关果树记载；屈原（约前340—前278年）的《离骚·橘颂》叙述了"后皇嘉树，橘徕服兮"；西汉时期约公元前135年至公元前134年创作的《上林赋》有"卢橘夏熟，黄甘橙楱，枇杷燃柿，亭奈厚朴，梬枣杨梅，樱桃蒲陶，隐夫薁棣，荅沓离支"众多果树记载；成书于战国时期至汉代初期的《山海经》对柑橘记述"葛山其木多柤、栗、橘、櫾、柚、杻"；《史记》记载了"蜀汉江陵千树橘，此其人皆与千户侯等"。梨、枣、栗、桃、李等果树在秦汉时期已有很多优良品种。唐朝杜牧"一骑红尘妃子笑，无人知是荔枝来"，宋朝苏轼"日啖荔枝三百颗，不辞长作岭南人"，有关荔枝的诗句至今仍耳熟能详。而《荔枝谱》（北宋蔡襄）、《橘录》（南宋韩彦直）更是我国古代著名的果树专著。

（二）新中国果树发展简介

新中国成立后，党和政府高度重视果树产业布局发展及科技人才队伍建设，我国果树产业发展兴旺，在种质资源、遗传育种、栽培模式与技术、病虫害防控、采后贮藏与加工、果园机械、国际交流等方面成绩优良。果树科学研究在人才培养、硬件平台、全产业链基础理论创新与技

术研发等方面均取得了重要进展，国家和省(自治区、直辖市)的农业科研单位设立了一批果树研究院(所)，国家、省(部)级等农业院校培养了一大批果树生产技术员、科研人员；国家还创建了柑橘、苹果、梨、葡萄、荔枝、香蕉等许多果树国家级产业技术体系，给予专项资金支持，用于产业技术研发中心、功能研究室、综合试验站与体系建设直接相关的研究开发和试验示范等。我国良好的惠农政策、较高水平的果树科技人才队伍，有力支撑了我国果树产业的健康快速和可持续发展，取得了举世瞩目的成就。

我国果园总面积(含瓜果类面积)1978 年为 2062.67 千 hm^2，2003 年增加至 11 790.49 千 hm^2，是 1978 年的 5.7 倍，2022 年增加至 15 139.06 千 hm^2，是 1978 年的 7.7 倍、2003 年的 1.3 倍，我国 1978—2022 年部分年份主要果树如苹果、柑橘等 5 种水果种植面积见表 0-1、年总产量见表 0-2。全国水果总产量(含瓜果类产量)2003—2022 年 20 年全国水果总产量变化见图 0-1，2022 年比 2003 年种植面积增加 3 348.3 千 hm^2，增加了 28.4%，而总产量增加 16 778.6 万 t，增加了 115.5%，这是因为丰产稳产水果品种普及，果园建设水平提升，果树生产技术日益提高。2003—2022 年部分年份水果种植面积和年总产量统计见图 0-2；苹果和柑橘两种果树年总产量统计见图 0-3，苹果年总产量从 2003 年 2 110.18 万 t、2005 年 2 401.11 万 t，发展至 2022 年 4 757.18 万 t，是 2003 年的 2.3 倍、2005 年的 2.0 倍，柑橘年总产量从 2003 年 1 345.37 万 t、2005 年 1 591.91 万 t，发展至 2022 年 6 003.89 万 t，是 2003 年的 4.5 倍、2005 年的 3.8 倍；我国 1978—2022 年部分年度的柑橘和香蕉年产量统计见图 0-4，2022 年柑橘总产量 6 003.89 万 t 是 1978 年 38.27 万 t 的 156.9 倍，2022 年香蕉总产量 1 177.68 万 t 是 1978 年 8.54 万 t 的 137.9 倍。我国水果总产量和种植面积增加，得益于我国

表 0-1 我国 1978—2022 年部分年份主要果树种植面积 千 hm^2

年份	苹果	梨	柑橘	葡萄	香蕉
1978	678.87	278.93	177.87	26.33	4.53
1988	1 660.47	487.47	922.27	146.60	141.87
1998	2 621.47	927.60	1 270.42	176.44	178.02
2008	1 853.66	1 011.22	1 900.75	433.07	309.42
2018	1 938.57	943.42	2 486.68	725.10	331.90
2022	1 955.77	914.97	2 995.81	705.11	326.85

注：数据来源于中国国家统计局国家数据网站 https://data.stats.gov.cn/easyquery.htm? cn=C01

表 0-2 我国 1978—2022 年部分年份主要果树年总产量 万 t

年份	苹果	梨	柑橘	葡萄	香蕉
1978	227.52	151.70	38.27	10.39	8.54
1988	434.44	272.12	256.00	79.22	182.97
1998	1 948.07	727.55	859.04	235.82	351.82
2008	2 899.46	1 296.41	2 296.96	698.24	748.43
2018	3 923.34	1 607.80	4 138.14	1 366.68	1 122.17
2022	4 757.18	1 926.53	6 003.89	1 537.79	1 177.68

注：数据来源于中国国家统计局国家数据网站 https://data.stats.gov.cn/easyquery.htm? cn=C01

改革开放以来，国泰民安，国家经济快速发展，国内生产总值（GDP）持续增高，全国居民收入水平、消费水平、生活水平逐年提高，市场对水果需求量增加，促进了我国果树产业水平提升。我国国内生产总值（GDP）于 1986 年才突破 1 万亿元，2010 年近 40 万亿元，我国成为世界第二大经济体，2019 年我国接近 100 万亿元大关，人均 GDP 达 10 276 美元，跨上 1 万美元台阶，2023 年我国国内生产总值达到 126 万亿元，人均 GDP 达 12 681 美元，我国居民的收入水平、消费结构、市场规模迈上新台阶。

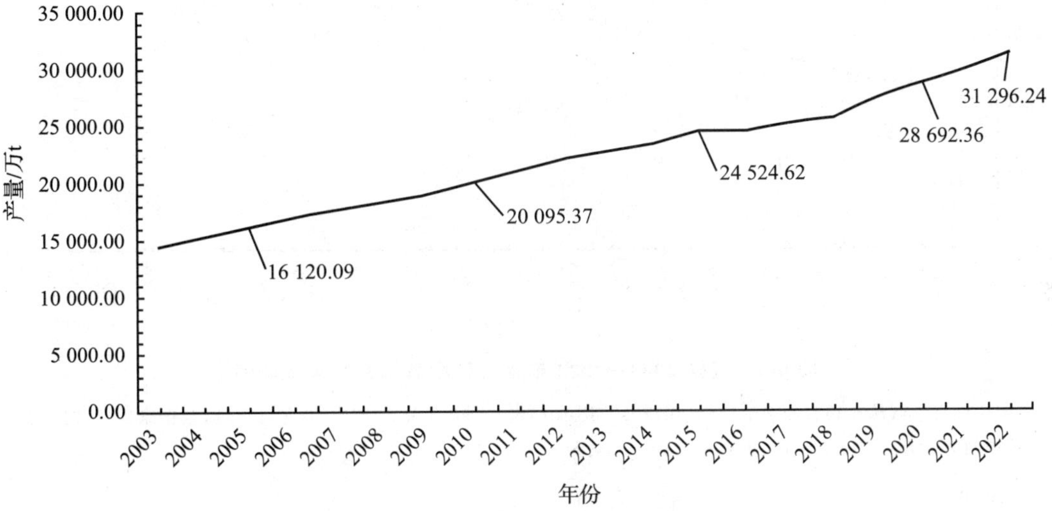

图 0-1　我国 2003—2022 年水果总产量统计图

注：图中标记数据从左到右分别是 2005 年、2010 年、2015 年、2020 年和 2022 年年度总产量，数据来源于中国国家统计局国家数据网站 https://data.stats.gov.cn/easyquery.htm? cn=C01

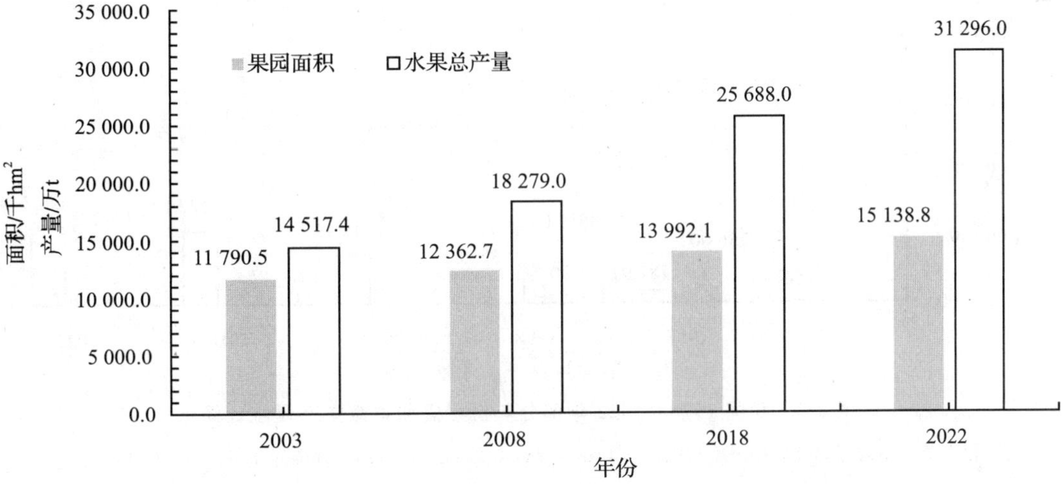

图 0-2　我国 2003—2022 年部分年份水果面积和总产量统计图

注：数据来源于中国国家统计局国家数据网站 https://data.stats.gov.cn/easyquery.htm? cn=C01

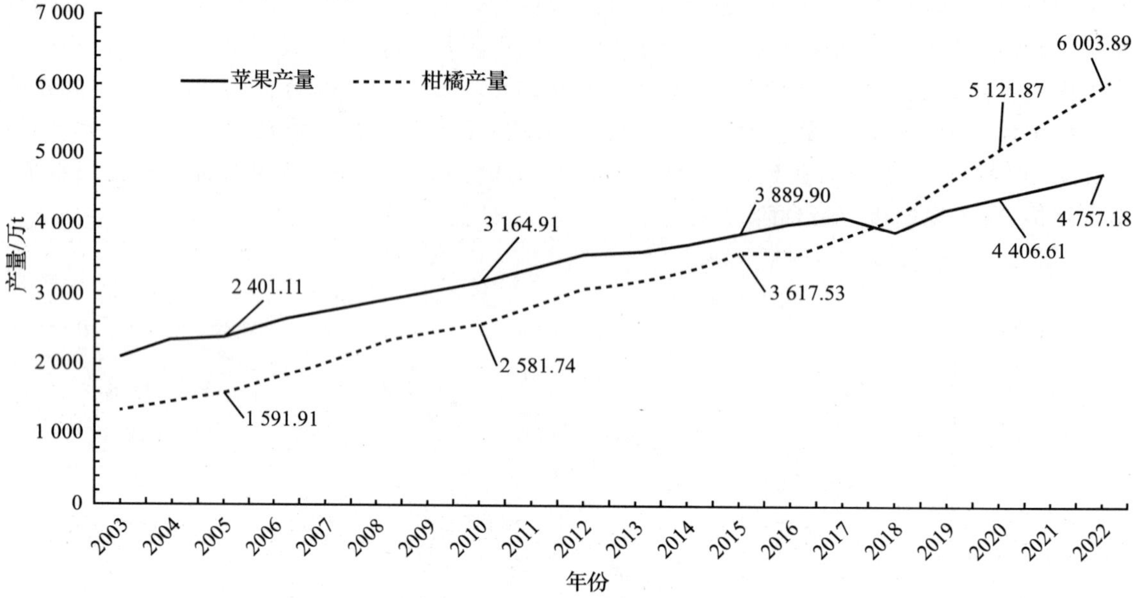

图 0-3 我国 2003—2022 年苹果和柑橘年总产量统计图

注:图中标记数据从左到右分别是 2005 年、2010 年、2015 年、2020 年和 2022 年年度总产量,数据来源于中国国家统计局国家数据网站 https://data.stats.gov.cn/easyquery.htm? cn=C01

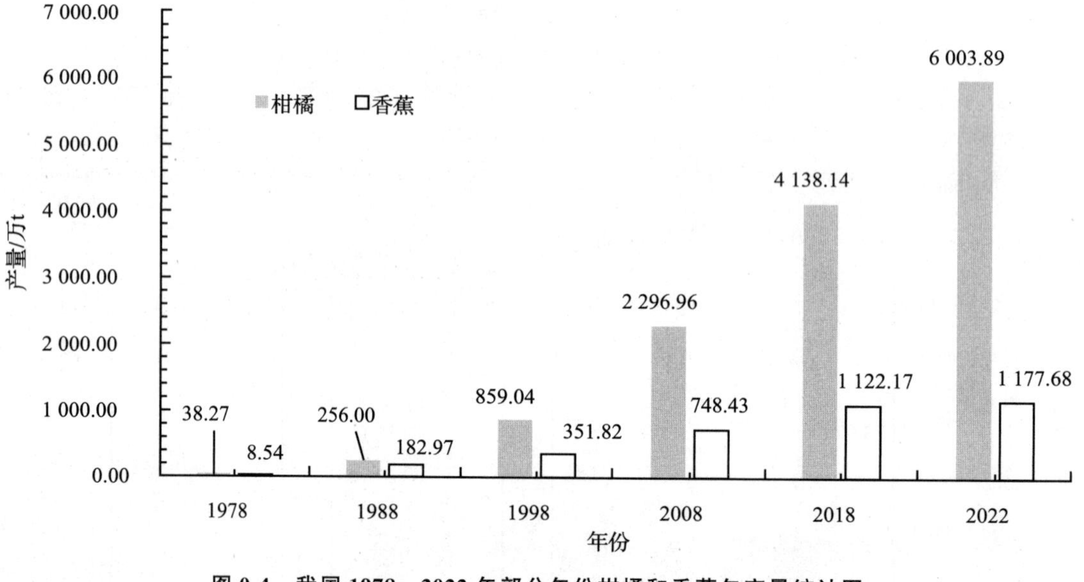

图 0-4 我国 1978—2022 年部分年份柑橘和香蕉年产量统计图

注:数据来源于中国国家统计局国家数据网站 https://data.stats.gov.cn/easyquery.htm? cn=C01

二、我国果树产业发展现状

果树产业是当前我国农业经济重要支柱产业之一,创造了良好的经济价值、社会价值及生态效益。果树优良品种普及,果园水肥一体化管理技术普遍应用,柑橘(图 0-5)、荔枝(图 0-6)、火龙果(图 0-7)、香蕉(图 0-8)、杧果(图 0-9)、龙眼(图 0-10)、菠萝(图 0-11)、葡萄(图 0-12)等果树基地化、产业化和规模化面积增加，建设了众多的水果品牌，如广西灵山荔枝、百色杧果、武鸣沃柑、南宁火龙果等，广东徐闻菠萝、徐闻香蕉、增城荔枝，海南澄迈无核荔枝、海南火龙果。植保无人机应用于果园叶面追肥（图 0-13）、花期雨天空飞摇树、喷药防治病虫管理工作，山地果园建设运输轨道，挖掘机械应用于果园建园和日常挖沟施肥（图 0-14），降低果园管理人员劳动强度，提高了生产管理工作效率，加上发达的交通运输业和物流产业极大助推了我国果树产业持续发展，华南地区部分水果采取避雨栽培（图 0-12、图 0-15 和图 0-16），扩大了良种栽培区域，提高了果品产量和品质，火龙果、百香果还推广了夜间人工补光措施（图 0-7 右），进行产期调节，增加了开花结果批次，提高了年周期单位面积产量。全国各地根据市场需要和生产条件也发展设施果树栽培规模，设施栽培技术主要应用于葡萄（图 0-12）、蓝莓（图 0-16）、草莓（图 0-15）生产。

图 0-5　沃柑生产基地（南宁，2022 年 1 月）

图 0-6　荔枝产业化生产基地（广西灵山，2014 年 7 月）

图 0-7　大型火龙果生产基地航拍图（右为夜间补光照片，南宁，2022 年 12 月）

图 0-8　香蕉生产基地(右为新植香蕉园,广西崇左,2021 年)

图 0-9　开花的坡地杧果园(广西百色,2021 年 3 月)

图 0-10　枝挂满果的龙眼树(南宁,2023 年 7 月)

图 0-11　菠萝园区(湛江徐闻县)

图 0-12　塑料大棚避雨栽培的阳光玫瑰葡萄(南宁,2024 年)

图 0-13　植保无人机在山地果园叶面追肥

图 0-14　小型挖掘机挖掘和回填果树改土沟

图 0-15　避雨栽培草莓园(杭州,2023 年 2 月)

图 0-16　设施塑料棚栽培的蓝莓(云南,2023 年)

2022 年我国果树种植面积为 15 138.76 千 hm^2,水果年总产量为 31 296.24 万 t,其中苹果、梨、柑橘、葡萄、香蕉产量分别为当年水果总产量的 15.2%、6.2%、19.2%、4.9%、3.8%(表 0-3),合计占全国水果总产量(含瓜果类产量)的 49.3%,而苹果、柑橘两种水果占 34.4%。

表 0-3　我国 2022 年部分主要果树年总产量

项目	苹果	梨	柑橘	葡萄	香蕉
产量/万 t	4 757.18	1 926.53	6 003.89	1 537.79	1 177.68
百分率/%	15.2	6.2	19.2	4.9	3.8

注:数据来源于中国国家统计局国家数据网站 https://data.stats.gov.cn/easyquery.htm? cn=C01

我国重要水果生产大省广东、广西两省(自治区),水果种植面积和年总产量居全国前列,广东 2021 年全省园林水果种植面积 1 051 千 hm^2,同比增长 1.9%;水果产量为 1 812.8 万 t,同比增长 3.2%,主栽果树产值、利润见表 0-4。广西 2022 年果园总面积达 1 521.62 千 hm^2,水果总产量达 3 402.46 万 t,占全国年度水果总产量的 10.9%,当年广西水果生产总值超 1 700 亿元,武鸣沃柑当年年产量 150 万 t,年产值超百亿元。海南省 2022 年水果收获面积 217.5 千 hm^2,产量 563.47 万 t。2022 年陕西省全年园林水果面积 1 168.2 千 hm^2,园林水果产量 1993.47 万 t,果业增加值 722.2 亿元。甘肃是我国苹果面积第二大省和核心优势产区,有 18 个全国苹果优势区域重点县,2023 年甘肃苹果面积 386.7 千 hm^2,产量 740 万 t,全产业链产值 560 亿元;培育形成了静宁苹果、天水花牛苹果(图 0-17)、庆阳苹果等国内外有较高知名度的区域公用品牌,全省苹果贮藏保鲜能力达 340 万 t,建成果品分级生产线超过 120 条,有 11 家苹果浓缩汁等大中型加工企业,原料果年处理能力超过 100 万 t;培育苹果龙头企业 460 多家、农民专业合作社 5 100 多个、家庭农场 1 600 多个。新疆维吾尔自治区 2023 年特色林果产量 1 877.77 万 t,比上年增产 3.4%,其中:葡萄(图 0-18)等园林水果产量 1 248.96 万 t,增产 3.0%;坚果产量 144.52 万 t,增产 1.1%;果用瓜产量 484.29 万 t,增产 5.3%。2023 年广东省水果种植面积为 1 075 千 hm^2,同比增长 0.6%,水果产量约为 1 929.8 万 t,同比增长 1.8%。

三、果树生产发展的趋势

(一)强化机械参与果园管理

果树未来的发展,更多的是强化机械参与,减少人工投入。果树传统生产模式在矮密栽培基础上达丰产稳产优质生产目标是通过投入大量人工成本而实现,但当前我国各行业劳动力

表 0-4 规模基地部分果树种植成本效益(2020 年,广东)

果树品种(种类)	单位面积产值/(元/亩)	单位面积成本/(元/亩)	单位面积利润/(元/亩)	利润率/%
徐闻巴厘菠萝	6 777	5 480	1 297	24
妃子笑荔枝	8 584	3 259	5 325	163
白糖罂荔枝	8 216	3 731	4 485	120
桂味荔枝	13 073	3 134	9 939	317
黑叶荔枝	4 763	2 876	1 887	66
糯米糍荔枝	14 634	2 783	11 851	426
怀枝	3 313	1 833	1 480	81
石硖龙眼	5 858	2 559	3 299	129
储良龙眼	9 876	3 157	6 719	213
红肉蜜柚	9 430	4 232	5 298	125
沙田柚	17 028	5 551	11 477	297
白肉蜜柚	8 361	4 069	4 292	105
砂糖橘	5 000	3 500	1 500	43
廉江红橙	15 468	5 700	9 768	171
平远脐橙	8 445	3 030	5 415	179
德庆贡柑	7 769	5 000	2 769	55
仁化贡柑	6 575	4 604	1 971	43

注:数据引自《2020 年广东省水果产销形势分析》https://dara.gd.gov.cn/zwgk2278/bmdt/content/post_3177728.html

图 0-17 甘肃天水花牛苹果园

图 0-18 新疆焉耆县葡萄种植基地

成本逐年增高,如果不改变传统果树树体管理、土肥水管理理念和模式,因缺少人工导致果园管理不到位,产量减少,品质低劣,果树生产利润低,影响果树产业健康发展。我国果树产业飞跃式发展得益于农业机械进入许多果园日常管理之中,近 20 年来果树水肥一体化管理技术在全国各地推广和普及,近 5 年来植保无人机广泛应用于果园病虫害防治和叶面追肥等喷雾工作,部分山地果园建设的轨道运输车设施(图 0-19 左)、运输索道(图 0-19 右),都极大地减少了人工劳动投入和劳动强度。未来的果园设计和建设,首先要考虑农业机械甚至是智慧无人驾驶农机如无人驾驶割草机(图 0-20)、开沟机(图 0-21)、喷雾车(图 0-22 和图 0-23)等参与日常果园管理,需要设计农机运行的合理宽度的大行距种植栽培模式(图 0-22 至图 0-24),为提高宽行种植果园土地利用率,树冠培养就要改变传统矮化平宽的树冠模式,培养扁、窄的高树冠(图 0-23 和图 0-24 左),利用垂直空间增加单株果树结果面积,获取单位面积较高的产量,日常对树体和花果管理借助可升降的移动式工作平台(图 0-25 和图 0-26)。不便运输果品或农资的中小型果园必须建设轨道运输车设施或运输索道,也可利用无人机吊运果品或农资等重物(图 0-27)。

图 0-19　果园的轨道运输车设施(左)和运输索道(右)

图 0-20　遥控割草机在斜坡割草

图 0-21　无人驾驶基肥开沟机

图 0-22　中型喷雾器在宽行果园喷雾

图 0-23　无人驾驶农机在宽行梨园喷雾

图 0-24 宽行距果园(左为苹果园,右为柑橘园)

图 0-25 果园树冠管理及花果管理移动式工作平台

图 0-26 智能果实采收工作平台

(二)实施生态环保的果园管理模式

果园肥水管理实行智能化水肥一体化滴灌管理,借助互联网可远程操作控制施肥灌溉设备(图 0-28),优化施肥配方,提高肥效,提高肥料和水分利用率,在果园分点安装土壤环境传感器,自动采集并通过互联网自动反馈土壤温度、水分、电导率、盐度、pH、氮磷钾等营养元素即时信息到电脑或手机,供制定合理的果树追肥和灌溉方案参考,施肥注重有机肥和化肥合理比例,减少化肥过度使用对土壤和生态环境的破坏。果树成年结果树修剪提倡省时省力的大枝组修剪理念,减少果树修剪劳动强度和人工成本支出,修剪下来的枝叶就地粉碎覆盖地面,幼树整形培养垂直空间多层次分布结果枝组的树冠,如主枝分层主干形。果园地面管理多采用生草栽培但控制草高度的物理控草的生态管理方法,减少除草剂使用次数和施用量。部分果树根据生产需要,会采用设施栽培方式进行生产,部分果树有条件的进行产期调节生产。

图 0-27 无人机吊运果品或农资

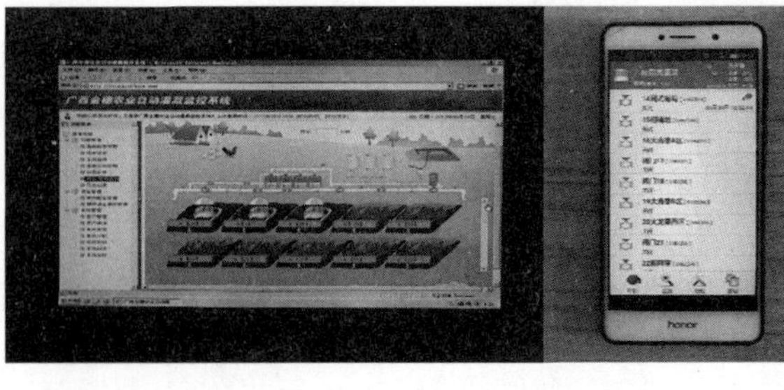

图 0-28 远程控制水肥一体化管理电脑和手机

此外，建设果园土地使用必须符合国家土地使用法规，不使用基本农田等耕地建设果园及果园的设施，做到果树不与粮食种植争田地。

果园机械化管理剪影

任务二　果树分类

一、根据果树是否冬季集中落叶分类

（1）落叶果树　如苹果、梨、桃、李、核桃、板栗、葡萄、柿等，在秋季和冬季寒冷季节来临时，叶片干枯集中脱落，称为落叶果树，落叶果树春季气温和地温回升时萌芽开花并长出新的枝梢。

（2）常绿果树　如柑橘、枇杷、杨梅、荔枝、龙眼、杧果等，叶片寿命较长，生长过程没有固定时期大量叶枯脱落的现象，各叶片老化后零星脱落。常绿果树自然分布在热带和亚热带气候的地区。

二、根据植株形态特征分类

（1）乔木果树　自然生长时，成年树体高大，有较明显主干。常见的乔木果树比较多，如梨、银杏、板栗、橄榄、杧果、龙眼、荔枝等。

（2）灌木果树　自然生长时，树体矮小，大多主干不明显。常见的灌木果树如树莓、无花果、神秘果、番荔枝等。

（3）藤本果树　茎长不能自然直立，需要依附支撑物才能向上生长。常见的藤本果树如葡萄、猕猴桃、西番莲、火龙果等。

（4）草本果树　茎松软多水分，木质化程度低，常见的草本果树如草莓、菠萝、香蕉、番木瓜等。

三、根据果树生态适应性分类

果树的生态适应性分类是依据自然条件下栽培地区的气候条件进行分类。

（1）热带果树　分为一般热带果树和典型热带果树。一般热带果树常见的如香蕉、菠萝、番荔枝、番木瓜、杨桃、杧果等；典型热带果树常见的如榴莲、槟榔、山竹子等。

（2）亚热带果树　特点是花芽分化时期需要冷凉气温才能完成花芽分化，然后才能开花结果。分为落叶性亚热带果树和常绿性亚热带果树。落叶性亚热带果树常见的如柿、石榴、无花果、猕猴桃、余甘等；常绿性亚热带果树常见的如柑橘、荔枝、龙眼、杨梅、枇杷、黄皮、澳洲坚果等。

（3）温带果树　喜冷凉干燥的气候条件，自然条件下适宜在温带地区和北亚热带地区栽培。常见的如苹果、梨、桃、李、银杏、柿、核桃、山楂、板栗、葡萄等。

（4）寒带果树　如山葡萄、秋子梨、醋栗、树莓、越橘等。

四、根据果实结构分类

分为仁果类、核果类、浆果类、坚果类、聚合果类、荚果类、柑果类、荔果类。仁果类常见的如苹果、梨、山楂、枇杷，食用部分为花托；核果类常见的如桃、李、杏、杧果，食用部分为中果皮；

浆果类常见的如葡萄、草莓、猕猴桃、蕉类、番木瓜、桑果、无花果、柿,食用部分为中果皮和内果皮;坚果类常见的如板栗、澳洲坚果、核桃、银杏等,食用的是种子;聚合果类常见的如菠萝、菠萝蜜、番荔枝、草莓、桑果,食用部分是小花花被基部、子房和花轴;荚果类常见的如苹婆,食用的是种子;柑果类常见的如橙、柚、橘、柠檬、金柑等,食用部分为瓢囊;荔果类常见的如荔枝、龙眼,食用部分为假种皮。

【课程思政】

我国居民人均干鲜瓜果类消费量逐年增长

居民人均干鲜瓜果类消费量指标可以反映居民的饮食健康状况和生活质量。消费量增加意味着居民在日常饮食中更加注重营养和健康,侧面反映居民人均可支配收入的增加。据我国国家统计局国家数据网站公布的数据,我国居民人均干鲜瓜果类消费量 2013 年为 40.7 kg,2022 年达到了 54.7 kg[1](图 1),10 年间增长了 14.0 kg,增长率为 34.4%。

近 10 年来居民人均干鲜瓜果类消费量逐年增长主要得益于我国居民人均可支配收入持续增加,居民生活水平和消费水平持续提高。据统计,我国居民人均可支配收入 2013 年为 20 167 元,2022 年为 36 883 元,2023 年增到 39 218 元[2],比 2013 年增长了 19 051 元,增长率为 94.5%。

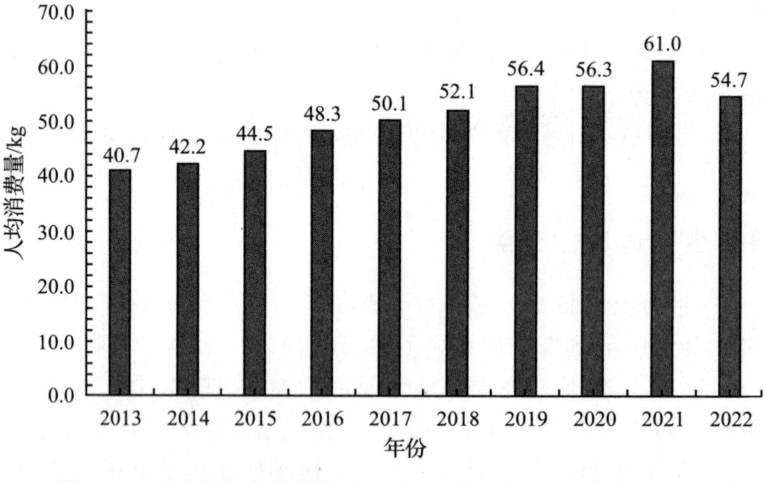

图 1 2013—2022 年我国居民年人均干鲜瓜果类消费量统计图

注:数据来源于中国国家统计局国家数据网站 https://data.stats.gov.cn/easyquery.htm? cn=C01

在中国共产党的领导下,我国坚持贯彻新发展理念,着力推进高质量发展,推动构建新发展格局,实施供给侧结构性改革,经济实力持续提升,自 2009 年起已成为世界第二大经济体[3],此后,经济占全球份额稳步提升,国际影响力与日俱增。2013—2022 年,我国国内生产总值(GDP)从 59.3 万亿元增长到 121 万亿元,年均增长 6%以上,按年平均汇率折算,经济总量达 18 万亿美元,10 年来中国经济总量占世界经济的比重从 12.3%上升到 18%左右[4]。2023 年国内生产总值达到 126 万亿元[5],比 2013 年增长了 112.5%。2021 年,我国历史性地解决了绝对贫困问题,在中华大地上全面建成小康社会,实现了第一个百年奋斗目标。2022

年10月中国共产党第二十次全国代表大会胜利召开。而今,中国式现代化在改革开放中不断推进,全国各族人民全面贯彻党的二十大精神,把思想和行动统一到党中央的决策部署上来,凝心聚力、奋发进取,为全面建成社会主义现代化强国、实现第二个百年奋斗目标,以中国式现代化全面推进中华民族伟大复兴而努力奋斗。

随着我国经济水平不断提升,居民生活消费能力逐年提高,我国果树产业的发展前景将更加广阔。

来源:[1]《全国居民主要食品消费量》. 国家数据网 https://data. stats. gov. cn/easyquery. htm? cn=C01

[2]《全国居民人均收入情况》. 国家数据网 https://data. stats. gov. cn/easyquery. htm? cn=C01

[3]《"世界第二"的考题》. 新华网 http://www. xinhuanet. com/world/2016-03/14/c_128797093. htm

[4]《GDP十年翻番 我国经济实力实现历史性跃升》. 中华人民共和国中央人民政府网 https://www. gov. cn/yaowen/liebiao/202312/content_6920375. htm

[5]《2023年全年国内生产总值超126万亿》. 中华人民共和国中央人民政府网 https://www. gov. cn/yaowen/shipin/202402/content_6935149. htm

【思政元素】

中国共产党团结带领中国人民,持续奋斗,党和国家事业取得历史性成就,我国实现了从生产力相对落后的状况到经济总量跃居世界第二的历史性突破,实现了人民生活从温饱不足到总体小康、奔向全面小康的历史性跨越,实现了第一个百年奋斗目标,明确实现第二个百年奋斗目标的战略安排。中华民族迎来了从站起来、富起来到强起来的伟大飞跃,全面建设社会主义现代化国家迈出坚实步伐。

项目一　果树生长发育

【学习目标】

了解并掌握果树树体结构及名称。掌握果树的根、枝、叶、花、果的生长发育特性。掌握芽体分类、花芽分化概念及花芽分化对果树开花结果的重要性；了解花芽分化主要学说，掌握主栽果树柑橘、荔枝、龙眼、香蕉、草莓、百香果花芽分化的特点；了解和掌握影响果树花芽分化的内因和外因；掌握促进花芽分化的措施。了解和掌握柑橘、荔枝、龙眼、杧果、香蕉、葡萄、火龙果、百香果、草莓的开花特性；了解和掌握果树授粉方式、有利于授粉受精和提高坐果率条件；了解和掌握果实生长发育模型、果实生长发育过程及特点。了解柑橘、荔枝、龙眼、杧果、李、葡萄、杨梅的落花落果特点；了解和掌握果树生理落花落果主要原因。了解果实成熟时主要内含物变化；掌握果实品质分级常设的指标；了解柑橘、香蕉等部分果品分级标准指标。了解和掌握果树器官之间生长发育的关系、营养生长与生殖生长的关系；了解果树一年生长周期和生命周期。了解温度、光照、水分、土壤、风、环境质量等生态环境因素对果树生长发育的影响。

任务一　果树营养器官生长发育

果树树体结构分为地上部和地下部，地上部器官包括枝条、叶片、花、果，地下部器官主要是根系，如图 1-1 至图 1-4 所示。地上部树冠高度、宽度大小与果树树种、栽培管理方式直接相关。

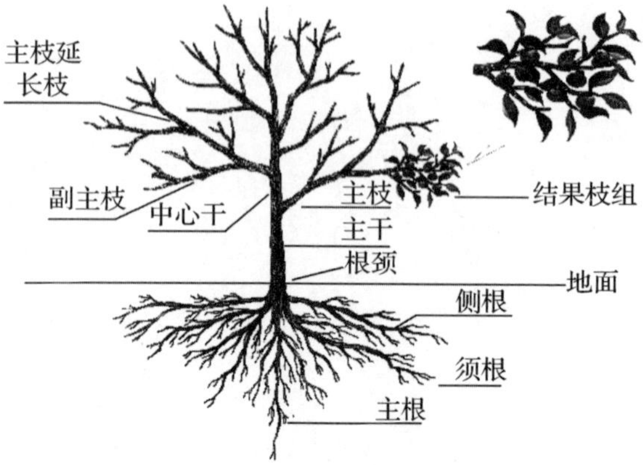

图 1-1　苹果等乔木果树结构示意图

图 1-2　常绿乔木荔枝结果树树冠

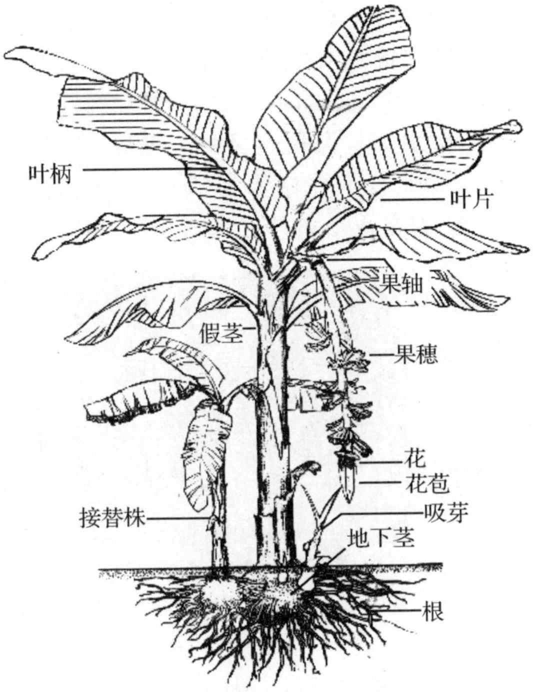

图 1-3　高大草本果树香蕉植株结构示意图
（覃楚媛　绘）

1.根系 2.短缩茎 3.匍匐茎 4.花序 5.叶片 6.果实 7.花朵

图 1-4　矮小草本果树草莓植株结构示意图

一、根系

（一）根系功能

果树根系是果树地下器官，主要功能是固定植株和吸收肥水。根系将果树固定于土地，不使植株倒伏；根系从土壤中吸收营养和水分；根系还能贮藏和运输碳素等营养物质；根系将从土壤吸收的无机营养合成有机物输送到地上部枝叶，也是合成生长素、细胞分裂素等激素类物质的场所。

（二）根系类型

根系根据其发生来源分为实生根系、茎源根系、根孽根系共 3 类。实生根系是指播种种子后由种子胚根发育而来的根系，其特点是主根发达，分布深广，如柑橘嫁接苗常用砧木枳、酸橘、柚等种子播种生成的根系属实生根系。茎源根系是指通过扦插、压条、组织培养等方法获得的植株长出的根系，主根不发达，根系浅生，对环境适应性通常较实生根系弱，葡萄、火龙果、百香果等扦插苗和组培苗的根系属于茎源根系。石榴、山楂等少数果树根系长出不定芽形成新苗木，与其母树分离形成独立植株，新植株的根系称为根孽根系。当前苹果、梨、柑橘、荔枝、龙眼、杧果等乔木果树的生产园植株根系多数为实生根系，因这些果树生产用苗主要是嫁接苗，而嫁接苗砧木通常用实生播种繁殖。

（三）根系分布

果树根系主要分布在土壤中，根系通常分为主根、侧根、须根，主根分生一级侧根、二级侧根、三级侧根，侧根上生长须根，根龄短的须根呈白色，随着根龄增长，根的颜色变深变暗。果树根系在土壤中的分布范围受根系类型、土壤条件、栽培技术影响。实生根系主根明显,比茎源根系深入土壤更深。在良好的土壤条件下,成年柑橘植株根系水平分布可扩展至树冠在地面的投影直径 2 倍以上,在树冠滴水线处土壤中吸收根即末级根数量通常最多,新根分布层主要在土层 10～30 cm,垂直根生长向下延伸深度因不同砧木则差异较大,酸柚、香橙、酸橙、甜橙等作砧木的根系深,主根垂直生长可深达 1.5 m 以下,枳、柠檬作砧木的则根系浅,田间土壤栽培柑橘等果树的根系很难发现根毛,根毛少,甚至无,但在水培条件或蛭石培养条件下,借助显微镜或扫描电镜可以观察到根毛(图 1-5)(邓秀新等,2013),根毛是植物根部表皮细胞上的一些顶端封闭管状突起。用怀枝、黑叶等荔枝品种播种的荔枝实生根系很发达,成年树主根粗大、深长,垂直生长可达 4～5 m,具有强大的抗旱能力,侧根相对浅生;荔枝水平根主要分布在树冠投影范围内,也有部分根系延伸到树冠投影的直径约 2 倍的区域,但在树冠滴水线内外 20 cm、深度 10～50 cm 位置的吸收根的数量最多;荔枝压条苗根系主要分布在 0～60 cm 土层(邓兰生,2003)。葡萄、火龙果等果树茎源根系没有主根。葡萄成年植株茎源根系在以植株主干为中心水平外扩 40～80 cm 且在土表以下 40～60 cm 土层分布最多,该范围的根量通常占植株总根量的 70%左右,郭彪,蒋雪等 2020 年在南宁对半限根栽培的阳光玫瑰葡萄根系进行调查统计,直径<2.0 mm 小根和 2.0～5.0 mm 中根均主要分布在 0～30 cm 土层。火龙果茎源主根不明显,侧根发达,横向分布直径可达 2 m 以上,大部分根系分布在 10～2 0cm 表土层中。杧果实生根系发达,成年树主根粗大、深长,垂直生长可达 5～6 m;侧根浅生,集中分布在 20～40 cm 土层,根系水平分布可超过树冠滴水线以外的范围。陆超忠等 1995 年在广西灵山县丘陵地的砖红壤性红壤果园对 7～10 年树龄澳洲坚果实生根系在土壤中生长分布进行了调查,土壤中近 98%根系分布在 0～50 cm 深的土层,其中约 70%根系分布在 0～30 cm 土层,50～70 cm 深的土层根系占约 2%,70 cm 深以下土壤未发现有根系生长,在 0～30 cm 土壤中,0～10 cm、10～20 cm、20～30 cm 的三个土层的根系分布比例差异不大;也对 10 年生澳洲坚果嫁接树冠幅内离主干不同区域土层根系分布情况进行调查统计,调查统计结果见表 1-1。陈菁等 2013 年在广西龙州县赤红壤果园对树龄分别为 4 年、8 年、25 年的澳洲坚果进行根系分布调查,树龄为 4 年和 8 年的果树在 0～20 cm 土层根系最多,25 年植株在 20～40 cm 土层根系最多,调查 3 种树龄的植株根系都主要分布在 0～40 cm 土层,调查统计结果显示澳洲坚果末级根干重随土层深度增加而逐渐减少(表 1-2)。香蕉组织培养生产的苗木其根系由地下球茎长出的肉质不定根组成,没有主根,新根呈白色、末端长有根毛。在肥水条件良好、疏松透气的园地,进入花果期香蕉植株根系主要分布在深度 20～50 cm 的土层,横向生长可达 2～3 m。根系深的果树植株树冠高大枝繁叶茂,抗旱抗寒能力强,如实生根系的杧果、荔枝、龙眼等根系分布深而广,树体寿命长(图 1-6 和图 1-7),树龄长达数百年甚至上千年,如广东省茂名市千年以上荔枝树超过 350 株,五百年以上的超过 1 000 株,百年以上的达 19 400 株。葡萄、火龙果等少量果树的枝条不时生长气生根(图 1-8)。

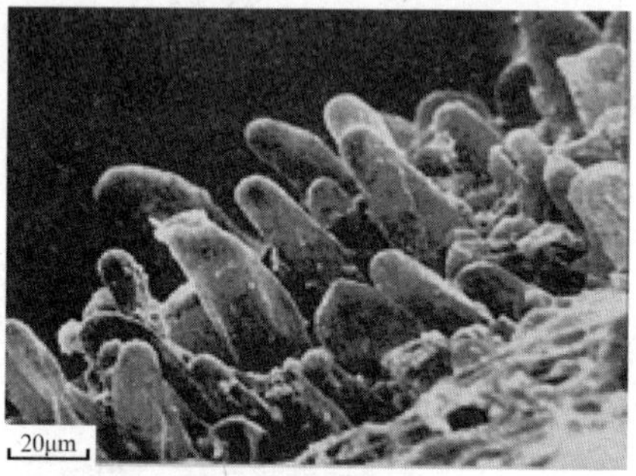

图 1-5 甜橙根毛扫描电镜(SEM)观察
(邓秀新等,2013)

表 1-1　澳洲坚果 10 年生嫁接树冠幅内离主干不同区域土层根系分布(陆超忠,1995)

品种	冠幅 cm	剖面长×深 /cm×cm	剖面与主干距离/cm	整个剖面根系数量(条)	不同土层根系分布和生长情况								
					0～10 cm			10～20 cm			20～30 cm		
					数量(条)	平均直径(cm)	占整个剖面总根数%	根数量(条)	平均直径(cm)	占整个剖面总根数%	根数量(条)	平均直径(cm)	占整个到面总根数%
344	427	100×80	200	21		0.3	23.8	2	0.30	9.5	5	0.22	23.8
			150	41	2	0.28	29.3	9	0.16	22.0	5	0.28	12.2
			100	49	2	0.33	24.5	3	0.57	6.1	7	0.32	14.3
246	422	100×80	200	9		0.2	66.7	3	0.17	33.3			
			150	22		0.25	18.2	10	0.26	45.5	4	0.18	18.2
			100	28	6	0.33	57.1	4	0.53	14.3	5	0.22	17.9
800	421	100×80	200	4		0.2	25.0	3	0.13	75.0			
			150	3		0.6	33.3	2	0.2	66.7			
			100	22		0.6	9.1	8	0.46	36.4	7	0.29	31.8

品种	冠幅 cm	剖面长×深 /cm×cm	剖面与主干距离/cm	整个剖面根系数量(条)	不同土层根系分布和生长情况								
					30～40 cm			40～50 cm			50～70 cm		
					数量(条)	平均直径(cm)	占整个剖面总根数%	根数量(条)	平均直径(cm)	占整个剖面总根数%	根数量(条)	平均直径(cm)	占整个到面总根数%
344	427	100×80	200	21	3	0.37	14.3	6	0.13	28.6			
			150	41	11	0.37	26.8	3	0.23	7.3	1	0.10	2.4
			100	49	16	0.33	32.7	8	0.28	16.2	3	0.15	6.1
246	422	100×80	200	9									
			150	22	4	0.25	18.2						
			100	28	2	0.10	7.1	1	0.1	3.6			
800	421	100×80	200	4									
			150	3									
			100	22	5	0.24	22.7						

表 1-2 澳洲坚果不同树龄不同深度土层根系干重(陈菁等,2017) g

深度	总根			末级根		
	4 年	8 年	25 年	4 年	8 年	25 年
0～20cm	(1 507±137)a	(6 867±858)a	(29 684±11 952)b	(238±66)a	(1 397±29)a	(5 812±482)a
20～40cm	(1 416±465)a	(4 925±908)b	(59 034±3 493)a	(194±82)b	(628±27)b	(2 187±29)b
>40cm	(730±63)b	(4 443±359)b	(26 893±6 604)b	(99±42)c	(328±23)c	(1 302±240)c
总干重	(3 653±530)	(16 235±567)	(115 611±1 855)	(531±190)	(2 353±79)	(9 301±693)

注:①干重是指将调查的根系用水洗净并晾干,在 70℃温度下烘干去除水分后根系重量;
②表中±后的数字是标准差,字母不同者表示差异显著(P=0.05)。

图 1-6 惠州市惠城区蓬陵村荔枝古树
(树龄于 2022 年为 670 年)

图 1-7 储良龙眼的母树
(广东高州市储良村,于 2023 年树龄已达 120 年)

图 1-8 葡萄(左)和火龙果(右)枝蔓上的气生根

(四)根系生长

植株根系生长发育与植株地上部枝叶生长结果密切相关,枝叶光合作用的营养约 50%用于根系生长、发育且主要用于新根生长,因为果树新鲜的吸收根存活时间短,换代快速。在年周期中,枝梢生长与根系生长高峰交替,发根高峰期多在枝叶缓慢生长期(图 1-9)。土壤环境条件温度、透气性、水分都会影响果树根系生长，根系在含水量适宜、肥沃、疏松透气的土壤生长发达，反之根系生长量小(图 1-10)。据资料记载，苹果(M7 和 M16)、梨、桃、柑橘、葡萄、

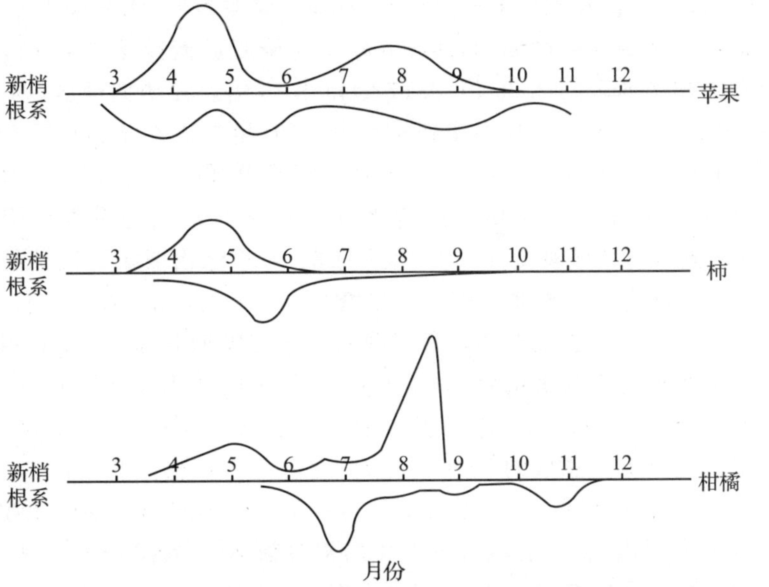

图 1-9　年周期苹果、柿、柑橘新梢和根系生长存在高峰和低谷

(郭正兵等,2021)

图 1-10　山地矮化栽培成年荔枝根系剖面分布

(右图为放大图,品种:妃子笑,树龄 21 年,2022 年 6 月,广西灵山)

草莓等果树根系生长最适宜土壤温度 24～27℃，柿、栗两种根系最适宜土壤温度 21℃，大多数果树根系适宜土壤温度 20～25℃。土壤田间持水量的 60%～80%适宜根系生长，如根际土壤含水量过高且持续长时间，根系缺氧死亡，土壤地下水位过高，绝大多数果树根系难向含水量高的深层土壤生长。土壤氧气含量不足，根际环境和根系有害还原物质增加，如柑橘根系要求 9%以上氧气环境，葡萄根系要求 14%以上氧气环境，当土壤中 CO_2 含量在 5%以上根系生长受抑制，CO_2 含量过高导致根系死亡。根系生长有趋肥、趋氧、趋水生长特性，向着土壤营养丰富、氧气充足、含水量适宜方向生长。如柑橘根系生长良好，需要种植土壤疏松透气，土层厚度≥60 cm、地下水位低(低于 1.0m)、pH5.0～7.5、土壤有机质含量≥2.0%，土壤含氧量≥3%才有利于根系须根的生长，土壤孔隙量≥3%须根量大。土壤田间持水量 60%～80%、

土壤绝对含水量 17%~18%,柑橘各种砧木的根系生长良好。若在排水不良、土层过浅、盐碱地及土壤有机质≤1%,柑橘根系生长不良,植株矮小,生长结果不好。邓兰生等(2011)进行长期滴灌施肥对荔枝根系生长及土壤 pH 的影响的试验,结果表明,滴灌施肥能显著促进荔枝根系的生长,增加根系与土壤的接触面积,连续 6 年滴灌施肥后滴灌施肥区土体中的根干重、根长、根表面积分别为非滴灌区的 2.29 倍、2.17 倍和 2.25 倍。在华南地区,荔枝的根系一年通常有 3 次生长高峰期,第一次在 5 月中旬到 6 月中下旬,第二次在 7 月中下旬到 8 月中旬,第三次在 9 月中下旬到 11 月上旬。土温在 10~12℃根系开始生长,23~26℃最适于荔枝根系生长,超过 31℃根系生长减缓。土壤田间持水量为 60%~80%适宜荔枝根系生长,黄海生 2022 年在广西灵山坡地荔枝园观察了 2 株树龄约 20 年矮化栽培妃子笑荔枝根系,观察植株的树冠高度约 2.0 m,剖面显示根系须根分布的深度 0.5~1.2 m(图 1-10),其中 1 条根长度超 2.0 m。黄凤珠等 2012 年通过玻璃观察面观察四季蜜龙眼根系,发现新根呈乳白色,随后渐渐转为黄白色,至粗根时变为黄褐色,调查发现,4 年生的四季蜜龙眼在 0~20 cm 的土层,新根总数量占全年新根总数 42.0%,总长度占全年新根总长度的 41.0%;在 20~40 cm 的土层内,新根总数量占全年新根总数的 58.0%,总长度占全年新根总长度的 59.0%。四季蜜龙眼根系一年有两次生长高峰(图 1-11):3 月下旬至 4 月下旬出现第 1 次根系生长高峰,新根主要集中在 0~20 cm 土层内,新根总数量占全年新根总数 26.8%,20~40 cm 土层新根的总数量占全年新根总数的 11.2%;第 2 次生长高峰出现在 7 月下旬至 9 月中旬,0~20 cm 土层内,新根的数量占全年新根总数的 35.4%,20~40 cm 土层新根的数量占全年新根总数的 34.9%。0~20 cm 和 20~40 cm 的土层新根数量和新根长度生长量的变化动态基本相同。

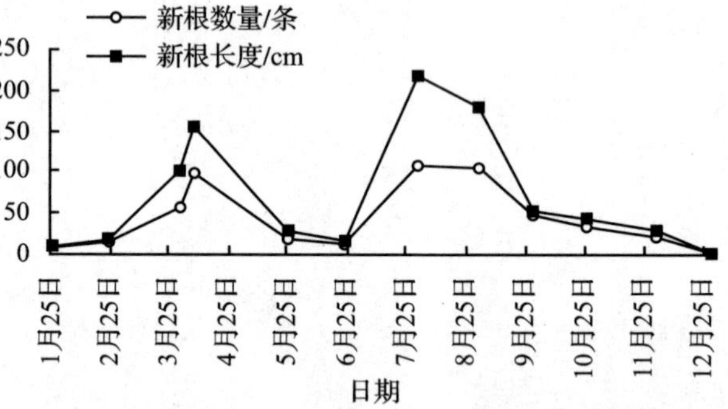

图 1-11 四季蜜龙眼根系在 0~20cm 土层内年周期新根生长动态

(黄凤珠等,2009—2010. 南宁)

(五)菌根

植物根系与土壤中一些真菌互惠共生形成的根系和真菌共生体,称为菌根,其中丛枝菌根真菌与植物形成的共生体最为广泛,约 80%的陆生植物可形成丛枝菌根。大部分果树如柑橘、荔枝、葡萄、苹果、李等的根系属于菌根,菌根作用主要是扩大根系吸收面积,促进根系吸收土壤水分和矿质营养,另外还可提高树体的激素水平、促进果树糖代谢、提高果树抗病性和抗逆性,如丛枝菌根真菌能拮抗由真菌、线虫、细菌等病原体引起的土传性植物病害,诱导宿主植物增强对病虫害的耐病性或抗病性,接种丛枝菌根真菌可提高香蕉对枯萎病的抵抗能力(李岚岚等,2015),葡萄接种丛枝菌根真菌抑制南方线虫所造成的损害(刘润进等,2002)。以柑橘类植物根系为例,丛枝菌根能促进柑橘对土壤中营养元素的吸收,显著提高叶片中 N、P、K、Ca、

Mg、Zn、Cu 和 Mn 的含量。真菌菌丝一端侵入寄主柑橘的根系内部生长，吸取碳水化合物等生长物质供自身生长需要，而丛枝菌根在根系外面菌丝伸展于根外周围的土壤中，具有植物根系根毛的功能，吸收土壤中矿质营养元素和水分，帮助柑橘等寄主植物生长。柑橘菌根根外发达的菌丝扩大了其根系在土壤中的吸收面积，能增强根系对土壤中磷、锌、铜等扩散率低的矿质养分的吸收和利用。丛枝菌根真菌孢子密度在根际土壤 10～20 cm 的土层深度最高。曾理等(2014)以红橘和罗伯逊脐橙为试验材料接种丛枝菌根真菌地表球囊霉，试验结果表明：该处理能显著提高了红橘和罗伯逊脐橙果实的单果重、横纵径；降低了红橘和罗伯逊脐橙的果皮厚度，红橘和罗伯逊脐橙糖酸比、维生素 C 含量、可溶性固形物含量(表 1-3)及总酚含量、总黄酮含量、矿质元素含量均有提高。舒波、刘丽琴等(2016)研究发现，田间条件下荔枝根系菌根总侵染率为 20%～40%，实生苗根系总侵染率在 8 月达到 40%，8 月至翌年 2 月缓慢下降。

表 1-3　接种丛枝菌根真菌对柑橘果实品质的影响(曾理等，2014)

项目	红橘		罗伯逊脐橙	
	CK	接种菌根	CK	接种菌根
维生素 C 含量/(mg/100g)	23.10b	28.40a	42.10b	46.80a
可溶性固形物含量/%	6.41b	7.64a	11.77b	16.63a
总糖含量/%	24.82a	24.66a	26.27a	25.57a
总酸含量/%	4.48a	2.35b	4.05a	2.56b
糖酸比	5.54b	10.49a	6.49b	9.99a

注：表中不同小写字母表示差异显著($P<0.05$)

二、枝干

枝干是木本果树地上部树冠的骨架，主要枝干由主干、主枝、副主枝、结果枝组构成(图 1-1)。

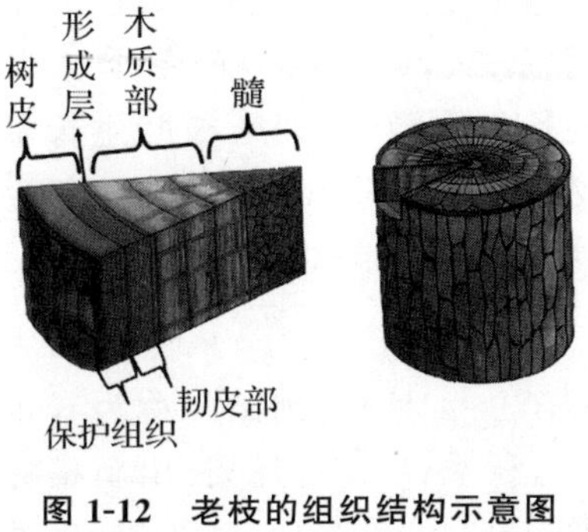

图 1-12　老枝的组织结构示意图

枝条由芽体萌发后通过延长生长和加粗生长形成，生长量及生长速度受气温、光照、水分及营养供给、激素含量等多种因素的影响。成熟的枝条结构组织包括树皮(含韧皮部)、形成层、木质部和髓部(图 1-12)。枝条延长生长从萌芽开始到长成枝条的过程分为开始生长期、旺盛生长期、缓慢生长期 3 个时期，旺盛生长期枝条延长生长迅速，叶片数量和叶面积迅速增加；缓慢生长期的枝条生长速度慢，转向成熟期。枝条加粗生长是形成层细胞分裂、分化和增大的结果。枝条加粗生长晚于其延长生长。

果树枝梢萌发时到枝条老熟，枝条表皮等外观形态发生变化，而不同品种枝条粗细软硬也有差异。例如，龙眼幼嫩的枝梢刚萌发时皮色呈淡褐色，随着生长日数增加逐渐老熟，皮色变为淡绿色，老熟枝条皮色为褐色，表皮散生众多微突的皮孔；成年龙眼树主干粗壮，树皮淡褐色，皮厚而粗糙，有不规则纵裂纹，枝干木质坚硬；各品种枝梢生长形态和质地有差异，如大乌圆龙眼枝条粗硬，双孖木龙眼枝条细软，石硖龙眼和储良龙眼两个品种枝梢粗度和柔软度中等。而荔枝新梢长出之初表皮呈黄绿色，老熟时转为褐色，荔枝老熟的枝干相对龙眼枝干的表皮较平滑，各品种枝条生长形态和质地也有差异，如妃子笑荔枝的枝条疏长粗硬，桂味荔枝的枝条疏散细长，黑叶荔枝的枝条疏而长，怀枝荔枝的枝条密而短，糯米糍荔枝的枝细而密，尚书怀荔枝的枝条疏而软。

果树枝条生长明显表现为顶端优势和垂直优势，顶部分生组织、生长点或枝条对其下部的腋芽或侧枝生长有抑制作用，直立枝条生长势强，水平或下垂枝条生长势弱。顶端优势强成枝力弱的部分果树树种的树冠还表现为明显层性，层性是指乔木的树冠大枝呈层状分布的现象(图 1-13)，如苹果、梨、杧果、枇杷的树冠大枝分布层性明显。

图 1-13　主枝层性分布明显树冠(枇杷)

枝条顶芽萌发长成枝条称为延长枝，枝条侧芽萌发长成枝条称为侧生枝。一根枝条其上的芽体萌发后长成的第一段枝条称为一次梢，第一段枝条老熟后其上芽体萌发长出第二段新枝称为二次梢，第二段枝条老熟后其上芽体萌发长出第三段新枝称为三次梢，以此类推称为四次梢、五次梢，华南地区定植后第 2～3 年的柑橘、龙眼、荔枝、杧果、枇杷等幼树如果肥水条件良好，从春季至冬季，每年能长出 3～5 次梢；龙眼、荔枝、杧果等成年结果树如果春夏季的花果量大，因为开花挂果制约，很少抽生春梢和夏梢，采收后秋冬季能抽生新梢 1～3 次。每次新梢从萌芽到枝条老熟所需的时间因肥水、气温差异而不同，夏、秋季只需 30～35 d，春、冬季要 60 d 左右。果树的枝梢生长最适宜气温是 25～30℃，年周期新梢长出次数多，树冠枝叶生长量大，树冠扩展速度快，很快形成投产的树冠。枝条生长时间即枝龄已有约为一年的称为一年生枝，枝龄超过一年的枝条称为多年生枝。常将果树枝条按抽生季节分类或按性质分类。

(一)按抽生季节分类

刚长出的枝条和其上叶片未老熟的枝条称为新梢，通常春季(2—4 月)长出新梢称为春梢(图 1-14)，夏季(5—7 月)长出新梢称为夏梢(图 1-15 和图 1-16)，秋季(8—10 月)长出新梢称为秋梢(图 1-17)，冬季(11 月至翌年 1 月)长出新梢称为冬梢(图 1-18 和图 1-19)。沃柑、砂糖橘等冬春季果实成熟的果树，其结果树因果实负载量大，冬季极难长出冬梢，而荔枝、龙眼、杧果因花果期是在春夏季，秋季和冬季没有果实负载，如果肥水过于丰足，极易抽生冬梢。

(二)按枝条性质分类

树冠当年开花结果枝条称为结果枝(图 1-20 至图 1-24)；当年不能开花结果枝条称为营养枝(图 1-15 和图 1-16)；长出结果枝的基枝称为结果母枝(图 1-21、图 1-22 和图 1-25)，当年营养枝在下一年也可能成为结果母枝。华南地区的盛果期部分木本果树如柑橘、龙眼、荔枝、杧果、黄皮等秋梢是翌年主要结果母枝，但春梢、夏梢老熟后，如当年其顶芽不再延长生长，也是第二年良好结果母枝。

图 1-14 杧果的春梢
(2023 年 3 月 27 日)

图 1-15 澳洲坚果夏梢
(2023 年 6 月 5 日)

图 1-16 柑橘的夏梢
(2016 年 6 月 14 日)

图 1-17 龙眼的秋梢
(2023 年 10 月 18 日)

图 1-18 荔枝的冬梢
(2023 年 12 月 20 日)

图 1-19 龙眼的冬梢
(2024 年 1 月 30 日)

图 1-20 沃柑的结果枝(2024 年 3 月 7 日)

图 1-21 葡萄结果母枝和当年结果枝

具有适宜粗度的健壮枝条才是优良结果母枝，长势强旺或纤细弱小枝条不易成花或坐果率低，不同果树种类和品种的良好结果母枝规格不同，黄海生等在广西武鸣调查定植第 3 年枳砧的沃柑结果母枝，结果母枝粗度(枝条长度 1/2 处的直径)为 0.19～0.52 cm，平均值为 0.37 cm，变异系数为 0.26，粗度在 0.19～0.25 cm 占 20.0%，粗度在 0.26～0.40 cm 占 46.7%，粗度在 0.41～0.52 cm 占 33.3%，粗度在 0.26～0.52 cm 占 80.0%；调查的结果母枝中挂果 6～8 果/枝占 17.8%，挂果 3～5 果/枝占 40.0%，挂果 1～2 果/枝占 35.6%，无果实的占 6.6%。中国柑橘研究所对 6～10 年生锦橙树调查，结果枝粗度在 0.25～0.50 cm 的均能坐果，以粗度在≥0.35 cm 坐果最可靠，良好结果母枝粗度在 0.30～0.98 cm，其中以粗度在≥0.40 cm 坐果可靠，结果母枝越粗，则结果枝越粗，果实越大。但柚类生长势中等偏弱的结果母枝抽生结果枝坐果率高，生长势强旺的结果枝易落果。张航、何紫迪 2023 年在广州调查研究了仙进奉荔枝结果母枝质量与坐果和果实品质关系，结果显示：仙进奉结果母枝长度、粗度和叶片数集中分布范围分别为 10.2～14.5 cm、0.4～0.5 cm 和 28～38 片，仙进奉荔枝良好结果母枝标准是长度、粗度和叶片数分别大于 14.5 cm、0.5 cm 和 38 片。

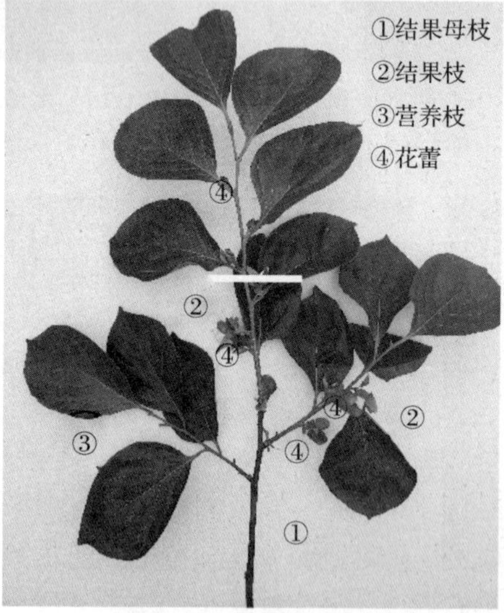

图 1-22　结果母枝、结果枝和营养枝示意图

图 1-23　李的花束状结果枝

图 1-24　火龙果结果枝

图 1-25　挂果的龙眼结果母枝(上一年秋梢)

李、桃等落叶果树的结果枝习惯按长度分为长果枝、中果枝、短果枝及花束状短果枝 4 类，长果枝长度超过 30 cm，中果枝长度 15～30 cm，短果枝长度 5～15 cm(图 1-26)，花束状结果枝长度在 4 cm 以下(图 1-23)，花束状结果枝除顶芽为叶芽，其下为排列密集的花芽，节间短，组织充实。但菠萝蜜、榴莲、树葡萄(又称嘉宝果)开花结果主要在主枝等大枝(图 1-27)，开花结果小枝极少。

图 1-26　桃的中果枝和短果枝

图 1-27　在主枝等大枝开花结果的菠萝蜜(左)、榴莲(中)和树葡萄(右)

三、芽

芽是果树枝、叶、花的原始体。芽体分类有多种方法,可以按以下方法分类。

(一)叶芽和花芽

按芽体的性质分类,果树芽体分为叶芽和花芽。只有叶原基、萌发后只长出枝叶不能开花结果的芽体称为叶芽,叶芽形态通常瘦长,先端尖细。含有花原基、萌发后能开花结果的芽体称为花芽,花芽形态通常肥大饱满。叶原基和花原基共同存在同一芽体称为混合芽,混合芽能长出花也能抽生枝叶,葡萄芽体是典型的混合芽(图 1-28)。纯花芽的常见果树有枇杷(图 1-29)、桃、李、樱桃等;混合芽的常见果树有柑橘、荔枝、龙眼、杧果(图 1-30 和图 1-31)、

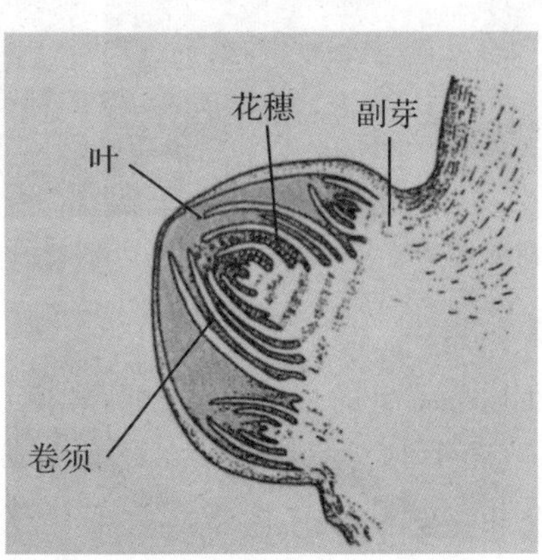

图 1-28　葡萄花芽(混合芽)肥大饱满(左)及内部构造示意图(右)(伴野潔等,2021)

葡萄(图 1-32)、梨(图 1-33 和图 1-34)等,葡萄的芽体为混合芽,如果是花芽则芽体肥大饱满,顶端圆钝(图 1-28),鳞片抱合紧密,萌发出结果枝(图 1-35),如是叶芽的芽体尖细,鳞片抱合松散;杨梅叶芽瘦小尖细(图 1-36 左),花芽圆形且体积较大(图 1-36 右),着生在顶芽附近的叶腋内,杨梅枝条的顶芽均为叶芽。花芽有顶生花芽[如枇杷(图 1-29)、杧果(图 1-30 和图 1-31)等]和腋生花芽[如葡萄、桃、李、火龙果、百香果(图 1-37)等]之分。

图 1-29 枇杷纯花芽萌发形成纯花穗

图 1-30 杧果混合芽萌发带叶的花穗

图 1-31 杧果混合芽长出纯花穗

图 1-32 葡萄混合芽萌发有花叶的结果枝

图 1-33 梨枝芽体萌发后同时长叶和长花

图 1-34 梨混合芽长的无花枝条

图 1-35 葡萄混合芽萌发成结果枝(初期)

图 1-36 杨梅结果母枝的叶芽(左)和花芽(右)

(二)顶芽和侧芽

按芽体在枝条着生的位置分为顶芽和侧芽。顶芽着生在枝条顶部,柑橘、柿等部分果树新梢顶芽"自枯"(图 1-38);侧芽着生在枝条侧部的叶腋中,也称为腋芽。

(三)单芽和复芽

枝条同一节上着生芽体数量只有一个称为单芽,如苹果、梨、枇杷、杨梅(图 1-36)的芽体属于单芽；枝条同一节上着生芽体数量有两个或以上称为复芽，如柑橘、李、桃（图 1-39）的芽体属于复芽。

图 1-37　百香果腋生花芽

图 1-38　柑橘枝梢顶芽“自枯”

图 1-39　桃的复芽

果树老的枝干上存在一些芽体在自然条件下数年不萌发，从外观上看不到芽体的形态，此类芽体称为潜伏芽，潜伏芽受到修剪等外部因素刺激才萌发（图 1-40）。可以利用潜伏芽萌发的新枝培养新树冠。

果树芽体特性表现为芽体异质性，并有早熟性和晚熟性的差别，一个枝条不同部分的芽体因营养状况、激素含量及外部环境不同导致不同芽体体积和质量存在差异，称为芽的异质性。高质量的芽体通常萌发早，萌发新梢生长强壮；有些果树如柑橘、葡萄、龙眼、杧果等果树的芽体具有当年形成当年就能萌发长出新梢的特性，称为芽的早熟性，早熟性芽体在肥水充足条件下一年当中能连续生长 2 次梢以上（图 1-41）；有些果树如梨、苹果等的芽体当年形成但自然条件下当年不萌发而至第二年才萌发长出新梢的特性，称为芽的晚熟性。芽体也有萌芽力（即芽体抽生枝叶的能力大小）和成枝力（即芽体萌发形成长枝的能力大小）差异，柑橘、葡萄、龙眼、杧果、台湾青枣等果树的萌芽力和成枝力强。

图 1-40　回缩修剪大枝刺激潜伏芽萌发新梢（左为荔枝，右为青枣）

图 1-41　当年长出 3 次梢（杧果）

四、叶

（一）叶片功能

叶片是果树光合作用的主要器官，光合产物是果树生长和结果的基础，光合作用主要在叶片的叶绿体进行，将水和二氧化碳合成有机物并释放出氧气，叶早衰和提早脱落不利于树体营养生产和积累，叶片还有蒸腾作用。火龙果的枝条无叶片，叶退化成刺座，其光合作用的器官是绿色枝条。叶片制造的光合产物经筛管分配运输到花果和新梢，新梢和花果接受光合产物存在竞争关系。

(二)落叶和休眠

休眠是指植物为适应如低温或高温、干旱等不良环境条件所表现的一种生长发育暂时处于停顿状态的属性。葡萄、李、桃、梨等落叶果树在冬季低温(通常≤15℃)来临和短日照时落叶进入自然休眠状态。落叶前叶片的叶柄产生离层导致叶片脱落，落叶是落叶果树进入休眠的标志，果树在低温导致落叶休眠前将叶片的营养回流到枝干和根部贮藏，用于翌年生长发育。落叶果树通常需要一定的需冷量(7.2℃以下低温时数表示)才能结束自然休眠，不同果树种类和品种的需冷量差别大，如三华李需要 7.2℃以下低温时数约 300 h 即可解除自然休眠，美洲李需要 700 h 以上，欧洲李需要 900 h 以上，核桃需要 400 h 以上，葡萄各品种需要 100～1 500 h 不等。高温干旱也会导致果树落叶被迫休眠，如在广西南宁市 9—10 月持续高温干旱，梨、李等落叶果树被迫休眠，叶片脱落，当年 12 月如果气温温暖且有降雨，这些梨树、李树就结束休眠，萌芽开花结果，果实生长发育(图 1-42)，但翌年 1—2 月又出现当地较低温的天气，这些果实在低温环境和少叶面积条件下生长受限，单果重小、品质差，并没有实际生产价值。常绿果树无自然休眠，但会有被迫休眠情况。葡萄生长上常用石灰氮上清液、单氰胺稀释溶液打破休眠(图 1-43)，促进芽体萌发，进行促早栽培。

图 1-42　冬造花发育的砂梨(南宁，2024 年 3 月)

图 1-43　葡萄早春化学破眠催芽的对比图

(三)叶片分类

果树的叶片按一个叶柄长出叶片数量多少分为单叶和复叶。一个叶柄只长出 1 张叶片称为单叶，如香蕉(图 1-44)、葡萄(图 1-45)、菠萝(图 1-46)、百香果(图 1-47)等；一个叶柄长出两张或以上的叶片称为复叶，如荔枝(图 1-48)、龙眼(图 1-49)、草莓(图 1-50)、黄皮等，其中单身复叶由本叶、翼叶及叶柄组成，柑橘类的橙、柚等叶片都是单身复叶(图 1-51)。

(四)叶片生长发育

以柑橘、荔枝、香蕉、葡萄等 4 种常见果树的叶片为例说明。

柑橘的柑橘属和金柑属的叶片为单身复叶，大多数品种的叶片初长时叶色为浅绿色，成熟后叶片为深浅不同的绿色，叶片大小、叶面颜色深浅和形态因种类、品种而有差别（图 1-51），如柚类成熟叶片（图 1-51A）大而厚，长椭圆形，叶面绿色但不浓绿，叶背浅绿色，叶脉清晰可见，本叶和翼叶的叶缘锯齿浅至几近全缘，叶基圆形或阔楔形，翼叶大，形态为心形或倒卵形，初生柚叶长有茸毛，成熟后茸毛脱落；甜橙类成熟叶片（图 1-51B）呈浓绿色，叶片中大，较厚，比柚类叶片小，形态长椭圆形，叶缘锯齿浅至几近全缘，叶尖渐尖，叶基阔楔形，翼叶明显但小，倒卵形；宽皮柑橘类成熟叶片较小，如沃柑的叶片（图 1-51C），阔披针形，叶尖渐尖，叶面为浓绿色、有光泽，叶背的绿色较叶面色浅，叶缘锯齿浅至几近全缘，翼叶窄小呈线形。同一品种，春梢叶片大小较稳定，夏梢和秋梢受天气影响其大小变化较大，叶片颜色和大小还受营养和水

图 1-44　香蕉叶片（右为单叶形状）

图 1-45　葡萄的叶片

图 1-46　菠萝的叶片

图 1-47　百香果叶片

图 1-48　荔枝的复叶

（左为妃子笑，右为桂味）

图 1-49　龙眼的复叶（储良）

图 1-50　草莓的三出复叶

A. 柚类叶片　B. 脐橙叶片　C. 沃柑叶片　D. 砂糖橘叶片

图 1-51　柑橘部分品种的叶形

分供应的影响,肥水充足,气温高,生长叶片的叶面积大,绿色较深。叶背长有许多气孔,是蒸腾过程、光合作用、呼吸作用的通道,生产上的叶面追肥也主要是通过叶背气孔吸收进入植株体内。柑橘光合作用最适宜温度是 15～30℃,光饱和点 30 000～40 000 lx。柑橘的新叶光合能力比老叶强。柑橘叶片除枳外,其他种类叶片寿命一般都在一年以上。

荔枝的叶片为羽状复叶(图 1-48),有小叶 2～4 对对生,叶片寿命 1.0～1.5 年,嫩叶为淡褐色或黄绿色,老叶叶面为浓绿色或浅绿色,有光泽,叶背灰绿色,无光泽,小叶长度 5.0～15.0 cm、宽度 2.5～5.0 cm,叶形为椭圆形或近椭圆形,叶尖钝尖或渐尖等,叶柄长度约 0.5 cm。例如,桂味的羽状复叶有小叶 2～4 对,约 80%三叶对生,约 20%二叶对生和四叶对生,小叶长椭圆形,叶尖短尖,叶长 7.0～10.0 cm,叶宽 3.0～4.0 cm,叶缘向内卷或稍有卷曲的波浪形,叶色浅绿色,叶脉不明显;妃子笑的羽状复叶有小叶 3～4 对,大多数为四叶对生,小叶长椭圆形或披针形,叶长 10.0～16.0 cm,叶宽 3.0～6.0 cm,叶尖渐尖,叶缘平直或稍带波浪纹,叶色浓绿色,叶脉明显。植物的比叶面积=叶面积(cm^2)/叶片干重(g),比叶面积能反映植物获取资源的能力,比叶面积越大的植物越有利于捕获更多的光能,具有较高的养分获得能力和生产力。黄小凤等对 14 个荔枝品种的叶片进行调查分析,比叶面积大小顺序依次为:井岗红糯、妃子笑、观音绿、水晶球、大红帽、桂味、鹅蛋荔、唐夏红、黑叶、紫囊、糯米糍、大丁香、红蜜荔、怀枝。据周瑞云等对妃子笑荔枝进行试验研究,妃子笑荔枝叶片净光合速率在花芽分化期呈下降趋势,白点期出现后回升,花蕾期下降,果实发育期有所回升,果实着色期处于最低值,进入果实成熟期后呈上升趋势。

香蕉正常叶片(图 1-44)由叶鞘、叶柄、叶翼和叶身组成。吸芽初长出叶片是无叶身的鳞状鞘叶,随后抽生叶身狭长的剑叶,以后才长出正常叶身的大叶。组织培养的香蕉苗从瓶苗的小叶开始计算,抽生的第 10～12 张叶片起会长出叶面带有数量不等的紫色斑的叶片 10～13 张。香蕉正常的大叶宽大,呈长椭圆形,如桂蕉 9 号成形的大叶长 210～280 cm、宽 90～110 cm,其中会有一张叶片的叶面积最大(俗称"魁叶")。吸芽长成的植株一生能长出正常叶片约 30 张,组织培养苗长成的植株一生能长出正常叶片约 40 张。香蕉叶片抽生速度与气温和湿度直接相关,高温高湿的夏秋季抽生一张叶片只需 4～6 d,冷凉冬春季抽生一张叶片需 15～30 d。香蕉叶片寿命 70～280 d,春夏季叶片寿命长,冬春季叶片寿命相对短。

葡萄叶片为掌状单叶(图 1-45),互生;有全缘、三裂、五裂共 3 种类型,裂刻的深浅与品种和栽培条件有关，例如巨峰葡萄的叶片近圆形，三裂，裂刻浅，锯齿中等尖锐，叶面绿色，光滑，无茸毛，叶背有中等密的茸毛，叶柄洼开张，叶柄微有红晕；而红地球葡萄品种的成龄叶片淡绿色，叶片较薄，五裂，上裂刻深，下裂刻浅，叶缘锯齿较钝，叶片上下表面均光滑无茸毛，叶柄洼窄拱形，叶柄淡红色。叶片的厚薄、颜色深浅及茸毛多少决定品种抗病性，叶厚、色深、茸毛多的品种抗病能力强，例如巨峰葡萄比红地球葡萄抗病性强。叶片多少会影响果穗的生长，例如巨峰葡萄一个重量约为 350 g 的果穗需正常大小的叶片 15～20 张，即叶穗比为(15～20)：1，叶片数量不足会影响葡萄的丰产性和品质。葡萄正常叶片萌发后 15～30 d 成熟，叶龄 120～180 d 不等。

任务二 果树花果生长发育

一、花芽分化

(一)花芽分化概念及类型

花芽分化是指植物芽体由叶芽生理和组织状态转化为花芽生理和组织状态过程，包括生理分化和形态分化两个时期。花芽分化是一个复杂的生物过程(图 1-52)。果树由叶芽向花

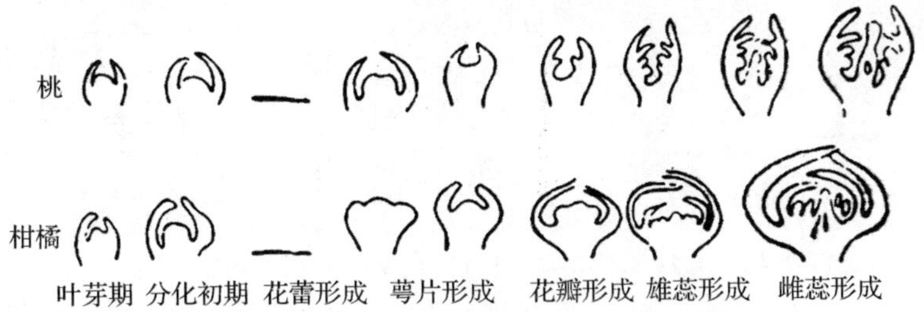

图 1-52 桃和柑橘花芽分化过程形态标志示意图(张玉星，2011)

芽形态分化之前，生长点内生理生化状态处于不稳定状态，此时期称为花芽分化临界期，如果此时期条件适宜即可分化为花芽，否则就转化为叶芽，花芽形态分化初期通常生长点肥大隆起，呈扁平半球状态，花芽分化进入萼片分化期，标志着花芽分化进入了形态分化期，进入形态分化期通常不可逆转。唐玉娟、黄国弟 2017 年在南宁以杧果品种南逗迈 4 号为材料，对其新梢停长期(Ⅰ期)和顶芽基部膨大期(Ⅱ期)2 个花芽分化时期的顶端分生组织进行转录组测序，分析结论：杧果花芽分化过程与内质网蛋白加工、次生代谢生物合成、植物激素信号转导、淀粉和蔗糖代谢等途径密切相关。梁钒、张艺勇等 2021 年在福州利用生物信息学方法对 *Aux/IAA* 基因家族进行全基因组鉴定与分析，分析结论：转录组数据显示 *DlIAA* 基因参与了龙眼花芽分化过程，*DlIAA*2 和 *DlIAA*17 可能在开花诱导中起作用。花芽分化是果树开花结果和形成产量的基础，花芽的芽体饱满健壮，开花后坐果率高，果实大且果形好，如果花芽瘦弱、质量差，坐果率低，果小果形差。通常落叶果树葡萄、梨、桃、李、柿等的花芽分化期在夏秋季的 5—8 月；常绿果树如柑橘、荔枝、龙眼、杧果等的花芽分化期在秋冬季 10 月至翌年 2 月；香蕉、菠萝自然的花芽分化期不定期，不分季节和月份，只要植株抽生足够数量的叶片即可进入花芽分化期；杨桃(图 1-53 和图 1-54)、火龙果(图 1-55)、百香果(图 1-56)、金柑、柠檬等少量亚热带果树一年有两次以上的花芽分化期，因此能在一年当中开花结果多次。因此，果树花

芽分化期没有统一时间,不同种类的果树花芽分化时期不同。分化形态标志各异,如桃、柑橘的花芽分化过程形态标志不同(图 1-52)。

图 1-53　杨桃 5 月上旬开花(左)、8 月下旬果实成熟(右)(南宁,2016 年)

图 1-54　杨桃 10 月上旬开花(左)、11 月下旬幼果期(中)、翌年 3 月上旬果实成熟(右)(南宁,2016—2017 年)

图 1-55　同一天火龙果园三批花果的形态(南宁市武鸣区,2021 年 11 月 15 日)

图 1-56　金都百香 3 号百香果同一年 5 月上旬(左)和 11 月上旬(右)两批花(南宁市武鸣区,2022 年)

（二）花芽分化主要学说

果树花芽分化机理的主要学说有C/N值学说和激素平衡学说。碳/氮（C/N）学说认为植物包括果树体内糖类的积累是花芽分化的物质基础，用碳和氮的比值来表示。当碳氮比高即碳占优势时有利于花芽分化和开花结果，氮占优势时则促进营养生长。充足的碳水化合物不仅能为成花提供大量能量，也为代谢过程反应的进行提供能量保证，许多国内外学者通过大量的试验也证明了这一观点。内源激素学说认为激素对花芽分化的顺利进行起着重要的调节作用，多数情况下，细胞分裂素（CTK）对成花有促进作用；赤霉素（GAs）在不同类型的植物体中对成花的作用有所区别，赤霉素对当年生植物有促进成花的作用，但对大多数果树的成花具有抑制作用，而脱落酸（ABA）能够促进成花。如荔枝花芽诱导前30 d，低含量赤霉素和高含量脱落酸则有利于荔枝花芽分化进行，反之，则促进营养生长；多效唑（PP333）通过抑制茎尖内源赤霉素的合成，降低赤霉素/细胞分裂素（GA/CTK）的值，延缓枝条的生长势促进花芽分化；陈华蕊、陈业渊等2013—2014年在海南东方市研究得出，杧果花芽分化过程中，高水平的生长素（IAA）、脱落酸（ABA）有利于杧果花芽分化。多效唑、乙烯利、烯效唑、比久（B9）等生长调节剂常被用于荔枝、龙眼、杧果、杨梅等常绿果树生产的控梢促花。乙烯是一种能够促进果树花芽分化的物质，曲枝、拉枝、环剥、夏剪等措施能够促进果树花芽孕育与芽内乙烯含量的显著提高有关。此外，花芽分化理论学说还有遗传基因控制论、临界节位学说、多因子控制理论等。

（三）主要果树花芽分化

1. 柑橘花芽分化

柑橘芽体属于混合芽，低温（如5～15℃）和干旱是诱导柑橘花芽分化的主要条件，气温的降低是脐橙等多数柑橘品种花芽分化的必需条件。花芽分化质量优劣影响柑橘翌年开花多少和产量高低，柑橘花芽是成熟结果母枝的顶芽或腋芽由营养生长转入生殖生长后形成，包括生理分化和形态分化两个时期。植物花芽分化开始的标志是芽体积的增大和顶端形状的改变，在广西，脐橙、沃柑、砂糖橘、沙田柚等大多数栽培的柑橘品种花芽分化期始于当年秋季，花芽生理分化期在每年9—10月，形态分化期始于11月结束于来年春季；金柑则较为特殊，一年当中只要枝条老熟，条件适宜即可进行花芽分化，开花结果。柑橘花芽形态分化依其形态变化过程常划分为6个时期：未分化期、分化初期、萼片分化期、花瓣分化期、雄蕊分化期、雌蕊分化期，其中未分化期的花芽与叶芽在形态上几乎无差别，叶芽停止发育进入休眠状态，花芽则继续发育，生长点突出。张锦松、唐燕玲等2006—2007年在广西桂林对砂糖橘、贡柑等19个柑橘品种试验观察，花芽分化初期在11月下旬至12月中旬，时长约30 d，12月中旬进入分化高峰期，此时期芽体外观饱满肥圆，鳞片紧包，生长点开始向边缘扩宽；花萼分化期在12月中下旬至次年1月中旬，历时20～30 d，1月上旬进入分化高峰期，此时期芽体外形为鳞片外层向外微微松开，主花芽生长点宽平，两端微隆起，突出部分为花萼原基；花瓣分化期在1月上中旬至2月上旬，历时约20 d，1月中旬进入分化高峰期，此时期花茎伸长，能看见小花蕾和幼小叶片；雄蕊分化期在2月中旬至3月上旬，历时15～20 d，2月中旬进入分化高峰期，此时期花瓣发育增大呈浅白色，营养芽伸长出现节间，叶片向外张开变大；雌蕊分化期在3月上旬至下旬，历时10～20 d，此时期雄蕊与雌蕊分化期相互重叠和交叉分化，花蕾迅速增大与增长，呈乳白色状，柱头迅速伸长，顶端部分形成蘑菇状；子房外皮层发育成浅绿色，中心柱两侧排列整齐灰白色的胚珠，花芽形态分化期完成，进入初花期。19个柑橘品种花芽形态分化期从11月下旬开始至次年3月下旬结束,花芽形态分化期前后历时120~130 d。沙田柚则在9月下旬至10月上旬进行花芽生理分化,花芽形态分化在11月下旬至翌年3月下旬,从生理分化开始至形态分化结束前后历时160~180 d。花芽分化是一个复杂的生理过程,可溶性蛋白、可溶性糖、淀粉和各类植物激素都会在花芽分化的过程中产生,并且呈现一定的变化规律。赤霉素(GAs)、吲哚乙酸(IAA)会抑制柑橘花芽生理分化;脱落酸(ABA)则能促进柑橘花芽生理分化;在柑橘的花芽分化开始前20~30 d控水、控制氮肥可促进花芽分化;如果在9—10月柑橘花芽生理分化期环割主枝等大枝能使植株叶片光合产物的可溶性糖含量、脯氨酸、蛋氨酸、细胞分裂素(CTK)、脱落酸(ABA)含量增加,则利于柑橘花芽分化的进行。

王智豪、奚昕琰等2023年对红美人杂柑的花芽分化进程进行观察,将花芽分化进程分为6个时期(图1-57):①未分化期(图1-56a),芽外形瘦小,不突出,外层鳞片排列紧密,芽的生长锥尖狭小。②分化初期(图1-56b),突起的生长点先端变得宽而肥大,向上隆起呈馒头状,以后逐渐伸长、变宽,顶端逐渐扁平;鳞片开始变松,花原基形成。③萼片分化期(图1-56c),芽的鳞片更加松散,顶端迅速膨大,顶部增宽,四周产生突起,即萼片原基,标志着进入了萼片分化期,分化后的生长点变宽而扁平。④花瓣分化期(图1-56d),随着萼片原基的伸长,萼片内侧基部发生突起体,即为花瓣原基;花瓣原基不断伸展,互相抱合。⑤雄蕊分化期(图1-56e),在花瓣原基内侧分化出新的突起,即为雄蕊原基,雄蕊伸长,中心盘体出现,雄蕊原基向上生长。⑥雌蕊分化期(图1-56f),在雄蕊原基下方,生长锥中央逐渐向上突起,形成雌蕊原基,花芽进入了雌蕊分化期。同时测定了花芽内源激素的脱落酸、玉米素核苷、赤霉素、生长素和叶片碳氮含量。测定结果表明,成花能力强的枝梢,碳氮比(C/N)、脱落酸/赤霉素、玉米素核苷/赤霉素、生长素/赤霉素值高;花瓣分化期之前,赤霉素含量高,脱落酸和玉米素核苷含量、脱落酸/赤霉素、玉米素核苷/赤霉素均处于较低水平;进入雄蕊分化期和雌蕊分化期后,脱落酸和玉米素核苷含量、脱落酸/赤霉素、玉米素核苷/赤霉素均快速上升。

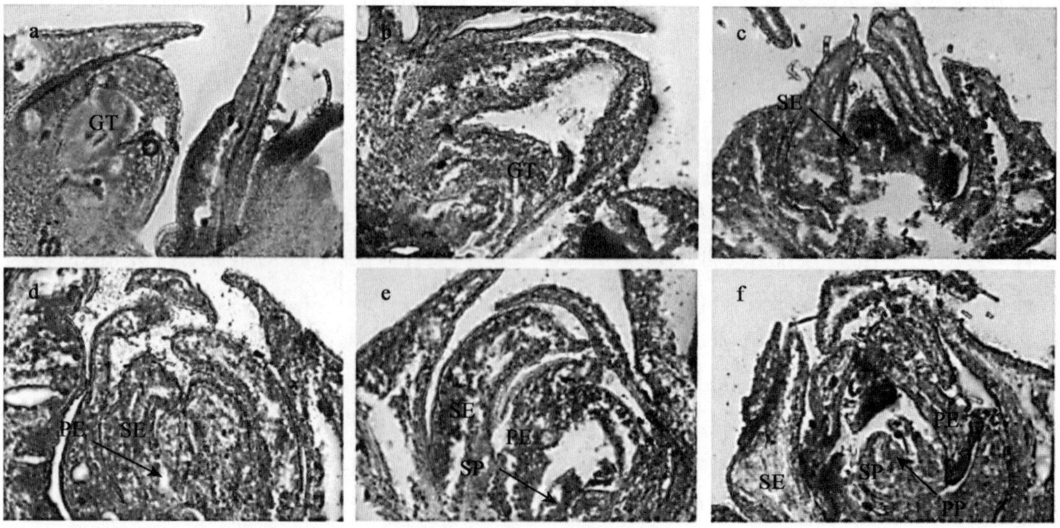

a. 未分化期 b. 分化初期 c. 萼片分化期 d. 花瓣分化期 e. 雄蕊分化期 f. 雌蕊分化期

GT:生长锥 SE:花萼原基 PE:花瓣原基 SP:雄蕊原基 PP:雌蕊原基

图1-57 红美人杂柑花芽分化各时期及其特征(王智豪等,2023)

2. 荔枝花芽分化

花芽分化是荔枝开花多少和质量好坏的基础，荔枝花芽是成熟结果母枝的顶芽或近顶端的腋芽由营养生长转入生殖生长后形成，包括生理分化和形态分化两个时期。花芽形成后分化成花穗原基随即开始进行花穗分化，花穗主轴不断伸长，其上相继产生各级侧花穗。荔枝的芽体为混合芽。未花芽分化的芽体瘦小，生长锥尖长，花芽分化后芽体伸长，生长锥变扁平变圆，形似半球形，发育为圆锥花穗原始体的突起，不断发育形成各级花穗原基和苞片原基，至花穗主轴顶端出现花器官时整个花穗形成，主轴的苞片腋间形成点状第一级侧生花穗原基，点状呈白色（俗称“白点”，图 1-58 和图 1-59），每个“白点”发育生长为一个侧生花穗（图 1-60），伸长的第一级侧生花穗分生第二级侧生花穗原基，伸长的第二级侧生花穗分生第三级侧生花穗原基。花器官分为萼片分化、雄蕊分化、雌蕊分化 3 个时期。每年 12 月至翌年天气低温干燥（日均气温 13～14℃、最低气温约 3℃）和土壤干旱有利于荔枝花芽分化和春季抽生花穗，因为冬梢生长被抑制，有利于枝条积累营养，每年 12 月至翌年 1 月中旬期间 10℃以下低温时数约 160 h 糯米糍和桂味等成花难荔枝品种完成其成花诱导的最基本要求。低温诱导后补充水分有助于荔枝花芽分化的完成。荔枝花芽分化过程：末级枝条停止生长→成花诱导→花芽露白→花穗发育→小花开放。

图 1-58　荔枝顶芽无新叶“露白”

（灵山县，桂味，2022 年 1 月下旬）

图 1-59　荔枝顶芽带新叶“露白”

（南宁市，妃子笑，2022 年 2 月中旬）

图 1-60　荔枝刚生长一级侧生花穗

（南宁市，妃子笑，2022 年 2 月中旬）

荔枝花芽分化的时间因不同品种、种植地的当年气候和结果母枝成熟的迟早有差别。周瑞云、胡福初等于 2017—2019 年连续 3 年在海南省澄迈县对妃子笑荔枝的物候期进行观察，结果母枝花穗原基露白时间分别 1 月 21 日、1 月 8 日、1 月 15 日。张红娜、苏钻贤等 2009 年 12 月至 2010 年 3 月在华南农业大学荔枝园观察，妃子笑在 2009 年 12 月 25 日左右顶芽露白，2010 年 1 月 28 日前后抽出花穗、2 月 11 日前后小花蕾显现；桂味在 2010 年 1 月 5 日前后顶芽露白，2 月 9 日左右抽出花穗，2010 年 2 月 22 日左右小花蕾显现。在广西钦州市的钦南区、灵山县等地，妃子笑 9 月中旬前萌发的秋梢在 10 月下旬前老熟，11 月上旬开始花芽分化，12 月中旬花穗原基露白，持续到翌年 1 月中旬，1 月下旬开始抽生花穗；桂味在 9 月下旬萌发的末次秋梢，11 月上旬前老熟，11 月中下旬开始花芽分化，持续至翌年 1 月下旬，1 月中下旬花穗原基露白，2 月上旬开始抽生花穗；仙进奉 9 月下旬萌发的末次秋梢，在 11 月上中旬老熟，12 月上旬开始花芽分化，持续至翌年 1 月下旬，1 月中旬花穗原基露白，1 月下旬至 2 月上旬开始抽生花穗。经观察,2022 年 1 月中下旬广西灵山县桂味荔枝的结果母枝顶芽已部分开始露白(图 1-58);1 月 30 日前后广西钦州市钦北区仙进奉、岭丰糯两个荔枝约 50%枝条顶芽 50%露白、部分花穗长度 1～2 cm;2 月 10 日前后,广西钦州市钦南区的无核荔、紫娘喜两个荔枝品种有 60%左右的植株结果母枝顶芽都露白、40%顶芽长出的花穗长度约 1 cm,同时期该市钦北区的岭丰糯、钦州红荔两个荔枝部分植株顶芽露白的结果母枝较多,部分花穗长度 1～3 cm。

3. 龙眼花芽分化

龙眼的芽体为混合芽,未花芽分化的龙眼芽体瘦小,生长锥尖长。广西、广东龙眼主产区的龙眼花芽生理分化期通常在每年的 12 月中下旬至第二年的 1 月中下旬,此阶段如果天气低温(10～14℃)和干旱及阳光充足利于顶芽及其以下侧芽积累营养和花芽分化,在不发生寒害的温度范围内,气温越低越有利于龙眼的花芽分化;高温条件下,如果天气干旱和根际土壤干旱,龙眼也可以进行花芽分化。每年 1 月下旬至 2 月上旬开始萌动,进入花芽分化的形态分化期,芽体伸长,进入花序发育阶段,生长锥变扁平变圆,形似半球形,发育为圆锥花穗原始体的突起,不断发育形成各级花穗原基和苞片原基,至花穗主轴顶端出现花器官时整个花穗形成,主轴的苞片腋间形成点状第一级侧生花穗原基(图 1-61),点状呈粉红色(俗称“红点”),每个“红点”发育生长为一个侧生花穗,伸长的第一级侧生花穗分生第二级侧生花穗原基,伸长的第二级侧生花穗分生第三级侧生花穗原基,最后一级的小花穗形成花原基,进入抽蕾期,进行花萼、花瓣、雄蕊、雌蕊分化。2022 年广西灵山县、北流市两地的石硖龙眼结果树结果母枝的顶芽都在 1 月 15 日左右开始“露红”;储良、双孖木、大乌圆等中迟熟品种龙眼的“露红”期相对延迟,一般在 1 月下旬才“露红”,同一品种在同一产区不同年份因冬春季天气差异“露红”期也有差别。龙眼花芽分化过程:末级枝条停止生长→成花诱导→花芽露红→花穗发育→花器官分化。在广西南宁市、钦州市大多龙眼品种花芽“露红”期在 1 月中旬开始,抽穗期在 3 月上中旬,花穗主轴及第二级、第三级侧序长出,花器官发育的抽蕾期在 3 月下旬开始。部分研究结果认为,花芽分化的生理分化期,结果母枝的异戊烯基腺苷(iPAs)含量高、吲哚乙酸(IAA)含量高、脱落酸(ABA)含量低利于龙眼叶芽向花芽的生理转化;进入形态分化期,赤霉素类(GAs)含量下降利于花芽分化,脱落酸(ABA)在生理分化期含量水平低和形态分化期水平高,有利于龙眼花芽分化。

图 1-61 龙眼侧生花穗原基(南宁,2013 年 3 月 21 日)

4. 香蕉花芽分化

香蕉只有生长足够数量的叶片后才能进行花芽分化，香蕉花芽分化期可细分为3个阶段：花孕育期、花序分化期、花器各部原基分化期(表1-4)。香蕉组织培养苗，如果以5～7叶龄苗定植后新长出第1张叶片算起一般需抽生28～30张叶片(如包括定植前已经生长的5～7张叶片，实为33～37张叶)才进入花芽分化期；吸芽苗需长出正常叶20～24张才能花芽分化。香蕉植株即将进行花芽分化时，其抽生的那一张叶片面积最大，此后抽生的叶片逐渐变小，叶柄变短，叶距越来越密集，花芽分化期是果实梳数和果指数的决定时期，也是香蕉吸收和积累养分的重要时期，充足肥水条件尤其是足量钾元素能增加雌花数量。从花芽分化开始到抽出花穗时，植株还能抽生叶片6～8张，所以花芽分化时间长短由叶片抽生速度决定(表1-4)。

表1-4 香蕉花芽分化3阶段叶片数量及时长(黄承和等，2006)

阶段	叶片数量/张	时长/d	形态特征
花孕育期	28～30	12	苞片原基开始出现并伸长，生长点开始突起膨大
花序分化期	31～33	15	生长点不再分化叶片
花器各部原基分化期	34～36	20	花原基分化完成，花蕾开始形成

注：品种：巴西蕉，定植时间：2001年8月15日，花芽分化始日为2002年4月14日，终日为2002年5月30日，叶片数以5～7叶龄试管苗定植后新长出的第1张叶开始记。

5. 葡萄花芽分化

葡萄花芽通常芽体肥大饱满，顶端圆钝，鳞片抱合紧密，最内是一个绿色的小圆球；叶芽的芽体尖细，鳞片抱合松散。每年春季花期是葡萄花芽分化的第一个临界期，此阶段是形成花序原基的关键时期，主要分化时期是5—7月，罗惠格等于2019年3—9月在广西南宁市武鸣区以4年生阳光玫瑰葡萄为试材，对冬芽花芽分化过程的芽形态结构观察(图1-62)，结果表明，该品种在新梢6片展叶期时冬芽开始形态分化；盛花期时冬芽进入始原基分化期，该阶段始原

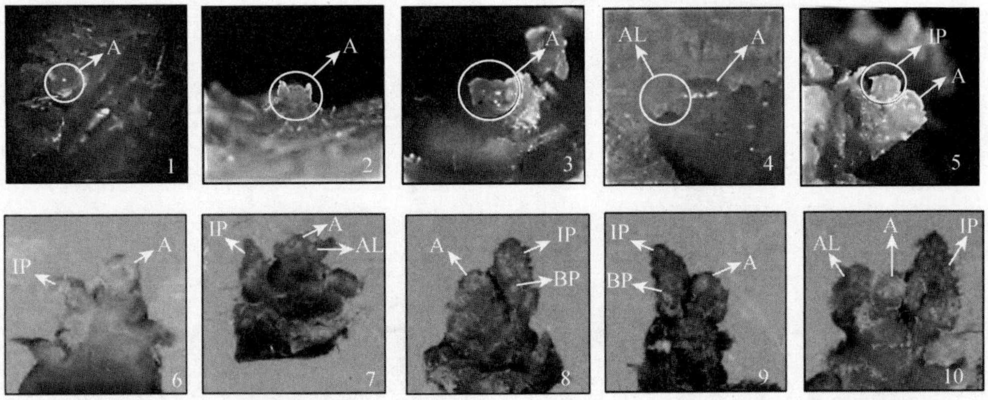

1. 叶芽期 2. 平顶期 3. 二分体时期 4. 始原基分化期 5. 花序原基分化期
6. 花序原基分化期后20 d 7. 花序原基分化期后40 d 8. 花序原基分化期后60 d
9. 花序原基分化期后80 d 10. 花序原基分化期后100 d
A：生长点 AL：始原基 IP：花序原基 BP：分枝原基

图1-62 阳光玫瑰葡萄各采样期冬芽分化形态结构(罗惠格等，2023. 南宁，2019年3—9月)

基可分化为卷须原基或花序原基,末花期时冬芽进入花序原基分化期,然后不断发育并逐渐分化出花序各级穗轴。但葡萄大多数品种从 4 月就开始花芽分化,持续到次年春季,第二年春季气温上升后冬芽逐渐增大,上一年形成的花序原基继续分化发育,此时是葡萄花芽分化的第二个临界期,芽体如果得不到充足养分就不能抽生花序,退化形成卷须,春季芽体营养不足会导致花穗弱小甚至芽体死亡。因此在自然条件下葡萄的花芽分化贯穿于葡萄全年生长周期的全过程。枝梢过多、产量过高、光照不良、避雨棚散热差的葡萄园花芽分化会受到阻碍,次年春季有花序的枝梢少。不同品种花芽在新梢上的分布节位不同,大多着生在结果枝的第 3～8 节,如巨峰和玫瑰香两个品种的花穗多着生在第 4～5 节。植株的营养条件影响葡萄不同节位芽体质量及其后期开花与结果质量,营养水平低的植株和枝条的芽体小,而瘦小的芽体萌发长出的结果枝抽生的花穗小。

贾楠、袁军伟等 2017 年在河北昌黎对夏黑、蜜光和宝光 3 个葡萄品种的花芽分化过程进行观察,观察结果表明,夏黑葡萄于 5 月中旬开始花芽分化,6 月上旬到 8 月上旬为夏黑葡萄花芽的分化盛期(约 60 d),花序原始体发现期和花序主轴期同时进行;蜜光和宝光两个葡萄品种 5 月中旬进入花芽分化,8 月上旬完成花芽分化,5 月下旬到 7 月中下旬为宝光葡萄花芽的分化盛期(约 50 d),6 月上旬到 7 月中下旬为蜜光葡萄花芽的分化盛期(约 50 d)。

刘鑫、张亚红等 2022 年在银川贺兰县对红地球葡萄花芽分化过程的未分化期(代号 S1)、花原始体发育期(代号 S2)、花序主轴发育期(代号 S3)和花序二级轴发育期(代号 S4)共 4 个发育阶段的芽进行形态学观察(图 1-63)和植物激素测定(图 1-64)。通过切片图显示,未分化期阶段(S1):芽体扁小,绿色,生长点呈锥形,细胞排列紧密有序,细胞大小均一,芽鳞未木质化,无绒毛出现;花原始体发育期阶段(S2):芽体膨大,绿色,花芽开始分化,生长点趋于平坦,芽体增大,无绒毛;花序主轴发育期阶段(S3):芽体变得丰满,转变为褐色,花芽进一步分化,生长锥侧面形成花序原基,鳞片内出现少量绒毛;花序二级轴发育期阶段(S4):芽体坚硬,深

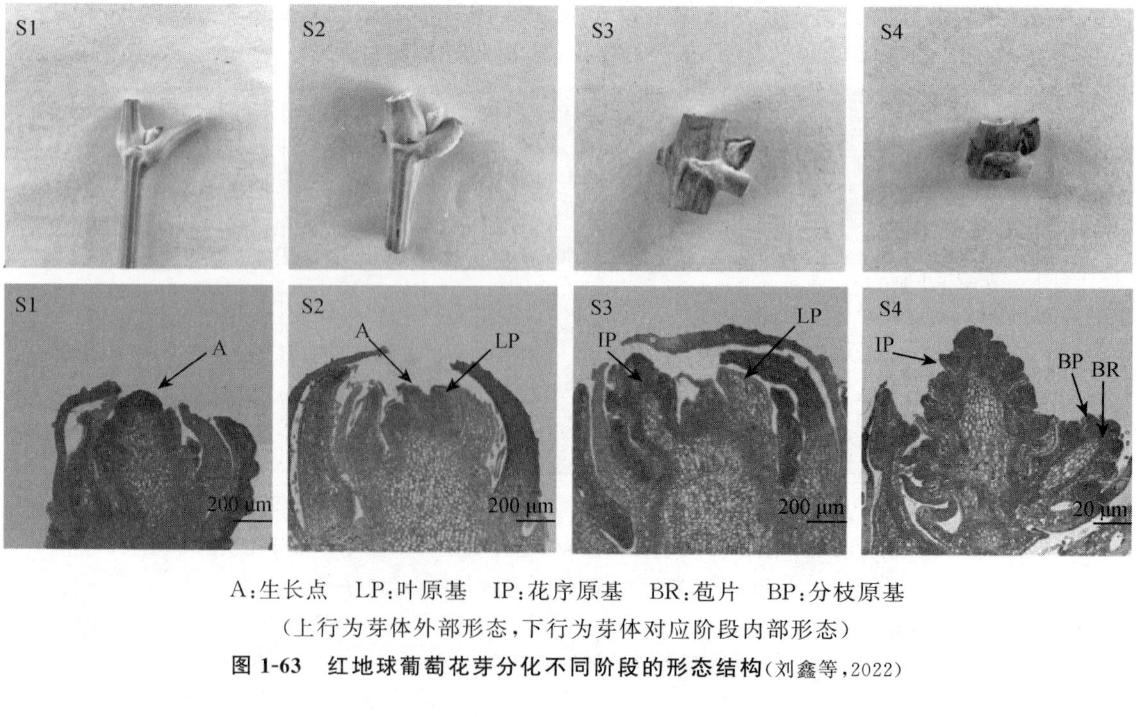

A:生长点　LP:叶原基　IP:花序原基　BR:苞片　BP:分枝原基

(上行为芽体外部形态,下行为芽体对应阶段内部形态)

图 1-63　红地球葡萄花芽分化不同阶段的形态结构(刘鑫等,2022)

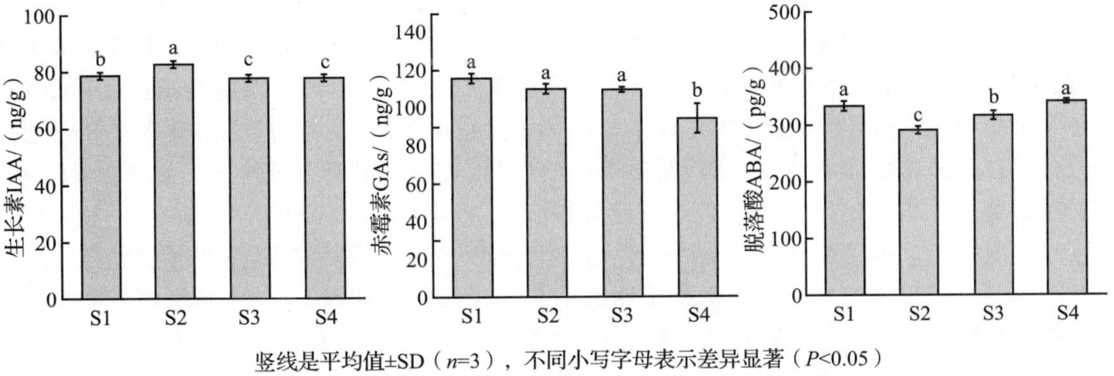

图 1-64　红地球葡萄花芽分化过程中的激素变化(刘鑫等,2022)

褐色,鳞片半木质化,花芽进入花序二级轴发育期,花序原基增大,花芽内绒毛增多。测定表明,在红地球花芽分化的 4 个发育阶段,生长素在 S2 时期含量最高,在 S3 和 S4 时期含量最低;赤霉素含量在花芽分化过程中不断降低,在 S4 时期为 S1 时期的 80%;脱落酸含量在 S1 和 S4 时期较高,在 S2 时期最低。在红地球葡萄花芽分化过程中共发现 13 729 个差异基因,其中 S1－S2、S2－S3、S3－S4 和 S1－S4 分别有 4 158、2 050、3 425 和 7 652 个差异基因。对红地球花芽分化的 4 个发育阶段的花芽进行高通量转录组测序,结果表明花芽分化受大量基因调节。

6. 草莓花芽分化

草莓在营养生长期的生长点中央呈平坦状态,进入花芽分化期生长点膨胀为圆形。草莓花芽分化形态分化最初长出萼片、花瓣,随后在花瓣内侧长出雄蕊和雌蕊,雄蕊上长出花药和花丝,雌蕊长出子房和花柱(图 1-65),花器完成。草莓属短日照植物,需要在低温和短日照条件下进行花芽分化,在日平均气温 5～25℃、日照少于 12.5 h,经过 10～15 d 开始花芽分化,但

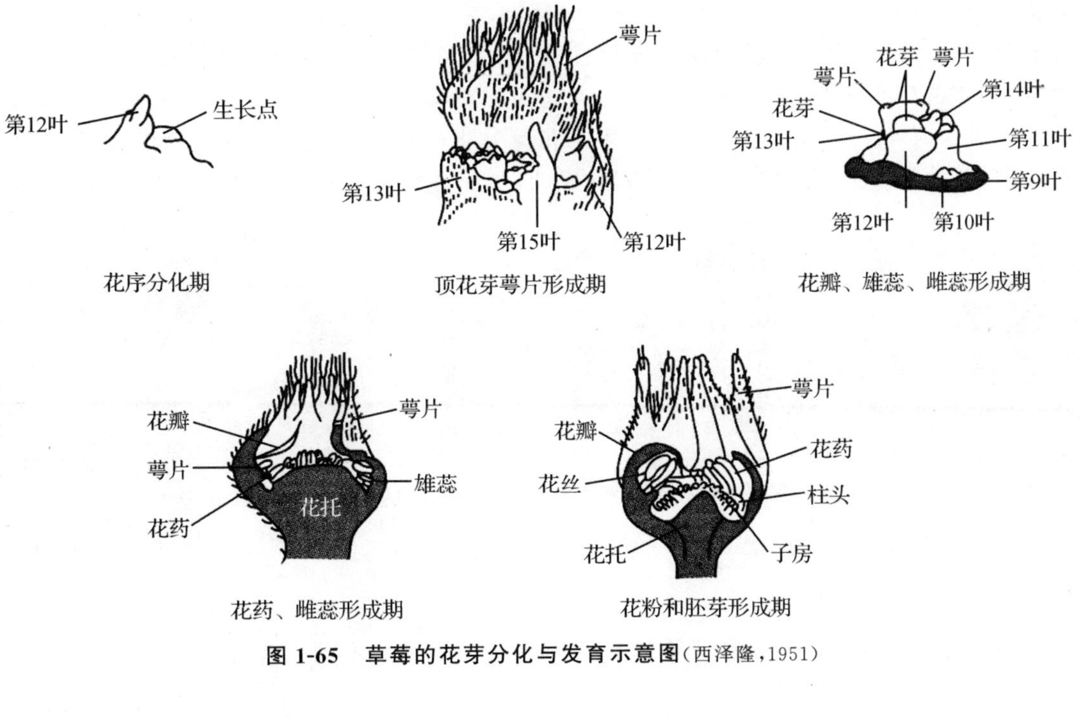

图 1-65　草莓的花芽分化与发育示意图(西泽隆,1951)

花芽分化后较高温度和长日照能促进草莓花芽的发育。自然条件下,除了四季草莓品种外,大多数草莓的花芽分化期在 9 月,根据蒋桂华等(2012)资料,'越秀'在浙江杭州市露地大田栽培,其花芽分化时间通常为 9 月 15 日前后,其顶花序分化比'红颊'延迟约 7 d,越心、宁玉和章姬等 3 个品种在 9 月 4 日、红颊在 9 月 7 日就可见生长点膨大,花芽分化,隋珠则在 8 月底花芽分化。花芽分化之前需要短日照、低温条件的诱导,若草莓植株处于 4~15℃气温,无论日照长短都会发生花芽分化,在 8~11℃气温范围 8~14 d 即可进行花芽分化;在 16~28℃气温范围短日照利于草莓花芽分化,长日照制约花芽分化发生,日照时数 13.25 h 是关键节点;高于 28℃或低于 5℃无论日照长短草莓植株都不会发生花芽分化(Ito,Saito,1962)。草莓植株叶片生长势旺盛或徒长不利其花芽分化。草莓植株具有 4~6 张展开叶,根茎粗度 0.6 cm,苗重 10 g 以上,叶片呈黄绿色,花芽分化良好,展开叶片数量在 4 张以下,花芽分化延迟。给草莓植株喷雾多效唑或矮壮素等生长抑制剂稀释溶液,抑制营养生长势,能促进草莓植株花芽分化。除了温度和日照长短以外,草莓花芽分化也受植株体内的营养状况尤其是氮素水平的影响,一般认为,过多的氮素营养会抑制草莓的花芽分化,而氮含量较低的植株花芽分化相对较早。曹明浩、庞夫花等 2021 年在上海进行断氮处理对红颜和章姬草莓花芽分化及开花结果的影响试验,营养液含氮量分别为 77.0 mg/L(对照处理)、38.5 mg/L、15.4 mg/L、7.7 mg/L、0.0 mg/L,试验结果表明,断氮处理后红颜和章姬草莓植株中的氮含量显著下降,株高、根长无明显差异,而含氮量 15.4 mg/L、7.7 mg/L、0.0 mg/L 处理的花芽分化时期、物候期显著提前,但单果重和可溶性固形物含量与对照相比无显著差异。

7. 百香果花芽分化

百香果的花芽从新生枝条的叶腋生长,通常从新生枝蔓第 4 节位及之后花芽分化,果枝的芽体当年花芽分化当年开花结果,花芽分化期的花芽形成到花朵开花历时 25~40 d,也有报道历时约 40 d。田青兰、周俊妞(2024)在南宁于 2021 年 8 月 4 日挂牌标记,对台农 1 号百香果花芽跟踪观察研究,此时的花芽为第一苞片分化期,花芽第一苞片长度为 3~4 mm,通过扫描电镜和石蜡切片解剖观察该品种花芽分化过程(图 1-66),第一苞片形成期(图 1-66A)到雌蕊形成期(图 1-66F、G)历时 10~12 d,第 16 天柱头和花柱形成(图 1-66H),第一苞片形成期到花朵开花时历时 41~42 d(图 1-67)。百香果花芽分化过程主要包括第一苞片形成期、额外苞片形成期、萼片形成期、花瓣形成期、雄蕊形成期、雌蕊形成期、副花冠形成期(图 1-68)。

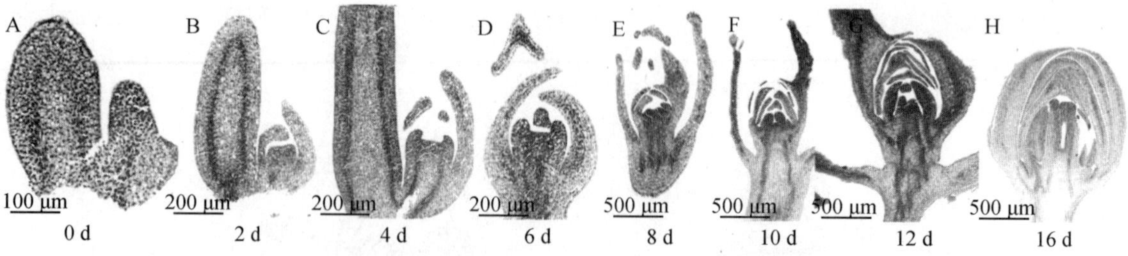

图 1-66 台农 1 号百香果花芽第一苞片形成至雌蕊形成过程的花芽纵切观察图(田青兰等,2024)

(四)影响花芽分化的因素

1. 品种和栽培区域

果树花芽分化发生的时期和进程因品种特性和栽培区域不同而存在一定差异,例如三月

图 1-67　台农 1 号百香果柱头和花柱形成后至开花前的花蕾外观形态图(田青兰等,2024)

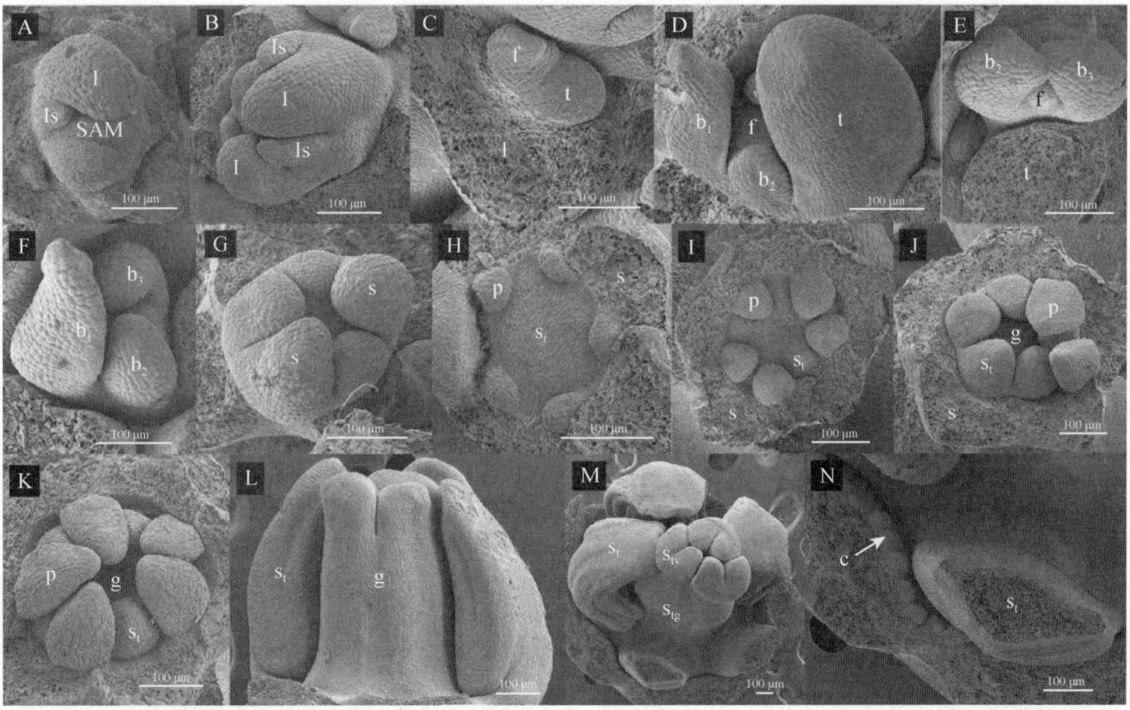

A、B. 茎尖分生组织　C. 卷须分生组织和花芽原基分化期　D、E、F. 第一苞片和额外苞片形成期

G. 萼片形成期　H. 花瓣原基分化期　I. 雄蕊原基分化期　J、K. 雄蕊形成期和雌蕊原基分化期

L. 雄蕊和雌蕊发育　M. 柱头和花柱分化期　N. 副花冠分化期

l:叶片　ls:托叶　SAM:顶端分生组织　f:花原基　t:卷须　b_1:第一苞片　b_2、b_3:额外的苞片

s:萼片　p:花瓣　s_t:雄蕊　g:雌蕊　s_{tg}:柱头　s_{ty}:花柱　c:副花冠

图 1-68　台农 1 号百香果花芽分化过程电镜扫描观察图(田青兰等,2024)

红等早熟荔枝品种末次梢老熟和花序原基出现的时间要早于鸡嘴荔和桂味等中熟品种,我国海南地区的妃子笑花芽分化和开花时间要早于广东、广西等地区。

2. 树体营养

良好的枝叶生长是花芽形成的基础,枝条老熟健壮积累足够营养和能量有利于花芽分化。

多数研究认为果树的花芽分化是陆续进行的，但在一年之内它只有一个分化的高峰，具体在什么时候进行则与果树的枝梢停止生长的时间有关，如梨的花芽分化在枝梢顶叶充分长成后的2周。柑橘、荔枝、龙眼、杧果秋梢或早冬梢如果在花芽分化期之前没有老熟，每年11月至翌年1月如果温度≥15℃高温持续时间长且土壤湿润时，荔枝、龙眼等果树易抽发冬梢，大量的冬梢消耗树体贮藏的营养，同时冬梢因低温很难完成转绿和成熟，因此不利于花芽分化。而香蕉则需要抽生足够数量的叶片，如吸芽苗需长出正常叶20～24张，香蕉组织培养苗，如果以5～7叶龄苗定植后新长出第1张叶片算起一般需抽生28～30张叶片(如包括定植前已经生长的5～7张叶片，实为33～37张叶片)才进入花芽分化期，积累充足的营养，才能进行花芽分化。柑橘、葡萄等当年花果量大的结果树，满树的花果消耗大量养分，当年抽生新梢数量少，根系新根生长量小，吸收能力下降，树体贮藏营养少，不利于花芽分化，翌年花量少甚至无花。在生理分化期前喷施磷、硼、锌、钼、镁、钙等营养元素能够促进柑橘等果树的成花。草莓植株生长过程，过多的氮素营养会抑制草莓的花芽分化，而氮含量较低的植株花芽分化相对较早。

3. 环境因素

光是花芽分化的条件，大多数果树因环境的光照条件不良导致花芽分化率低，光照环境不良的枝条难形成优质的花芽。设施大棚的葡萄、桃等果树如果大棚的棚膜透光率低，则花芽分化很难完成，结果枝少，小株行距高密度种植的果园、大树冠的结果树下部和内部光照条件不良，不利于花芽分化，因此果园要通过保留适宜株行距，合理整形修剪，给花芽分化和开花结果创造良好的光照条件。冬季和春季温度较高的地区如海南省及广东、广西南部地区种植的火龙果、百香果，在冬春季人工补光(图1-69和图1-70)，使火龙果、百香果光照时间在12～14 h/d，可以促进花芽分化、开花结果。温度影响着果树光合作用、呼吸作用、吸收能力等新陈代谢活动强弱，李、葡萄、桃等落叶果树花芽分化期在高气温的6—8月，而柑橘、荔枝、龙眼、杧果等常绿果树的花芽分化期则在气温较低的冬春季。低温(5～15℃)和干旱是诱导柑橘花芽分化的主要条件，气温降低是多数柑橘品种花芽分化的必需条件；而温度对荔枝花芽分化的影响表现为冬季要有一定的适当低温时间，才利于荔枝的花芽分化，每年12月至翌年1月中旬10℃以下低温时数约160h是糯米糍和桂味等成花难品种完成其成花诱导的最基本要求，0～10℃低温和时间较长更有利于怀枝等晚熟荔枝品种花芽形态分化，花穗发育期则需要适度升温，早熟、中熟荔枝品种如妃子

图1-69　火龙果园补光促花
(南宁市，2016年11月)

图1-70　百香果春季补光促花
(海南五指山市，2024年2月)

笑的花芽分化对低温要求不高，所以容易成花，稳产性好，晚熟荔枝品种则要求 3～10℃低温，多数荔枝品种的成花诱导要求 15℃以下。因此冬季气温高则不利柑橘、荔枝、龙眼、杧果的花芽分化。园地土壤相对干旱有利于果树的花芽分化，因为干旱环境条件使果树的营养生长相对停滞，利于营养积累。

(五)促进花芽分化的措施

1. 调控结果母枝适宜成熟期

荔枝、龙眼、杧果等果树结果母枝成熟且健壮才利于花芽分化，生产可通过肥水管理结合修剪，使一年中最后一批枝梢在花芽分化期开始时适时老熟，积累足够营养和能量为花芽分化创造营养基础。以广西等华南地区种植桂味荔枝的结果树为例，早秋梢从抽梢至老熟需要时间约 45 d，55～60 d 后即 10 月下旬至 11 月上旬其顶芽再次萌动极易抽发早冬梢，如果早冬梢在当年 12 月下旬至翌年 1 月上旬叶色转绿、枝条老熟，这些早冬梢仍有较好的成花能力，翌年春季也有部分能开花结果，但早冬梢总体成花率较低。10 月上中旬抽发的晚秋梢从抽梢至老熟需 55～60 d(即 11 月下旬至 12 月上旬)，70 d 左右(即 12 月中下旬)顶芽再次萌动，此时顶芽再次萌动时枝梢已充分老熟、生长健壮、养分积累充足，一般年份此时气温已低、天气干旱，利于枝条花芽分化，故晚秋梢总体成花率最高，翌年春季易开花结果。广西、广东的柑橘产区一般都培养秋梢作结果树翌年结果母枝，通过适时修剪和肥水管理及应用生长调节剂，使末次秋梢生长健壮并至每年 11 月下旬至 12 月上旬适时成熟，花芽分化良好。初结果树枝叶生长旺盛，7 月下旬和 9 月中下旬各放梢一次，每批新梢萌发至成熟需要的时间为 40～50 d。盛果期柑橘尤其是砂糖橘、沃柑等翌年 1—3 月才采收果实的迟熟品种丰产树，枝叶营养生长势弱，通常只培养一批秋梢，在 8 月下旬放梢，秋梢在 10 月中下旬老熟，从萌发至成熟需要的时间是 50～60 d，成为翌年结果母枝，一般极少长冬梢。

2. 创造良好的光照条件

果园种植密度合理，确保结果树树冠之间有空间，通过整形修剪培养透光的树冠，使树冠的结果树下部和内部光照条件良好，因为光照良好条件下叶片光合作用效率高，利于积累糖类等有机物质，利于花芽分化。如沃柑等密植的柑橘园树冠之间交叉枝要回缩修剪，确保树冠之间间距≥1.0 m，同时控制树冠高度≤3.0 m 以下，树高最好是 2.0～2.5 m，利于果园和树冠通风透光。火龙果、百香果冬春季补光 4～5 h/d，连续补光 25～30 d，结果枝出现花蕾，通常连续补光 50 d，据徐杨玉等 2021 年在湛江对火龙果作 18:30—22:30、22:30—2:30、2:30—6:30 共 3 种不同时段补光处理多重复试验，采用 FDD 光质(红∶绿∶蓝＝23∶75∶2)补光，连续补光 83 d，结果表明，22:30—2:30 补光处理最佳，成花枝率、单批产量分别为 31.9%、9 474 kg/hm^2。

3. 平衡开花结果与枝叶营养生长

花果数量过多的果树，花果消耗太多营养，导致枝和根养分积累不足，抑制花芽分化，因此花果量大的年份要注意对果树疏花、疏果，培养适宜数量的营养枝，平衡开花结果与枝叶营养生长。砂糖橘、沃柑等结果量过多的柑橘树 7—8 月萌发秋梢少，可在放秋梢前约 15 d 短截部分挂果枝条，剪口粗度 0.3～0.5 cm，直径约 3 m、高度约 2.5 m 的树冠剪口数量 40～50 个，减少树冠的挂果量，第二次生理落果结束后至 9 月中下旬疏果 2～3 次(图 1-71)，疏除病虫果、畸形果、机械损伤果和过多、过密、个小及发育不良的果实，减少树体养分过度消耗，砂糖橘叶果比以(15～25)∶1为宜,沃柑适宜的叶果比为(30～40)∶1,脐橙适宜叶果比(50～60)∶1,柚类适宜叶果比(150～200)∶1。为平衡枝叶生长和开花结果的矛盾,龙眼结果树当年春季抽生花穗开花结果的枝条占植株枝条总数的50%～60%为宜,其余40%～50%枝条作营养枝,抽生花穗枝条数量多于该指标的,可在3月下旬花蕾未开放时,在各花穗下部连带2～3张叶片或在枝条粗度约2 cm处下剪,短截部分枝条,疏花穗时优先剪除病虫为害花穗、弱小花穗和夹带叶的花穗,选留的花穗枝条在树冠要分布均匀。葡萄结果枝开花结果后,保留叶片15～20叶/枝、1果穗/枝即可,过多花穗和叶片剪除。花果量少的适龄结果树,如果枝叶生长过于旺盛,即将花芽分化时则环剥或环割其主枝等大枝,抑制新梢生长,促进花芽分化,如定植第4～6年的杨梅初结果树生长旺盛,不易形成花芽,8—9月环剥主干和主枝1～2圈,环剥口宽度0.2～0.3 cm,缓和树势。11—12月荔枝环剥主枝或主干控制冬梢促进花芽分化(图1-72)。

图1-71 沃柑挂果量大植株7—9月疏果2～3次

图1-72 荔枝主枝环剥控制冬梢促进花芽分化

4. 控制水分供应

龙眼、荔枝、杧果、杨梅、黄皮等冬春季花芽分化的果树,应使根际土壤适当干旱,停止灌溉,因为干旱条件使营养生长相对停滞,利于营养积累。

5. 应用生长调节剂

多效唑、乙烯利、矮壮素、脱落酸能促进柑橘、荔枝、龙眼、杨梅等果树花芽分化。例如,定植第4～6年的杨梅初结果树生长旺盛,10月上旬土施多效唑,在树盘地面淋施15%多效唑可湿性粉剂1 000倍稀释液,树冠直径2.5～3.0 m淋施约20 kg/株,冠径小的淋施12～15 kg/株,8—9月新梢生长约10 cm时对树冠喷雾15%多效唑500～600倍或5%烯效唑200～600倍液2次,两次喷雾间隔10 d,对生长势旺的杨梅树控梢促花效果显著。杧果于11月中旬起喷施2～3次1 600～2 000倍40%乙烯利稀释溶液(即200～250 mg/L),间隔15 d喷1次,能提高翌年春季枝条花穗抽生率。在1—2月若果树还表现为叶色浓绿、芽眼瘦小、叶片开张角度小等无花芽分化迹象时,可再用15%乙烯利1 000～1 500倍与15%多效唑500～1 000倍混合液喷雾叶面2次,间隔15～20 d,可促进花芽分化。

6. 合理施肥

通常果树树体钾、磷营养元素充足利于花芽分化,而在生理分化期前喷施硼、锌、钼、镁、钙等中微量矿质营养元素能促进花芽分化。枝叶生长旺盛的果树要减少氮肥施用量和施用比例，防止树体枝叶旺长，消耗大量营养，不利于花芽分化。

二、花与开花

（一）花的结构和分类

花是果树生殖器官，是结果基础，正常发育齐全的花朵由花萼、花瓣、雌蕊（子房、花柱）、雄蕊（花丝、花药）构成（图 1-73 至图 1-75）。根据一朵花雌雄蕊是否齐全，将果树的花分为两性花和单性花，两性花的雌蕊和雄蕊齐全且发育正常（如柑橘花、百香果花和火龙果花等），单性花仅有雌蕊正常发育称为雌花（如龙眼雌花、荔枝雌花等），单性花仅有雄蕊正常发育称为雄花（如杧果雄花、龙眼雄花和荔枝雄花等）。花朵是两性花常见的果树有柑橘（图 1-73）、火龙果（图 1-76 左）、葡萄、百香果（图 1-74 和图 1-76 右）、草莓、梨（图 1-77）、桃、李（图 1-75）等，单性花常见果树如荔枝（图 1-78）、龙眼、杧果（图 1-79）、香蕉、板栗、银杏、核桃、杨梅（图 1-80）等，其中荔枝、龙眼、杧果有极少量的两性花。板栗（图 1-81）、核桃（图 1-82）的花属雌雄同株异花，杨梅（图 1-80）、银杏的花属雌雄异株。荔枝、龙眼、杧果、澳洲坚果（图 1-83）、菠萝（图 1-84）等部分果树的大量小花有规律地着生在花轴上，称为花序；柑橘、火龙果、百香果、番荔枝（图 1-85）、柿（图 1-86）等部分果树的小花单独着生在枝条叶腋或枝条顶部，称为单生花；柑橘等一些果树的花既有单生花也有花序。

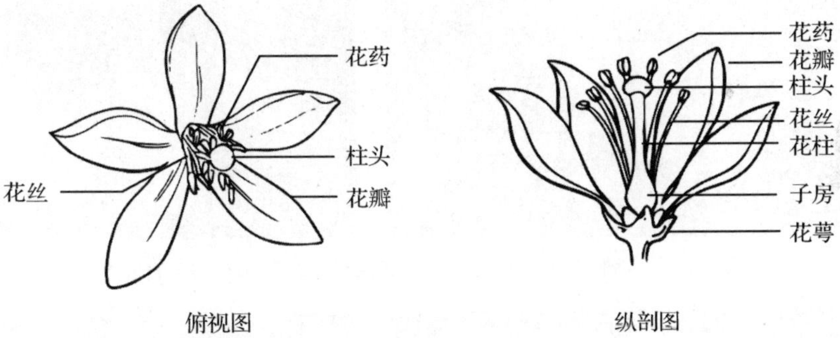

图 1-73　柑橘花朵结构示意图（覃楚媛　绘）

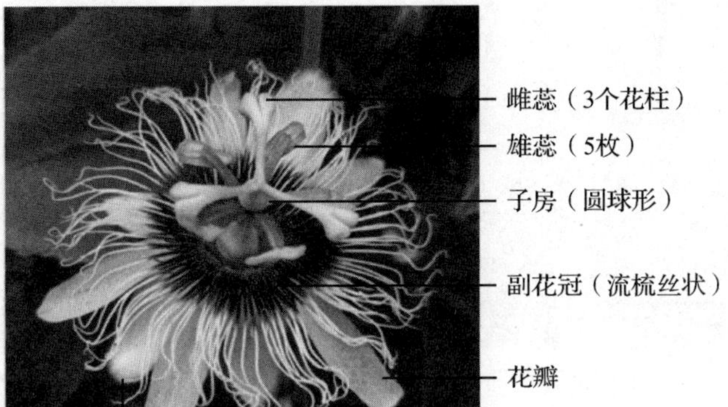

图 1-74　百香果的两性花结构示意图

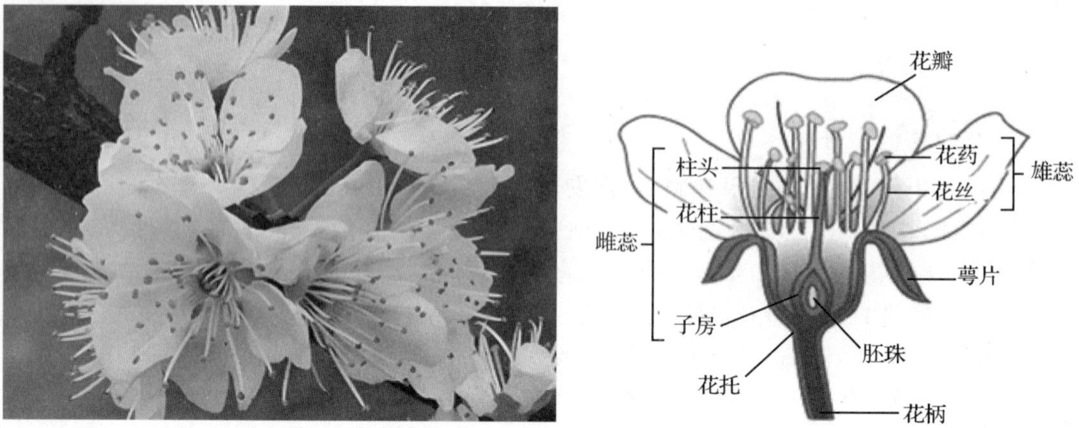

图 1-75 李花及结构示意图

图 1-76 蜜蜂在盛开的花朵中采花粉(左为火龙果,右为百香果)

图 1-77 梨的花蕾(左)和盛开的梨花(右)(南宁,2021 年 2 月 20 日)

(二)主栽果树的花和开花特性

华南地区果树种类众多,不同果树开花期不同。柑橘、龙眼、荔枝、梨、李等大多数果树在自然条件下春季开花,但香蕉、火龙果、百香果等部分果树开花期则是不定期,枇杷、草莓、青枣的开花期则在秋冬季,番木瓜夏天开花,如果人为干预处理,葡萄、菠萝、龙眼等果树也可以调节开花期。

图 1-78　荔枝未开花的花穗(左:南宁,2024 年 3 月 23 日)和谢花期花穗(右:南宁,2024 年 4 月 8 日)

图 1-79　杧果的盛花期花穗(南宁,2024 年 4 月 8 日)

图 1-80　杨梅的花序(左为雌花,右为雄花)

图 1-81　板栗的花穗

图 1-82　核桃的雌花和雄花

1. 柑橘的花及开花特性

柑橘的花着生于叶腋,成熟花器的花瓣 4～8 枚,通常为白色,萼片 4～5 裂(图 1-87),雌蕊由柱头、花柱、子房构成,柱头为球状,成熟时分泌白色黏液,雄蕊大多 15～30 枚,花丝顶部为花药(图 1-73 和图 1-88)。花朵开放时直径 2.0～3.0 cm,花柱高度约 1.0 cm。柑橘有雌蕊和雄蕊都完全发育正常的完全花和雌蕊退化的退化花,通常雄蕊先成熟雌蕊后成熟。大多数栽培的品种开花期在 3—4 月,例如,沃柑在广西南宁通常 2 月中下旬至 3 月上旬现蕾(图 1-89),

图 1-83 澳洲坚果的花穗
(南宁,2021 年 3 月 29 日)

图 1-84 菠萝的自然花序
(南宁,2024 年 4 月 13 日)

图 1-85 番荔枝未开放花朵(左)和开放的花朵(右)

未开放的柿花

开放的柿花

结果枝盛开的柿花

图 1-86 柿子结果枝上盛开的花朵(南宁,2024 年 4 月 11 日)

图 1-87 柑橘盛开的花朵
(柑橙 1 号)

图 1-88 盛花期的柑橘花

图 1-89 柑橘结果枝的花蕾
(沃柑)

3 月中旬为初花期,3 月下旬为盛花期,3 月下旬至 4 月上旬为谢花期;金葵蜜橘初花期在 2 月下旬,盛花期在 3 月中旬,谢花期为 3 月下旬至 4 月上旬。南宁市的日南 1 号温州蜜柑等 4 个柑橘品种盛花期及果实生长发育时间见表 1-5。广西桂林市灵川、恭城等地的砂糖橘、马水橘于 3 月中下旬现蕾,初花期在 3 月下旬至 4 月上旬,盛花期在 4 月上中旬(4～6 d),谢花期在 4 月中下旬;日南 1 号特早熟温州蜜柑初花期在 4 月上旬,盛花期在 4 月中旬,谢花期在 4 月下旬;在广西百色市德保县纽荷尔脐橙现蕾期在 3 月上旬至中旬,盛花期 4 月上旬至下旬。整个开花期全程 15～25 d,初花期 3～5 d,盛花期 4～6 d,

各种各样果树的花
(华南地区常见树种)

谢花期 8～15 d，开花期长短受天气情况影响大，气温较高的晴朗天气，花期短。沃柑、茂谷柑、红江橙、沙田柚等大多数品种的花需要授粉受精才能结果，但纽荷尔脐橙、温州蜜柑等无核品种不需受精就可以单性结果。花期 20～25℃温暖晴朗天气有利柑橘花粉传播，授粉受精良好，坐果率高。低于 15℃或高于 30℃柑橘花朵的授粉受精会受到不良影响，而授粉受精不良会降低果树的坐果率和产量。柑橘花粉传播媒介是昆虫和自然风。沙田柚、诺瓦橘橙等少数柑橘品种有自交不亲和特性，沙田柚需要种植少量的酸柚等作授粉树，通过异花授粉才能有较高坐果率。

表 1-5　日南 1 号温州蜜柑等 4 个柑橘品种盛花期及果实生发育时间（南宁）

品种名称	盛花期	适宜果实成熟采收期	全生育期/d
日南 1 号温州蜜柑	3 月中下旬	7 月中旬	90～100
金秋砂糖橘	3 月中下旬	10 月中旬	210～225
沃柑	3 月下旬	第二年 1 月下旬	300～310
金葵蜜橘	3 月中旬	12 月上旬	260～275

2. *荔枝的花及开花特性*

荔枝花穗是顶生或腋生圆锥形花穗，花穗长 10～40 cm，花梗颜色为黄绿色，花穗长度和大小因品种不同有差异，妃子笑、三月红等品种花穗长，大多花穗长度约 30 cm；而桂味、怀枝等品种花穗短，大多花穗长度约 20 cm，每个花穗着生几百甚至上千朵小花。荔枝花为雌雄同株同穗，雌雄花异熟，有单性异熟（整个花期雌雄花不同时开花，如黑叶、糯米糍）、单次同熟（整个花期雌雄开花有一次在几天内重叠，如怀枝、白蜡）、多次同熟（整个花期雌雄花同时开花重叠时间至少有二次，如桂味、三月红）3 种开花类型。荔枝小花的花型可分为雌花、雄花和两性花（图 1-90 至图 1-92），绝大多数是雄花和雌花，只有极少数为两性花，雌花、雄花比例一般为 1∶(4～10)，如桂味、妃子笑、黑叶 3 个品种雌花百分率分别约为 25%、15%、33%，小花的颜色是淡黄色。荔枝是雌雄同株异花，雌花、雄花和两性花都着生在同一个花穗。雌花的雌蕊发育完全，子房为 2 室，花柱合生，柱头开裂，接受花粉受精发育为果实，雌花的雄蕊退化，花丝短，长度约 3 mm，短于子房，花药不开裂。雄花的雄蕊发育完全，花丝细长，长度约 6 mm，其上有大量绒毛，每朵小花有 6～10 枚花丝不等，成熟花药开裂时散发黄色花粉，每个花药有花粉 2 500～3 000 粒，在扫描电镜下观察，花粉粒近球形，直径约 24 μm，雄花的子房退化，不能受精结果。荔枝两性花的雌雄蕊都发育，柱头的位置高于花药，花丝比雄花的花丝短。桂味荔枝在广西灵山县，9 月下旬前萌发的新梢作为末次秋梢，常年在 11 月中下旬开始花芽分化至次年 1 月下旬，

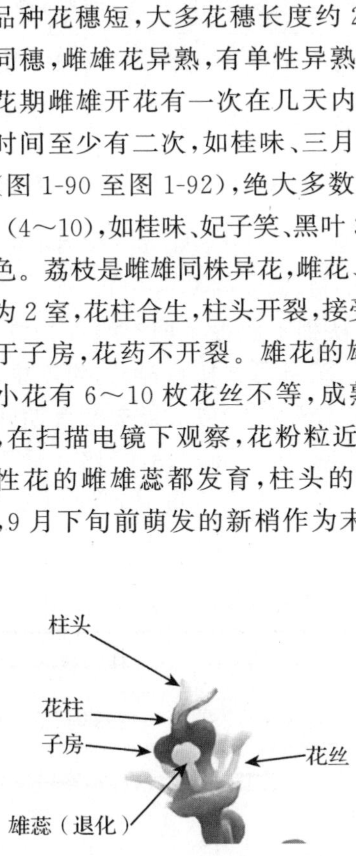

图 1-90　荔枝的雌性花示意图

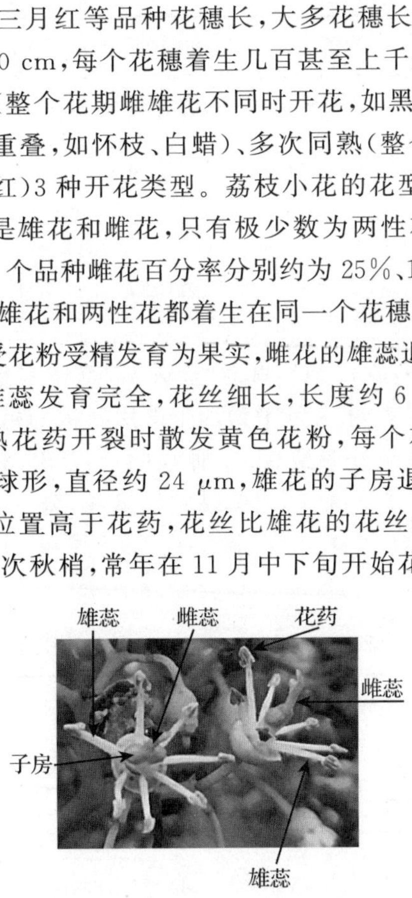

图 1-91　荔枝的两性花示意图

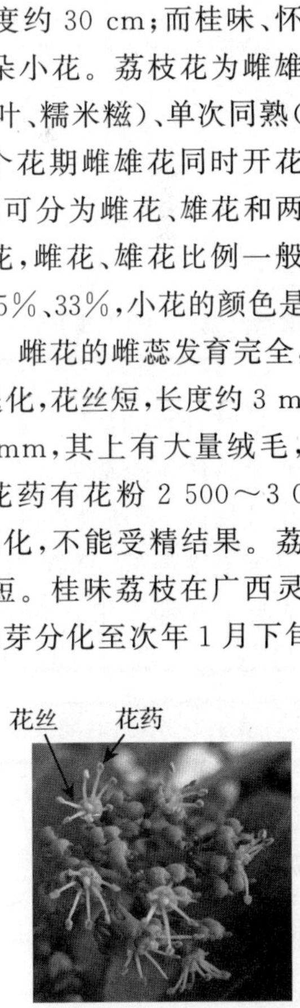

图 1-92　荔枝的雄性花示意图

2月初开始抽生花芽,初花期3月中旬,盛花期3月下旬,有些年雌花高峰期延迟至4月5日左右。妃子笑荔枝9月中旬前萌发的新梢作为末次秋梢,常年在11月上旬开始花芽分化至次年1月中旬,1月下旬抽生花穗,初花期3月上旬,盛花期3月中旬。2021年在广西钦州市观察,桂味荔枝树2月上旬花芽萌动,2月15—20日花穗长度1～3 cm,2月25—30日树冠下部花穗长度4～6 cm,顶部花穗长度10～12 cm,3月17—22日初花期,3月22—30日盛花期;妃子笑初花期从2月15日开始,持续约25 d,盛花期从3月15日起,持续约20 d。荔枝的小花开放时间主要在白天上午至中午,雄花从花蕾露白至花谢需46～125 h,雌花从柱头开裂至花谢需53～96 h,雌花雌蕊柱头在开花前5～7 d伸出花蕾之外。蔡长河等对妃子笑、桂味两个荔枝品种的花穗花朵开放习性进行观察研究,发现荔枝一个花穗第1批雄花开放时间5～9 d,然后是第1次停顿期1～2 d,随后是雌花开放时间3～4 d,接着是第2次停顿期2～3 d,接着是第2批雄花开放时间8～12 d。荔枝是虫媒花,小花盛开时分泌蜜汁吸引蜜蜂等昆虫采蜜,有利于传粉和雌花的授粉受精。花粉发芽及花粉管伸长的最佳温度是20～25℃,低于17℃或高于27℃花粉萌发就受抑制。张慧云等(2010—2013年,云南保山)对妃子笑等4个品种开花期进行观察(表1-6),妃子笑初花期、盛花期比桂味、鸡嘴荔、钦州红荔早,果实成熟采收期也相应提早。

表1-6 不同荔枝品种开花期等物候期(张慧云等,2013)(云南省保山市,2010年5月至2013年8月)

品种	白点期	抽蕾期	初花期	盛花期	果实转色期	果实成熟期
妃子笑	12月中旬	12月下旬	3月上旬	3月中旬	5月下旬	5月下旬
桂味	1月中旬	1月下旬	3月中旬	3月下旬	6月上旬	6月下旬
鸡嘴荔	1月中旬	1月下旬	3月中旬	4月上旬	6月上旬	6月下旬
钦州红荔	12月下旬	1月下旬	3月中旬	4月上旬	6月上旬	6月下旬

张航、谢仙林等2022年在广州增城对"仙进奉"荔枝末次秋梢不同抽生期影响成花着果、产量和品质调查研究,结果表明,9月中旬抽生末次秋梢的植株结果母枝质量最佳,粗度中等,长度最长;其成花枝率和挂果枝率最高,分别为94.41%和63.57%(表1-7);果实发育期间的累积落果率最低,只有77.38%;株产和单果质量最高,分别为59.6kg和25.37g,比8月下旬和9月下旬抽生末次秋梢植株株产分别增加158.4%和21.64%,单果质量分别增加8.8%和6.0%。

表1-7 不同时期抽生末次秋梢的"仙进奉"荔枝结果母枝质量、成花和挂果枝比较(张航等,2022)

枝梢	末次秋梢粗度/mm	末次秋梢长度/cm	成花枝率/%	挂果枝率/%
末次秋梢8月下旬抽生	3.89±0.24a	13.11±0.46b	75.79±4.08b	42.85±10.80b
末次秋梢9月中旬抽生	3.72±0.30a	15.15±0.52a	94.41±1.06a	63.57±17.51a
末次秋梢9月下旬抽生	2.80±0.52b	14.71±2.06a	91.79±5.16a	61.50±14.53a

注:同列不同小写字母表示差异显著($P<0.05$)。

3. 龙眼的花和开花特性

龙眼花穗大多数从结果母枝顶芽抽生，聚伞圆锥形花序（图 1-93），花穗长 10～40 cm，分生的支轴数量少的有 3～4 枝，但大多数 8～10 枝，单个花穗着生几百甚至上千朵小花。龙眼花为雌雄同株同穗，雌雄花异熟，小花花型可分为雌花、雄花和两性花，雌花、雄花和两性花都着生在同一个花穗上，小花的颜色是浅黄白色，每个花序只有极少数的两性花（极少超过小花总数的 1%），雌花、雄花比例为 1：（3～20），雌花的雌蕊发育完全，子房多为 2 室（图 1-94 右），并蒂而生，两子房之间合生一花柱（高度 4～6 mm），柱头表面均有细小绒毛，柱头开裂，接受花粉受精发育为果实，开放的柱头多分叉为二，形状弯曲如月眉，雌花的雄蕊退化，花丝 7～10 枚，短于子房，花药不开裂。雄花雄蕊发育完全，花丝细长（图 1-94 左），长度约 6 mm，每朵小花有 7～10 枚花丝，呈放射状散开，其上着生花药，纵裂，具有 4 个花粉囊和 1 个药隔，成熟花药开裂时散发黄色花粉粒。龙眼单株树整个开花期时长 20～40 d，集中开花期约 20 d，单个花穗的整个开花期时长约 20 d，单朵小花开花时长 1～3 d，每个花穗基部小花先开，花穗顶部小花后开。刘丽琴等（2012）对石硖龙眼和储良龙眼开花情况进行观察记录（表 1-8），石硖、储良两个龙眼品种雌雄花开放相遇时间分别为 0～6 d、0～3 d。

图 1-93　龙眼未开花的花穗

图 1-94　龙眼的盛开雄花（左）和凋谢的雌花（右）

表 1-8　石硖龙眼和储良龙眼开花情况记录（刘丽琴等，2012. 广东湛江）

品种	单株开花情况			单花穗开花情况		
	单株花期/d	雄花花期/d	雌花花期/d	雌雄花开放相遇时间/d	雄花花期/d	雌花花期/d
石硖	28～32	19～30（3 月 28 日至 4 月 10 日、4 月 15 日至 4 月 28 日）	3～7（4 月 8 日至 4 月 17 日）	0～6	19～27	3～5
储良	23～48	28～50（3 月 21 日至 4 月 10 日、4 月 25 日至 5 月 9 日）	6～13（4 月 7 日至 4 月 21 日）	0～3	30～36	6～13

4. 杧果的花和开花特性

杧果花序是顶生或腋生圆锥形花序，花序长 10～60 cm（图 1-95），花梗颜色因品种而不同，如金煌杧、台农 1 号杧、贵妃杧的花梗颜色是紫红色，有些品种的花梗颜色是黄绿色，每个花序着生几百甚至上千朵小花。凯特杧、四季杧等部分品种有一年多次开花习性。台农 1 号、红象牙、凯特、紫花、桂热 82 号等品种花序再生力较强，爱文和贵妃等花序再生力弱。小花的花径 5～10 mm；花型有雄花和两性花两种，杂生于同一花序。雄花子房退化，两性花子房 1 室，雌蕊 1 枚。不同品种两性花比例差别较大(表 1-9)。当气温高于 20℃抽生的大多是带叶花序，低温抽生的花序为无叶花序，但高温有利于两性花形成。早中熟品种的花期在每年 11 月至翌年 2 月，目前主栽和推广的晚熟品种如金煌杧、桂热 82 号杧等栽培管理适当，其正常的开花期在 3—4 月，一个花序的花期 15～20 d，但开花期因地区和品种而异。如在广西南宁，桂热 82 号杧于 2 月中旬花芽萌动，3 月中旬花序部分小花开放，盛花期 4 月上中旬；在四川攀西地区，爱文杧 1 月中下旬花芽萌动，2 月中下旬即进入盛花期。开花期低温阴雨连绵天气或>35℃高温干燥的天气将严重影响授粉受精和幼胚的发育，受害轻的还能结成无胚的小果(即俗称的“公杧”，图 1-96)，受害重的落花落果量大甚至没有产量，这是华南地区许多早熟品种冬季花量大但往往低产或没有产量的重要原因。杧果是典型的虫媒花植物，传粉昆虫主要是

图 1-95　杧果树盛花期和长花穗(2021 年 3 月 12 日，百色市田阳县)

表 1-9　杧果不同品种两性花百分率　　%

年份	紫花杧	粤西 1 号	桂香杧	爱文杧	红杧 6 号	草莓杧
1992	16.25	22.00	23.20	41.16	29.59	15.58
1994	13.36	8.30	55.95	42.47	18.55	16.07

注：引自中国南亚热带作物研究所资料。

桂七杧（正常发育果实）（300 g）　桂七杧（无胚果实）（72 g）　金煌杧（无胚果实）（130 g）　金煌杧（正常发育果实）（955 g）

图 1-96　杧果正常发育果实和无胚果体积和重量对比图

蝇类，还有蜂类、蚂蚁等，杧果未能受精的花在开花后 2～5 d 凋谢落花；授粉受精后的两性花子房开始膨大逐渐变为绿色，开始生长发育(图 1-97)。据刘岩等连续 2 年在广州对台农 1 号杧果、紫花杧进行观察，这两个品种在广州地区的开花期和采收期见表 1-10。

花穗

幼果

图 1-97　金煌杧谢花期的花穗和幼果(广西田阳，2024 年 4 月 17 日)

表 1-10　台农 1 号杧和紫花杧花期、采收期比较(刘岩等，2001)

年份	品种	抽蕾期	初花期	盛花期	谢花期	采收期
1997	台农 1 号杧	3 月上旬	4 月上旬	4 月中旬	4 月下旬	7 月上旬
	紫花杧	3 月上中旬	4 月上旬	4 月中下旬	4 月下旬	7 月下旬
1998	台农 1 号杧	3 月上旬	4 月上旬	4 月中下旬	4 月下旬	7 月上旬
	紫花杧	3 月下旬	4 月中旬	4 月下旬	5 月上旬	8 月上旬

5. 香蕉的花和开花特性

香蕉花序是顶生穗状花序，由地下茎长出并延长到假茎顶端抽出、下垂生长(图 1-98)。香蕉在抽生短钝且直立生长的最后一张叶片时花序开始出现。香蕉花序外由大花苞重叠包裹，花苞因品种不同有差异，大多为紫红或粉红色，每张苞片包裹 1 梳小花，每梳由两排小花构成，随着花序的延长花苞逐渐展开，最后自行脱落，展开 1 张苞片需要 1～2 d。一株蕉一生只

图 1-98　香蕉正在抽蕾开花的植株和花穗

能抽生1个花序;香蕉的花是完全花,花型有雌花(子房占全花长度约2/3)、中性花(子房占全花长度约1/2)和雄花(子房占全花长度约1/3)共3种类型,分别位于花轴基部、中部、顶部。中性花和雄花不能结果,只有雌花发育成为果实,雌花梳数的多少与品种和营养有关,少的4~5梳,多的达12~15梳。

6. 葡萄的花和开花特性

葡萄花序为复总状花序,一般着生在结果枝的第3~5节,结果枝能生长1~3个花序,小花多数是两性花,有少量的雄花,一个花序有200~1 000朵小花,单个花序开花期6~10 d。葡萄自花授粉结果能力强,也可以通过昆虫或风传粉受精结果。葡萄的开花期早迟受气温高低、品种和植株营养水平的影响。以阳光玫瑰、春光等葡萄为例,广西南部地区自然条件下或人工破眠催芽,3月上旬抽生结果枝(图1-99左),3月下旬至4月上旬开花(图1-100)。夏黑、无核白鸡心等无核品种的花能单性结实形成无核果实。如果在7月下旬至8月对当年结果枝或营养枝老熟的冬芽人工破眠催芽,葡萄也可以在秋季萌发结果枝开花结果(图1-99右)。

春季抽生的花穗　　初冬抽生花穗(2019年11月)

图1-99　葡萄结果枝的花穗(南宁)

图1-100　葡萄花谢时的花穗

(品种:春光,2024年4月14日,南宁)

7. 火龙果的花和开花特性

火龙果花着生于茎节刺座处(图1-101),单生,呈喇叭状。雌雄同花,花大,长20~30 cm。苞片浅绿色或紫红色,尖端或边缘紫红色,披针形。花瓣宽阔,白色或红色,倒披针形,全缘。雄蕊花丝多而细长,一朵花的花丝数百条(图1-101右),分布在花柱四周,常低于花柱或与其持平。花药乳黄色,花丝白色;花柱细长,柱头黄绿色或淡黄色,雌蕊柱头裂片多达20余枚。火龙果枝蔓老熟后即可花芽分化,花芽分化至开花为40~50 d,花芽从枝条的刺座前侧长出,最初呈现圆粒状红色的花蕾(图1-101左),花蕾由若干鳞片重叠包裹,逐渐长大成长筒状黄绿色的大花蕾(图1-101中),已定形的未开放的花蕾长20~30 cm,火龙果一般5—11月开花,从出现花蕾到开花约20 d。孙佩光等通过对红肉火龙果花器官发生与发育过程观察,得出结论:红肉火龙果花器官发生次序为萼片原基→花瓣原基→雄蕊原基→雌蕊原基,部分花器官发生和发育在时间上存在重叠性。火龙果花一般夜晚开花,到第二天的中午便会凋谢(图1-102),异花授粉品种需要挑灯给花朵进行人工授粉。我国各主产区金都1号等主栽火龙果品种自然开花结果的花果期从5月开始,持续至11月,期间开花结果8~12批次,而有刺黄龙果(俗称"燕窝果")一年只能开花结果2~3批。但在冬春较温暖地区,可以通过人工补光,增加全年花果的批次。

花蕾初期　花蕾　盛开的花朵

图 1-101　火龙果花蕾和盛开的花朵

图 1-102　盛开的火龙果花朵(左)、盛开后 3 h(中)及花开 2 d 后情形(右)(左 8:10,右 11:00)

8. 百香果的花和开花特性

百香果在广西南宁当年 3 月种植长有叶片数 7～10 张的钦蜜 9 号、台农 1 号百香果嫁接苗或扦插苗,60～70 d 即可开花结果,百香果结果枝的芽体当年花芽分化当年开花结果,花芽分化到开花 30～40 d。现蕾到开花需 18～22 d,百香果花朵(图 1-103 和图 1-104)单生,长于叶腋,雌雄同花,两性花,苞片 3 枚,萼片 5 枚,花瓣 5 枚,花瓣披针形,白色带淡紫色,雄蕊 5 枚,花药大,横生花丝顶部,呈“T”形,花粉黄色,花柱有 3 枚柱头,子房上位。副花冠 2 轮,每片副花瓣长成流苏状,中部及上部为丝状,基部联合,与花瓣等长,白色,基部紫色,其下具蜜腺环。盛开的花朵横径 5～10cm,不同品种花朵大小有差别。一年之中主要花期是 6—10 月。集中开花通常有 3 批,分别在 5—6 月(图 1-103)、8—9 月、10—11 月(图 1-104)。易籽林等 2018 年在海口观察紫香 1 号等 3 个百香果品种花果物候期,一年开花期主要在 2—5 月、8—11 月(表 1-11)。百香果的花开放当天,上午花开数量较多。花盛开时,柱头成熟后分泌黏液,

图 1-103　金都百香 3 号百香果的花(左)和果实(右)(南宁,2022 年 6 月 3 日)

通过蜜蜂等昆虫传播花粉授粉和人工授粉,受精胚发育为种子,幼果开始生长。在海南如 12 月下旬对百香果补光,至翌年 1 月中旬有花蕾,2 月中旬开花。

图 1-104　金都百香 3 号百香果的花(左)和果实(右)(南宁,2022 年 11 月 5 日)

表 1-11　紫香 1 号等 3 个百香果品种花果物候期(易籽林等,2018)

(观察地点:海南省海口市琼山区)

品种	第 1 造		第 2 造	
	花期	果实成熟期	花期	果实成熟期
紫香 1 号	2—4 月	4—5 月	9—11 月	12 月至翌年 2 月
台农 1 号	2—4 月	4—6 月	8—10 月	11 月至翌年 2 月
满天星	3—5 月	5—7 月	9—11 月	12 月至翌年 3 月

9. 草莓的花和开花特性

草莓的小花大多数是雌蕊和雄蕊发育完全的两性花,自花结实,有 5 个花瓣,雄蕊和雌蕊着生密布在圆顶状的花托(图 1-105),雄蕊 20～35 枚、雌蕊数百个,两者颜色均为黄色,雌蕊极小但都具备子房、花柱和柱头,雌蕊受精后发育为种子。草莓的花是虫媒花,大多品种的花为白色。低温和高温会影响授粉受精,授粉受精不完全,易产生畸形果实。草莓的花序为二歧有限聚伞花序,整个花序的花期 20 余天,花朵开花后 3～4 d 花瓣脱落。每株草莓有花序数个,每个花序着生 8～15 朵小花,少数花序着生小花数量超过 20 朵。第一级序花只有 1 朵花,由主茎的生长点花芽分化形成。第一级花序轴分出两个侧枝,两个侧枝前端各开出 1 朵二级序花,共 2 朵二级序花,每个二级序花的花序轴分生出 2 个侧枝,侧枝前端开出三级序花,共 4 朵三级序花,依此类推,四级序花有 8 朵花(图 1-106),五级序花有 16 朵花。

图 1-105　草莓的盛开花朵

(南宁,2022 年 11 月 18 日)

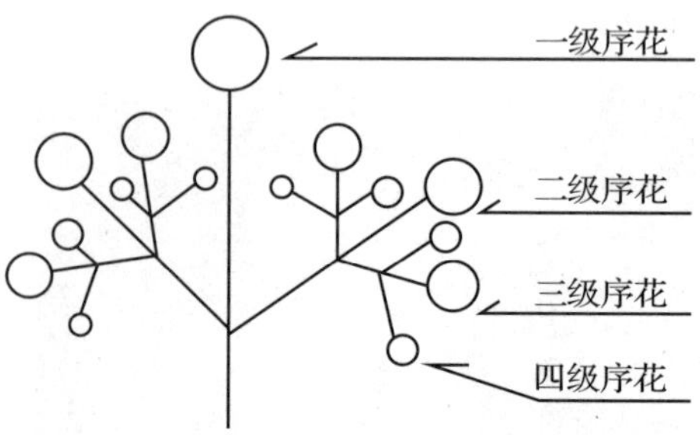

图 1-106　草莓各级序花生长示意图

三、授粉与受精

果树等开花植物要形成果实和种子，需要完成授粉和受精两个生理活动。授粉是指花朵的雄蕊的花粉粒传到雌蕊柱头的过程，花粉管里的精子与胚珠里的卵细胞相融合的现象叫做受精，果实由子房膨大发育形成（图 1-107）。同株果树的不同花朵或不同植株花朵之间的授粉称为异花受粉，大多数果树及品种属异花授粉，异花授粉媒介是风和蜜蜂、苍蝇等昆虫，也可人工授粉，人工授粉是指人为将花药传到柱头上使花朵授粉的方法；果树等营养繁殖植物的同一品种各花朵的相互授粉称为自花授粉（有性繁殖植物的自花授粉是指雌蕊接受同一花朵的花粉），自花授粉后能结果的现象称为自花结实，葡萄、荔枝、龙眼、柑橘、草莓、百香果等多数果树多数品种属自花结实。如果果树在自花授粉后所结的果实数量极少则称为自花不实，沙田柚、马家柚、杨梅和火龙果部分品种属于自花不实，种植自花不实的果树的果园需要种植少量授粉树或人工授粉，通过异花授粉方式实现正常结果，获得经济产量。部分果树品种花朵不需要授粉或虽然经授粉但未完成受精过程也生长果实的现象称为单性结实，单性结实分为自发单性结实和刺激性单性结实，香蕉、温州蜜柑、脐橙、菠萝、无花果、柿等部分果树及其品种属于自发单性结实，没有授粉等外部刺激，子房与花托等也能自然发育结果，葡萄、枇杷、杧果等少数果树受到外来激素或开花期低温或高温等物理性刺激也可以诱导单性结实，单性结实的果实通常为无核果，而温州蜜柑、脐橙只是自身花粉败育，受精后无法产生种子，但如果采用柑橘品种发育健全的花粉传粉授粉，异花授粉后的温州蜜柑、脐橙也能够产生种子，发育成为有种子的果实。温度在 20～30℃对葡萄、柑橘、杧果等大多数果树的花粉萌发和花粉管生长最适宜。荔枝的花粉发芽及花粉管伸长的最佳温度是 20～25℃，低于 17℃或高于 27℃花粉萌发就受抑制。苹果花粉发芽和花粉管伸长的适宜温度是 10～25℃。在适宜的温度条件下花粉萌发只需要 3 h，完成受精只需要约 2 d，如果 10～15℃完成受精需要 3 d 以上；低温阴雨潮湿环境不利传粉，花粉易失去生活力，温度不足导致花粉管伸长速度慢，在花粉管到达胚囊与卵细胞结合之前，胚囊可能已失去受精能力，高温干燥的天气柱头干燥则不利花粉发芽。

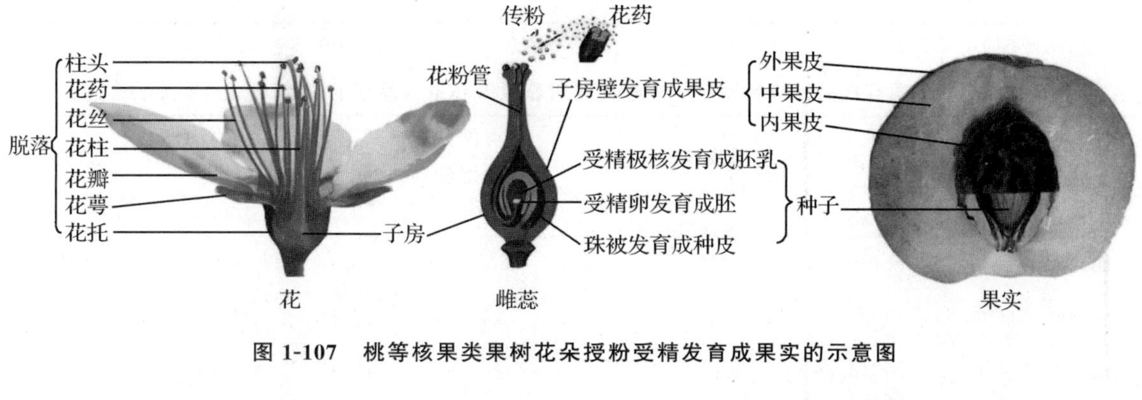

图 1-107　桃等核果类果树花朵授粉受精发育成果实的示意图

部分果树存在花粉直感现象，花粉直感指通过不同父本花粉进行授粉后，受精形成的果实或种子受花粉的影响，在当代的表型性状和组成成分表现出差异的现象。花粉直感主要分为果实直感和种子直感。毛桑隐、路志浩等 2023 年在江西省上饶市研究花粉直感对马家柚果实品质的影响，结论是异花授粉可以提高马家柚坐果率，可以通过花粉直感效应在一定程度上快速改善马家柚的综合品质。侯延杰、李鸿莉等 2022 年在广西南宁研究花粉直感对仙进奉荔枝效应,结论是仙进奉荔枝的单果质量、果实大小、色度、总糖含量、总酸含量、维生素C含量和焦核率等均存在花粉直感效应(表1-12和表1-13)。仙进奉和桂味花粉授粉的果实焦核率较高,分别为95.57%和94.13%,鸡嘴荔花粉授粉的果实焦核率次之,为88.37%,糯米糍、禾荔、紫娘喜花粉授粉的果实焦核率较低。桂味花粉授粉的着果率高,单果质量较大,可食率和焦核率均较高。认为桂味荔枝可作为仙进奉荔枝较佳的授粉品种。板栗、猕猴桃、蓝莓等果树也存在花粉直感现象。徐祥增、邓乐晔2024年在云南景洪研究柚和葡萄柚花粉直感对东试早柚果实生长及品质的影响,研究结果表明异花授粉显著提高东试早柚坐果率(图1-108)。东试早柚自然授粉坐果率为10.19%,显著低于异花授粉。不同品种授粉组合,Tahition授粉坐果率为100%,显著高于Cocktail、Flame、Genetic Dwarf授粉;Genetic Dwarf授粉坐果率(64.00%)显著低于其他授粉组合,但显著高于自然授粉,是自然授粉坐果率的5.9倍。异花授粉对东试早柚果实生长发育和果实品质有显著影响。花后20~160 d,自然授粉果实横径和纵径增长幅度明显低于异花授粉(图1-109)。与自然授粉果实相比,Sarawak、Tahition、泰国红宝石柚、越南青柚授粉显著降低东试早柚果实可溶性固形物含量,而葡萄柚授粉一定程度上能改善东试早柚果实品质,Genetic Dwarf和Oroblanco授粉后坐果率及单果重量、果实大小、固酸比、可溶性固形物含量等品质指标适中,适宜作为东试早柚授粉品种。

表1-12 不同荔枝品种花粉授粉仙进奉荔枝对种子发育的影响(侯延杰等,2022)

花粉品种	单粒种子重量/g	焦核率/%
仙进奉	0.26c	95.57a
桂味	0.37bc	94.13a
糯米糍	0.62a	76.92c
禾荔	0.70a	80.59c
紫娘喜	0.77a	81.42c
鸡嘴荔	0.45b	88.37b

注:同列不同小写字母表示差异显著($P<0.05$)。

表1-13 不同荔枝品种花粉授粉仙进奉荔枝对着果率和果实品质的影响(侯延杰等,2022)

花粉品种	着果率/%	单果重/g	果皮厚度/mm	可食率/%	可溶性固形物/%	总糖/(g/100g)	维生素C/(mg/100g)	总酸/(mg/kg)
仙进奉	8.75	20.83c	1.89a	78.11a	20.86ab	15.7a	36.4b	79.7b
桂味	36.68	26.12a	1.87a	79.82a	21.66a	12.5b	35.0b	60.1c
糯米糍	15.43	16.46d	1.76a	73.57c	20.14b	12.3b	40.0a	98.9a
禾荔	27.64	24.78b	1.98a	78.85a	19.28c	15.4a	34.5b	73.6b
紫娘喜	27.56	21.93c	1.94a	76.47ab	21.92a	15.1a	35.1b	72.8b
鸡嘴荔	29.93	21.76c	1.87a	77.41ab	20.38b	13.9b	34.9b	70.5b

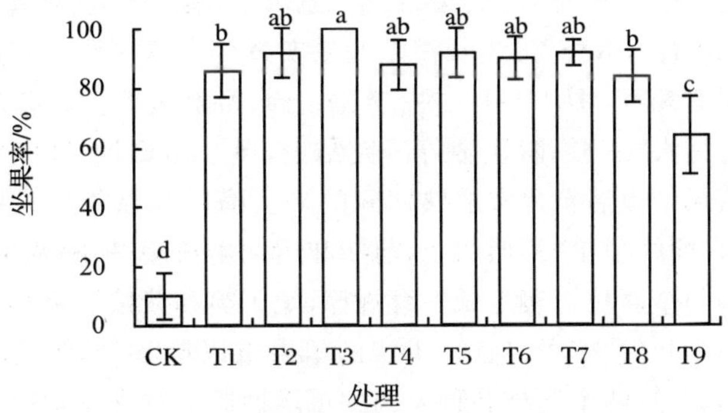

图 1-108 不同授粉品种对东试早柚坐果率的影响统计图(徐祥增等,2024)

注:不同小写字母表示差异显著($P<0.05$),CK 为东试早柚,T1 为葡萄柚 Cocktail,T2 为柚 Sarawak,T3 为柚 Tahition,T4 为葡萄柚 Oroblanco,T5 为泰国红宝石柚,T6 为越南青柚,T7 为泰国红宝石柚和越南青柚 1∶1 混合花粉,T8 为葡萄柚 Flame,T9 葡萄柚 Genetic Dwarf。

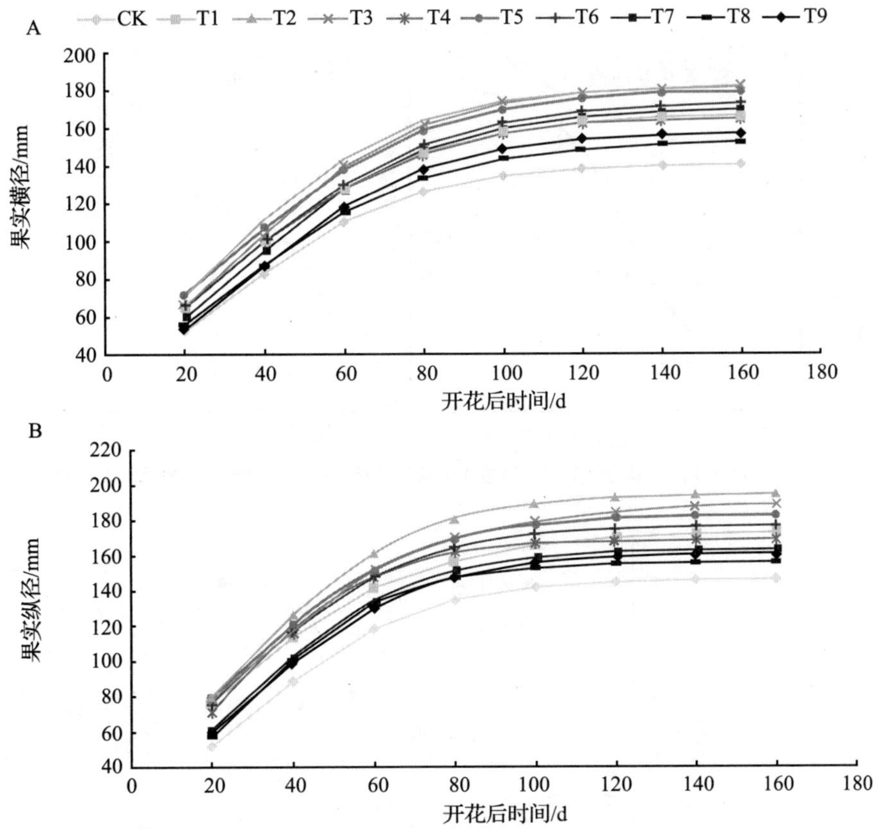

图 1-109 不同品种授粉对东试早柚果实生长横径、纵径发育的影响(徐祥增等,2024)

四、果实生长发育

(一)果实生长模型

果实由子房膨大发育形成。果实生长过程如果以果实直径和重量的变化为指标,对果实的发育过程进行跟踪调查,大致可总结为两种生长模型,一种为单“S”形生长模型(图 1-110 左),属于单"S"形生长模型的常见果树有苹果、梨、柑橘、荔枝、龙眼、枇杷、香蕉、草莓等;另一种为双"S"形生长模型(图 1-110 右),双"S"形生长模型的果实发育中途一段时间速度减缓。属于双"S"形生长模型的常见果树有葡萄(图 1-111)、桃、李、枣、柿、番荔枝等。区善汉等研究结论,迟熟蕉柑果实生长曲线总体上呈大"S"形;谢让金等研究结论,奥兰多橘柚、红肉脐橙、默科特橘 3 个柑橘品种从第 1 次生理落果结束后至果实成熟期间的果实横径和纵径生长均呈典型的双"S"形曲线;沙田柚果实生长发育曲线呈单"S"形曲线,前期和后期生长缓慢,中期生长迅速。李芳等观测并分析妃子笑和紫娘喜两个荔枝果实生长发育规律,妃子笑和紫娘喜果实的横径、纵径和侧径均以单"S"形曲线增长(图 1-112);妃子笑荔枝果实的单果重以单"S"形曲线增长,紫娘喜荔枝以双"S"形曲线增长(图 1-113);这两个荔枝品种果肉的可溶性固形物含量均以单"S"形曲线增加。杨培丽等测量和研究了纽荷尔脐橙果实生长发育,花谢后 15～225 d 果实的纵径和横径变化曲线如图 1-114。立冬本龙眼雌花谢花后 65～70 d 起至谢花后 100～120 d 的果实成熟期是果肉快速增长期(图 1-115),石硖、桂冠早、桂明一号等 3 个龙眼品种果实发育期单果鲜重变化曲线见图 1-116。台农 1 号百香果果实单果重、可食率和果肉的可溶性固形物含量快速增长在开花后 6～20 d(图 1-117)。

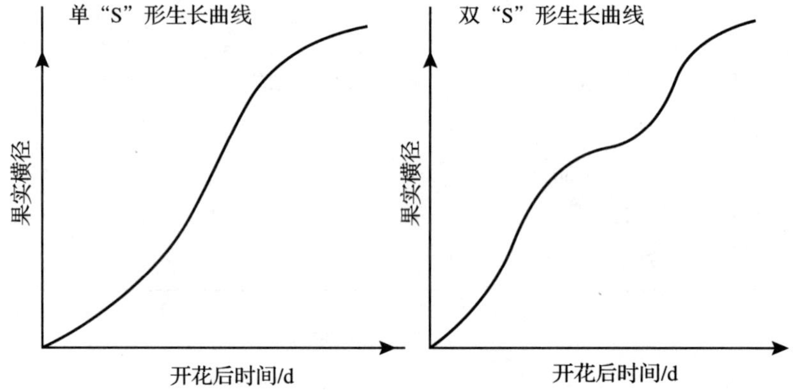

图 1-110 果实单"S"形(左)和双"S"形(右)生长模型示意图

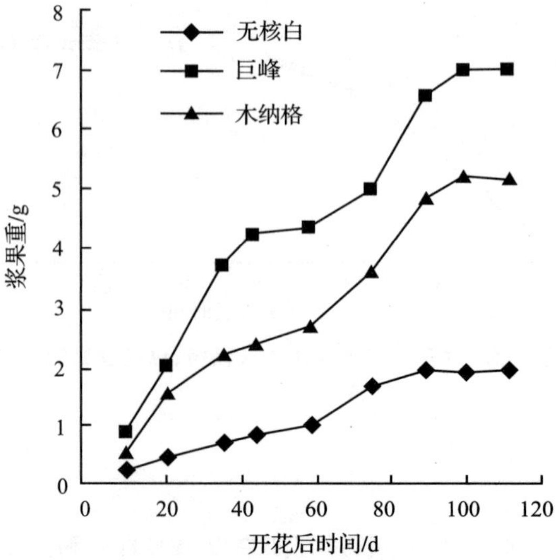

图 1-111 无核白、巨峰和木纳格 3 个葡萄品种单果生长曲线图(陈发河等,2002)

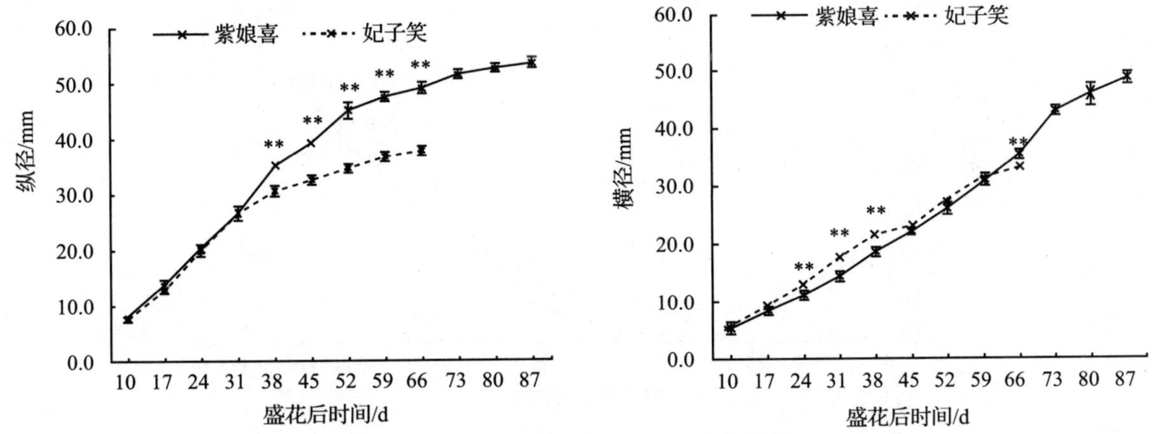

图 1-112　紫娘喜和妃子笑两个荔枝品种果实纵径和横径变化(李芳等,2021)

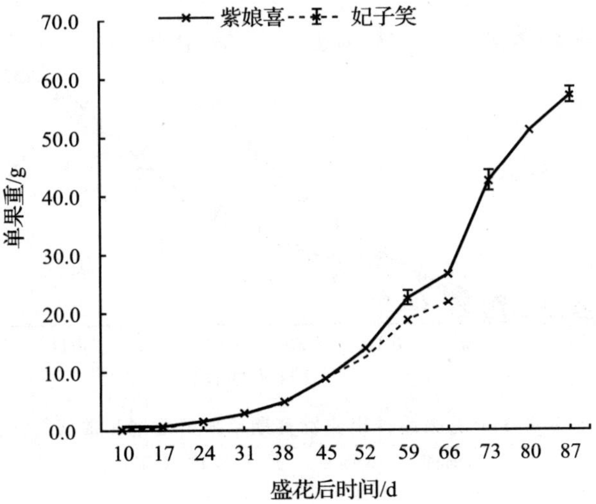

图 1-113　紫娘喜和妃子笑两个荔枝品种果实单果重发育动态观测(李芳等,2021)

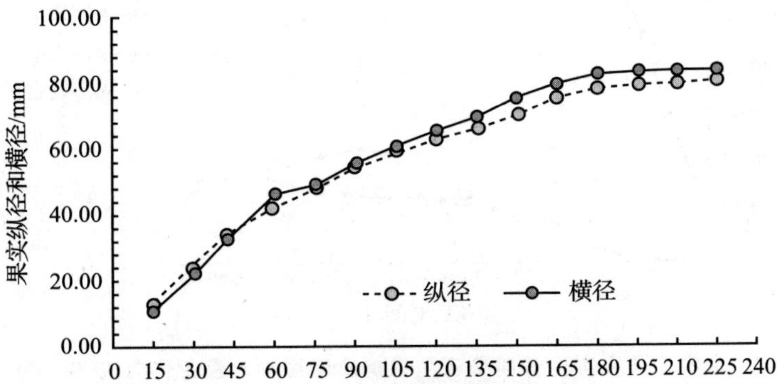

图 1-114　纽荷尔脐橙生长发育期果径生长曲线(杨培丽等,2015)

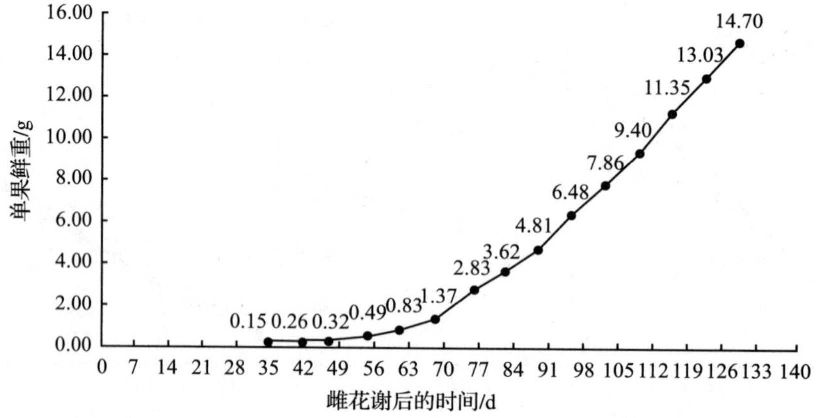

图 1-115 龙眼果实发育期单果鲜重增长曲线(李建光等,2011)

(品种:立冬本;观察地:广州)

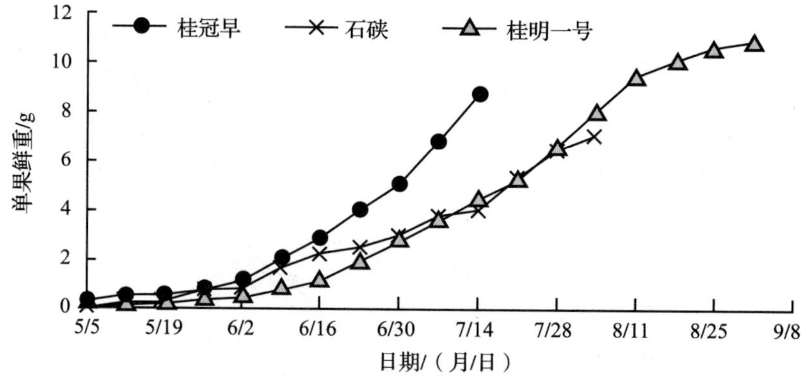

图 1-116 石硤等 3 个龙眼品种果实发育期单果鲜重增长曲线(刘红红等,2017)

(时间:2016 年 3—9 月;观察地:南宁)

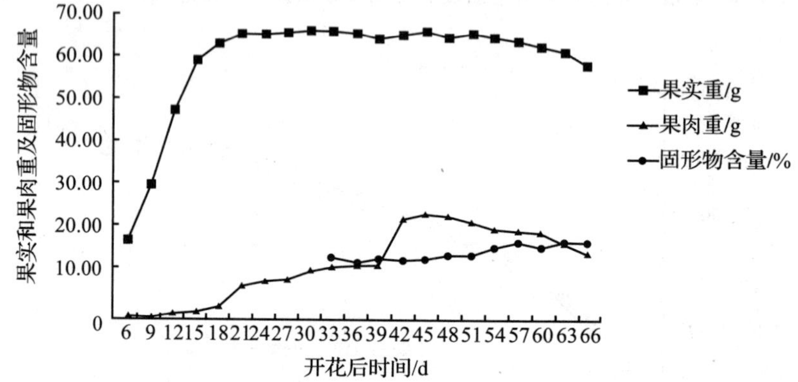

图 1-117 台农 1 号果实生长期果实和果肉及固形物含量变化曲线(徐宁等,2019)

(二)果实细胞分裂与膨大

果实体积增大和重量增加与构成果实的细胞数量增加及这些细胞体积增大等两个因素有关(图 1-118),果实细胞数量越多,单个细胞体积越大,最终果实体积和单果重就越大。果实的细胞分裂从开花、受精时开始活跃,果实发育前期,促进细胞分裂的细胞分裂素和赤霉素含量高。除草莓、油梨等少数果树之外,大多数果树的果实如苹果、桃、李、葡萄等在较短时间内就会结束细胞分裂,约占从开花至果实成熟采收全过程的 1/5。全生育期如温州蜜柑、李、桃细胞分裂时期主要是在开花后 0～30 d,玫瑰香葡萄细胞分裂时期主要是在开花后 0～45 d。果实生长前期的细胞分裂期间体积虽然小,但果实结构和基本形状基本形成,之后果实体积增大主要取决于先前拥有的细胞个体体积的膨大,而细胞体积持续变大的基础是能持续吸收充足的光合作用产物、水、矿质营养。因此生产要控制花果数量,确保适宜的叶果比,并保持树冠光照良好,创造利于光合作用的条件,同时通过土壤灌溉和施肥,补充果实生长发育需要的水分和营养,如果果实发育期土壤水分不足,叶片光合作用能力下降,不利果实发育增大。另外,果实生长发育需要一定的生物学积温,如积温不足,果实生长发育期长、品质差,例如南宁的砂梨秋花春果(图 1-42),果实生长发育在当地寒冷的 12 月至翌年 2 月,单果重小、品质差;巨峰、春光等葡萄品种,广西南宁于 12 月至翌年 1 月成熟采收的冬造果,自然条件下,同一品种的单果重平均值比在当年 7 月成熟的夏造果的单果重平均值小。葡萄、猕猴桃等幼果使用细胞分裂素等活性物质处理,能促进果实体积膨大。

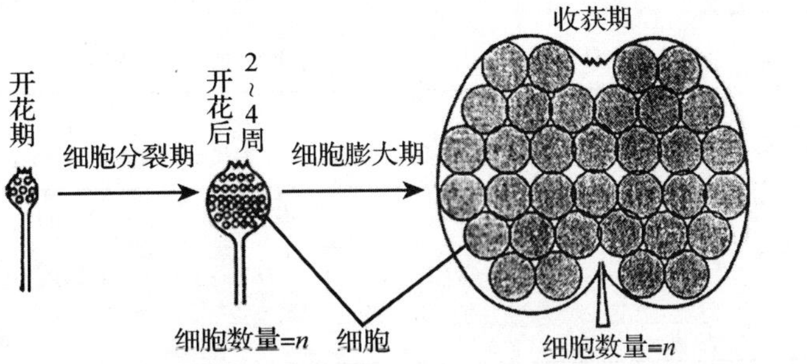

图 1-118　果实细胞分裂、膨大与果实膨大的关系示意图(熊代・铃木,1994)

(三)果实生长发育

果树花谢后至果实成熟采收的全生育期因树种、品种、种植地和当年气温情况的不同而异(表 1-14 至表 1-16)。例如,在广西南宁市和崇左市,从盛花期到果实适宜成熟采收期,特早熟温州蜜柑日南 1 号需要 90～100 d,金秋砂糖橘需要 210～225 d,金葵蜜橘需要 260～275 d,沃柑需要 300～310 d,也可延长至 340～350 d 才采收。广西、广东龙眼正造果实成熟期 7 月中旬至 9 月上旬,从花谢后至果实成熟的全生育期时间为 100～120 d,因种植地、当年气温情况和品种不同而异,如在广西南宁,灵龙龙眼的果实全生育期 110～120 d,石硖龙眼果实全生育期为 95～100 d,储良龙眼果实全生育期为 105～120 d;如松风本龙眼果实全生育期,在福建省莆田市为 135～140 d,而在广东省广州市 110～120 d。荔枝雌花和两性花授粉受精后,子房发育为果实,从授粉后至果实成熟的全生育期时间为 60～100 d,因种植地、当年气温情况和品种不同而异,如在广西灵山的早熟品种妃子笑果实 5 月下旬至 6 月上旬成熟,桂味果实在 6 月中下旬成熟,仙进奉在 6 月下旬至 7 月上旬成熟。香蕉在华南地区,4—7 月抽蕾所结果实只需 80～90 d 就成熟,9—11 月抽蕾所结果实要 120～160 d 才成熟。在南宁,宝岛蕉 8 月上旬抽蕾,11 月中旬成熟采收,花

表 1-14 部分果树品种盛花期及果实成熟采收期

品种名称	盛花期	果实成熟采收期	全生育期/d	种植地
日南 1 号温州蜜柑	3 月中下旬	7 月中旬	90～100	南宁
金秋砂糖橘	3 月中下旬	10 月中旬	210～225	南宁
沃柑	3 月下旬	第二年 1 月下旬	300～310	南宁
金葵蜜橘	3 月中旬	12 月上旬	260～275	南宁
青枣	9 月中下旬	第二年 2 月中下旬	150～160	南宁
马来西亚 1 号杨桃(秋造果)	5 月上中旬	9 月中下旬	110～120	南宁
马来西亚 1 号杨桃(春造果)	10 月上中旬	2 月中下旬	140～160	南宁
阳光玫瑰葡萄(夏造果)	4 月上下旬	7 月下旬 8 月上旬	95～110	南宁
钦蜜 9 号百香果	5 月中下旬	7 月上中旬	50～60	南宁
台湾青枣(苹果枣)	9 月中下旬	第二年 2 月上中旬	120－140	南宁
草莓(妙香 7 号)	12 月上中旬	第二年 1 月中下旬	35－40	南宁
恭城月柿	4 月上中旬	10 月上中旬	180－200	桂林
桂热 82 号杧	3 月中下旬	7 月中下旬	110～120	百色
贵妃杧	3 月上旬	6 月下旬至 7 月上旬	110～120	湛江
番木瓜	5 月上中旬	9 月上中旬	110～120	广州增城

表 1-15 珍珠李花果发育物候期(广西天峨县向阳镇,2015)

观察项目	花芽萌动期	开花期	坐果期	果实发育期	成熟期
时间/(月/日)	2/25	3/5～3/20	3/18～21	3/20～8/2	8/2～8/13
日均气温/℃	17.5	21.8	25.3	27.5	29.6

表 1-16 三华李(大蜜李)花果发育物候期(广西贺州市八步区)

年份	初花期	盛花期	谢花期	采收期
1998	1 月 22 日	2 月上旬	2 月 16 日	6 月 23 日
2001	1 月 18 日	1 月下旬	2 月 8 日	6 月 22 日
2005	1 月 14 日	1 月下旬	2 月 5 日	6 月 20 日

果生育期 95～100 d;桂蕉 1 号在 7 月下旬抽蕾,10 月上旬采收,花果生育期 75～80 d;中蕉 4 号在 8 月上旬抽蕾,11 月中旬采收,花果生育期 95～100 d。百香果花朵授粉后发育的果实生长 50～120 d 成熟采收。果实发育期长短因品种、在一年当中时期不同有差别,如果花期在春末夏初,坐果到成熟需 55～60 d;花期在夏末秋初,坐果到成熟需 65～85 d;花期在秋末以后的,坐果到成熟需 110～120 d。卢翔宇、邓彪等 2022 年在南宁对金都百香 3 号百香果冬季果实的生长发育进行观察,观察结果:金都百香 3 号百香果冬季果实完全成熟自然脱落于花后 130 d(图 1-119 和图 1-120)。单果质量在果实发育前期增长速度快。单果质量第 1 次增长时间持续 30 d,花后

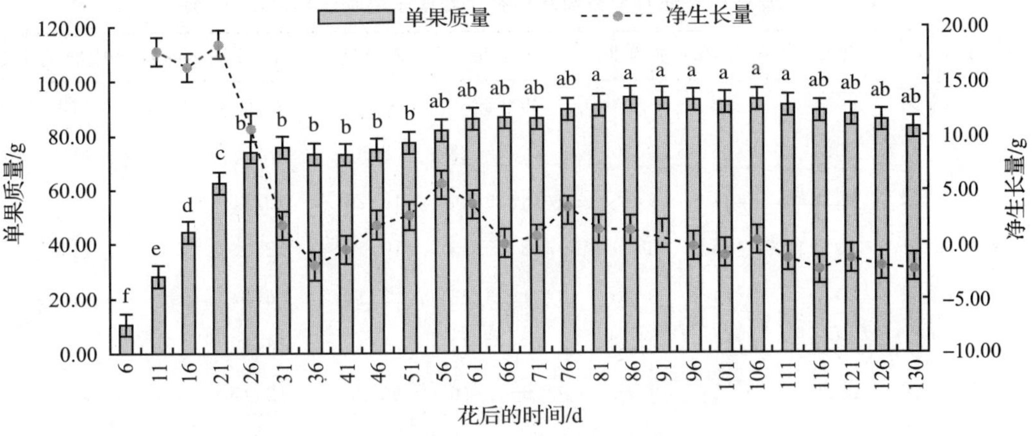

图 1-119　金都百香 3 号冬季果实发育期间单果质量的变化统计图(卢翔宇、邓彪等,2022,南宁)

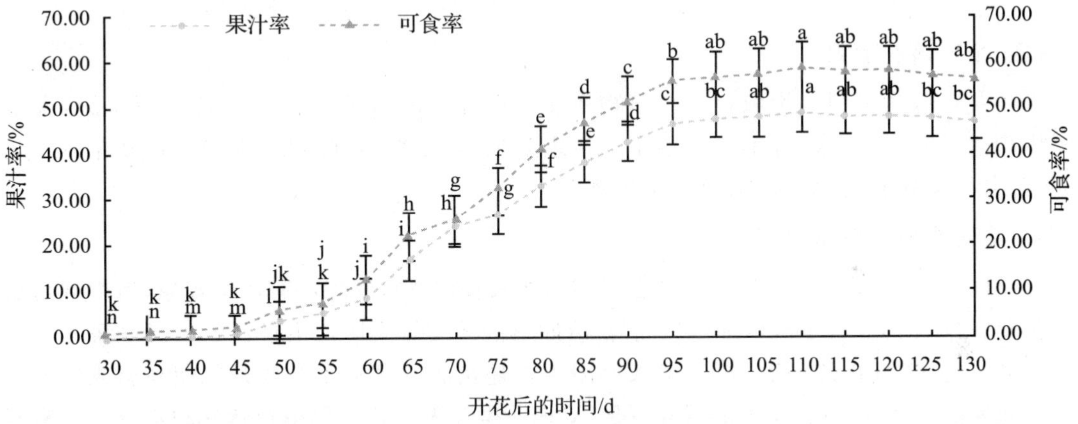

图 1-120　金都百香 3 号冬季果实发育期间果汁率与可食率的变化统计图(卢翔宇、邓彪等,2022,南宁)

6～21 d 为快速生长期,花后 31 d 单果质量达第 1 个高点;花后 31～41 d 单果质量略有下降;花后 46 d 开始单果质量进行二次增长,增长速度较缓慢,花后 46～56 d 为单果质量第 2 次增长中的快速增长期,花后 56 d 后增长速度逐步变慢,花后 91 d 时单果质量达到第 2 个高点;随后单果质量一直下降直到成熟,成熟果实平均单果质量为 83.3 g。葡萄萌芽后至果实成熟采收所需的时间因品种和种植地区气候而异,短的约 100 d,长的需要 170～180 d,如阳光玫瑰从萌芽至果实开始成熟 140～155 d,夏黑萌芽至果实开始成熟约 115 d,巨峰萌芽至果实开始成熟约 135 d,如 2023 年南宁,开花期 4 月上中旬的阳光玫瑰,果实成熟采收期 7 月上中旬,历时 90～100 d,冬造果的阳光玫瑰,开花期 9 月上中旬,果实成熟采收期在翌年 1 月上中旬,历时 120～130 d,春光、蜜光葡萄谢花期在 9 月上中旬,果实成熟采收期在当年 12 月中下旬,历时 90～100 d(表 1-17)。在广西南宁市,金都 1 号等火龙果授粉受精坐果良好的果实从开花到果实成熟采收为 30～40 d,25～35℃气温的生长期相对较短,约 30 d 即成熟可采收,但有刺黄龙果果实生长期时间长,花开至果实成熟需要约 100 d。据黄新等(2021)资料,2020 年浙江省慈溪市荸荠杨梅开花末期是 4 月 2 日,从开花末期到果实成熟末期约 75 d;梁森苗等(2016)对早佳与荸荠种两个杨梅品种果实的研究,硬核期在开花后 37 d 前后,成熟期出现在开花后 60 d 左右。

表 1-17 春光和宝光两个葡萄品种在广西南宁的物候期(林玲等,2022)

品种	类别	年份	萌芽期	始花期	盛花期	转色期	成熟期	萌芽至成熟的天数/d
春光	一季果	2020	2/18	3/23	3/26—3/30	5/5	6/10	113
		2021	2/15	3/20	3/22—3/28	5/4	6/11	117
	二季果	2020	8/27	9/15	9/18—9/20	10/20	12/15	111
		2021	8/25	9/9	9/12—9/13	10/15	12/13	111
宝光	一季果	2020	2/14	3/20	3/24—3/28	5/1	6/9	116
		2021	2/17	3/23	3/26—3/30	5/4	6/9	113
	二季果	2020	8/25	9/13	9/15—9/16	10/20	12/15	113
		2021	8/26	9/11	9/15—9/16	10/18	12/13	110

注:物候期 2/18 表示 2 月 18 日,依此类推。

(四)生理落花落果

果树开花数量多但坐果数量少是植物适应不良环境和营养条件的一种生理反应,大多数果树生理落果有 2～3 次,分别称为第 1 次生理落果、第 2 次生理落果,都发生在开花后不久的时期,部分果树还有成熟采摘前第 3 次生理落果。

1. 主栽果树落花落果过程

(1)柑橘落花落果 柑橘从花蕾期至果实成熟采收期各时间段都有落果现象,但生理落果主要在花谢后 10～15 d 第 1 次生理落果高峰期(脱落的果实带果柄)、花谢后 25～35 d 第 2 次生理落果高峰期(脱落的果实不带果柄),落果原因主要是花器发育不正常或开花期高温或低温阴雨天气导致受精不良,供应给树体的营养不足,夏梢萌生量大导致幼果得到营养和水分及赤霉素不足,此外病虫害和药害也经常是柑橘幼果期落果量大的原因。通常柑橘的第 1 次生理落果的幼果数量均远大于第 2 次生理落果,据王男麒、彭良志等的试验数据,纽荷尔脐橙第 1 次生理落果数量是第 2 次的生理落果数的 11.3 倍,兴津温州蜜柑为 37.6 倍,沙田柚为 13.0 倍。至果实成熟采收时,纽荷尔脐橙坐果率 0.55%,兴津温州蜜柑坐果率 0.51%,沙田柚坐果率 0.97%。

(2)荔枝落花落果 荔枝丰产园坐果率 1%～5%,落花落果量极大。荔枝的落花落果一般有 3 次,第 1 次落果高峰在雌花开花后 7～12 d,占生长期落果总量约 60%,主要原因是授粉受精不良和营养不足;第 2 次落果高峰在幼果呈绿豆大小时(雌花开花后约 25 d),主要原因是受精不良或胚发育中止,此时期如遇到低温阴雨天气会使落果量加大;第 3 次落果高峰在果实生长快速膨大期(雌花开花后约 50 d),主要原因是营养不足。朱建华、朱松生等于 2013 年在南宁对鸡嘴荔落花落果进行定点调查,结果表明:雌花开放 6～11 d 出现第 1 次脱落高峰,脱落数量占雌花数 26.2%;雌花开放 12～18 d 出现第 2 次脱落高峰,此期果实进入"并粒"阶段,脱落数量占雌花数 42.3%;雌花开放 22～25 d 出现第 3 次脱落高峰,脱落数量占雌花数的 11.0%,之后落果数量逐渐减少。付亚男等 2017 年在海南澄迈县对 10 年生 A4 无核荔枝树的生理落果进行调查研究,调查结果是 A4 无核荔枝存在 4 次落果高峰期,分别出现在谢花后 9～12 d、21～27 d、39～42 d 和 51～60 d(图 1-121 和图 1-122),第 1 次生理落果的数量显著地高于其他 3 次生理落果期的落果数量,而第 4 次落果期(采前落果)平均落果率高达 69.84%,

极显著高于其他 3 次生理落果，主要在果皮转黄时出现，且以小果、单果为主。

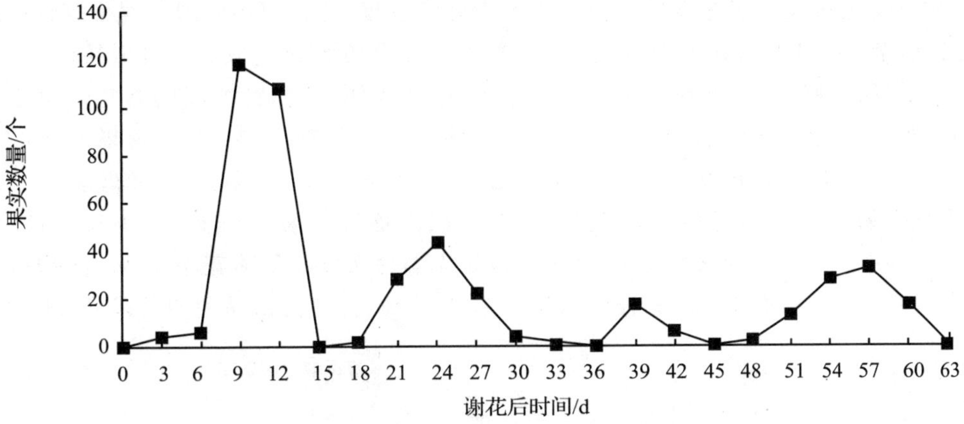

图 1-121　A4 无核荔枝生理落果情况的动态观察（付亚男等，2017）

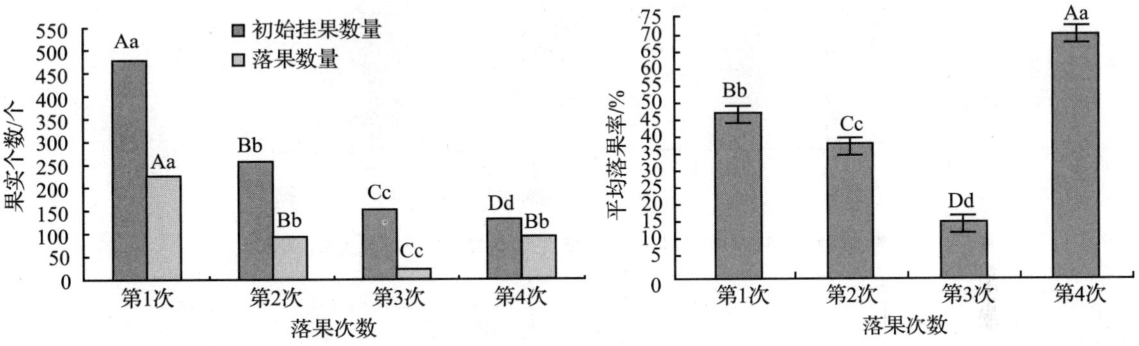

图 1-122　A4 无核荔枝各时期的落果情况对比统计图（付亚男等，2017）

注：图中不同小写英文字母表示差异显著（$P<0.05$），不同大写英文字母表示差异极显著（$P<0.01$），且不同的字母表示不同列即不同处理相同指标之间的差异显著性。

(3)杧果落花落果　杧果整个生长过程有 2 次明显的生理落果期，第 1 次在谢花后 10～20 d 果实长到黄豆粒大小时，此时落果量极多，主要是受精不良引起；第 2 次在谢花后 40～60 d、小果直径 2～3 cm 时，此次落果主要原因是肥水不足或种胚发育不良；还有少数品种如紫花杧采前 15～20 d 有明显落果现象。绝大多数品种到果实成熟时坐果率一般都低于 1%。

(4)龙眼落花落果　龙眼的小花开放时间主要在白天上午，雌花开花后其柱头在 2～3 d 内都可以授粉受精。雌花落花高峰期一般在从开花之日算起第 18～22 d，雄花落花高峰期在第 10～20 d，雌花落花原因主要是没有授粉受精或授粉受精不良及发育畸形。

(5)李落花落果　李树花量大但坐果率很低，原因是生理落果量大，在不良气候条件和土壤条件不适宜时落花落果严重。李的整个生长过程有 3 个明显生理落花落果期，第一次是生理落花期，在开花时带花柄脱落，其原因是花器发育不完全。中国李抗旱能力弱，如夏季干旱或生长期病虫害严重都易引起早期落叶，非正常落叶的李树树势衰弱，形成的花芽质量差，开花后易脱落。第二次是生理落果期，花谢后约 14 d、小果绿豆大时开始脱落，直至硬核止，此期落果原因主要是受精不良或子房发育缺乏某种激素导致胚乳中途败育引起。第三次是生理落果期，在果实长大后发生，数量不多，此次落果主要原因是肥水不足或种胚发育不良。日照不足、土壤水分过多也会造成树势衰弱,引起落果。

(6)葡萄落花落果 落花落果在葡萄生产中时常发生,葡萄谢花后即出现生理性落花落果现象,开花后 7～10 d 为落花的高峰期,许瀛之等 2017 年在南京选取 7 个野生品种、29 个鲜食品种,对各个葡萄种质进行落花落果率调查分析,结果表明:不同种质间的落花落果率差别较大(图 1-123),其中野生种的落花落果率较高,平均落花率为 74.17%,平均落果率为 47.89%;其次是欧美种,平均落花率为 53.82%,平均落果率为 51.03%,如红富士落花率为 45.93%,黑旋风落花率为 67.33%,紫早落果率为 26.6%,黑潮落果率为 71.6%(图 1-124);欧亚种的平均落花率为 61.6%,平均落果率为 44.07%,如克瑞森无核品种落花率达为 68.7%,90-1 品种落花率只有 50.6%,而 11-43 品种的落果率为 20.5%,白达拉依品种的落果率 63.1%。

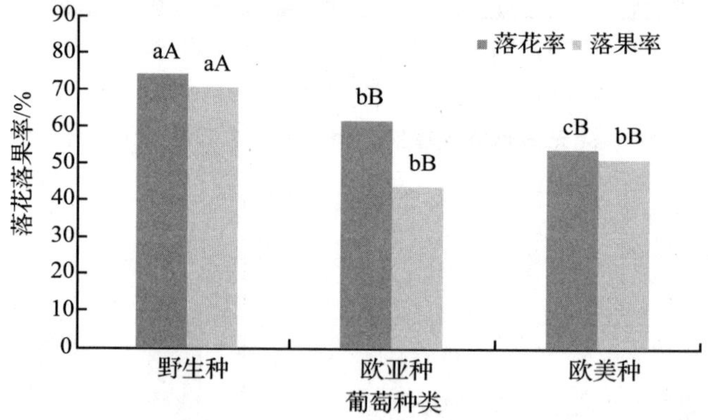

图 1-123 不同葡萄种类间的落花落果率统计(许瀛之等,2017)

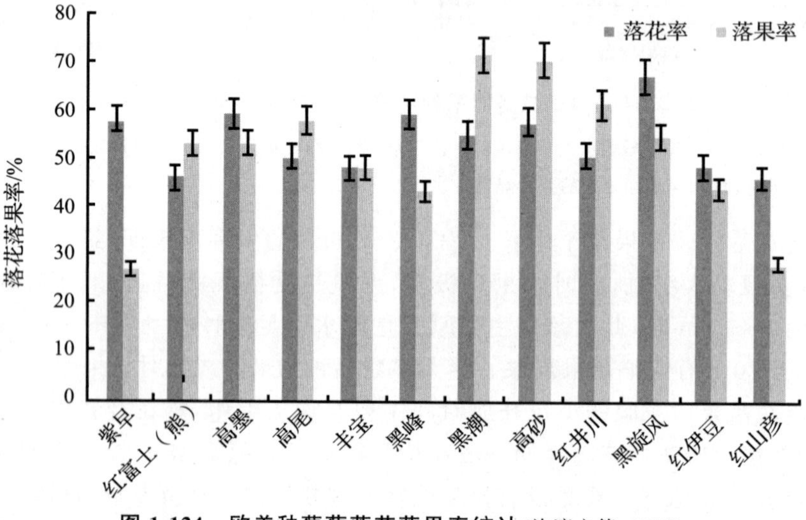

图 1-124 欧美种葡萄落花落果率统计(许瀛之等,2017)

(7)杨梅落花落果 据黄新等(2021)资料,2020 年浙江省慈溪市农业气象试验站观测荸荠杨梅果实发育过程,开花末期是 4 月 2 日,4 月 13 日花序上所有花才全部凋谢脱落,幼果褪色之前是荸荠杨梅主要的生理落果期(图 1-125),进入转色盛期后,采前落果开始,落果现象再次明显。开花末期到果实成熟末期约 75 d。

2. 果树生理落花落果主要原因

(1)营养失衡。果树树体弱,花果量大,树体营养供应不足,枝叶生长过旺与花果争夺

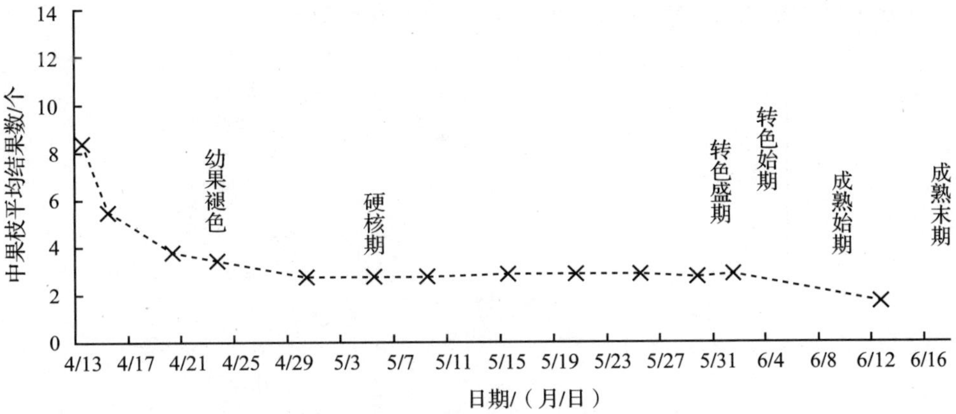

图 1-125　荸荠杨梅结果数变化（黄新等，2021）

营养。

（2）授粉受精不良。花期氮、磷、钾、硼、钙等矿物质营养元素缺乏导致花粉发育不良；花期高温干旱或低温阴雨或大风等极端不良天气不适于花粉萌发，也不利于昆虫和风传花粉。

（3）生长激素失衡。果树的生长素和赤霉素不足，脱落酸含量高导致落果量大，如果喷雾赤霉素，提高树体内的生长素含量，提高蔗糖转化酶的活性，有利于幼果在与枝叶争夺营养的竞争过程中处于优势，能减少营养不足导致的落果。

（4）果树树体自我生理调节。落花落果是果树自我调节生殖生长和枝叶营养生长平衡的生理过程。幼果与新梢之间、幼果个体之间的营养和水分竞争，都会导致部分处于弱势的幼果脱落。

（5）不良环境影响。病虫害发生及高温干旱、低温、大风等极端不良天气会加大生理落果，阴雨天持续时间长，导致光合产物生产量减少，果树根际土壤过湿或过于干旱也导致根系生长出现障碍，影响根系吸收营养，加大生理落果数量。

（五）果实成熟和品质

1. 果实成熟及内含物变化

果实成熟是指果实坐果后生长发育至该品种应有的果实体积大小、果实外皮颜色，各种内含物成分充实饱满，在采后即可食用或经过催熟达到可食用的状态。果树的幼果果皮大多含有叶绿素，因此表皮呈绿色，进入果实成熟期，果实的叶绿素分解，同时生成和积累各种天然色素，如脐橙、砂糖橘、沃柑等大多数柑橘品种成熟果实表皮呈橘色或黄色，主要原因是果实表皮积累了类胡萝卜素；金都 1 号等红皮红肉的火龙果品种果实在幼果时呈绿色，进入成熟过程积累了大量天然色素类黄酮和花青素呈紫红色；大多数草莓品种成熟果实表面颜色呈红色；有些果树品种如桂热 82 号杧果（俗称‘桂七杧’）果实成熟时表皮颜色依然跟幼果表皮颜色一样呈绿色。果实进入成熟期，除了果皮颜色变化，还表现为果肉逐渐软化，糖的积累与有机酸的减少是苹果、葡萄等大多数果树的果实成熟过程果肉成分变化的共同特征（图 1-126 至图 1-129），因糖的积累与酸的减少果实进入成熟期后变甜，果实中的糖主要有果糖、葡萄糖、蔗糖，有机酸主要是二羧酸、三羧酸，如柑橘、菠萝、杧果富含柠檬酸，葡萄富含酒石酸，苹果富含苹果酸；而氨基酸在果实发育后期也不断积累，成熟果实有香味果树如杧果、香蕉、柑橘、菠萝、苹果等，在果实成熟之前香气成分含量低，随着果实成熟度提高而香气成分含量不断增加，这些香气成分主要为醛类、醇类、酮类、酯类、萜类等挥发性成分。

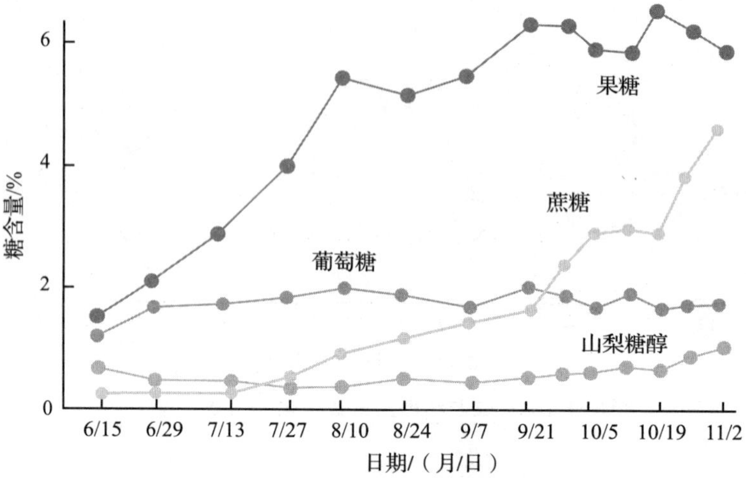

图 1-126 苹果成熟过程糖含量变化(长进等,1969)

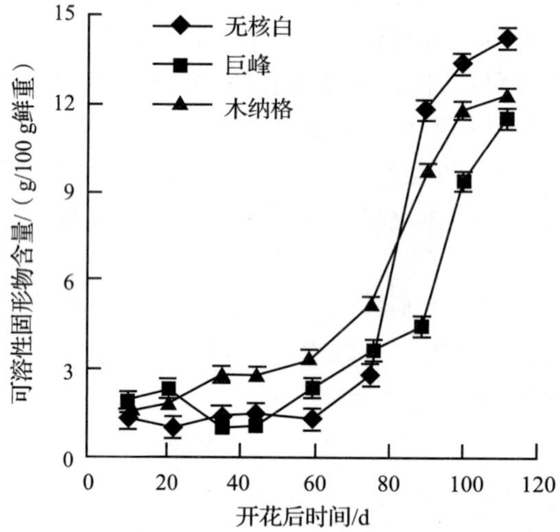

图 1-127 无核白、巨峰和木纳格 3 个品种葡萄浆果发育期可溶性固形物含量变化折线图(陈发河等,2002)

2. 果实品质

果实品质通常分为外观品质和内在品质,果品销售按照分级指标分级,外观品质通常包括果实大小、果形、果皮光洁度、果皮色泽,内在品质指标通常有可食率、可溶性固形物含量、果实硬度、风味、香气及维生素 C、可溶性蛋白等营养成分含量。如火龙果通常按单果重分级,特级果≥500 g/果、一级果≥400 g/果、二级果 300～400 g/果、三级果 200～300 g/果;百香果果品分级为一级果的单果重≥80 g,果面无异物无伤痕,抽测可溶性固形物含量≥15%,二级果的单果重≥70 g,果面无异物无伤痕,抽测可溶性固形物含量≥15%,三级果的单果重≥45 g,果面无异物无伤痕,抽测可溶性固形物含量≥14%;沃柑可采摘成熟度品质要求的外观指标是着色面积≥80%,可溶性固形物含量≥13%,总糖≥10 g/100 g,总酸≤0.5 g/100 g,沃柑鲜果等级划分标准见表 1-18。香蕉品质评价项目内容及分级标准见表 1-19,表 1-20 给出了桂蕉 6 号和桂蕉 9 号品质性状的对比。果实品质评价指标没有统一评价项目,但通常包括果实大小、可

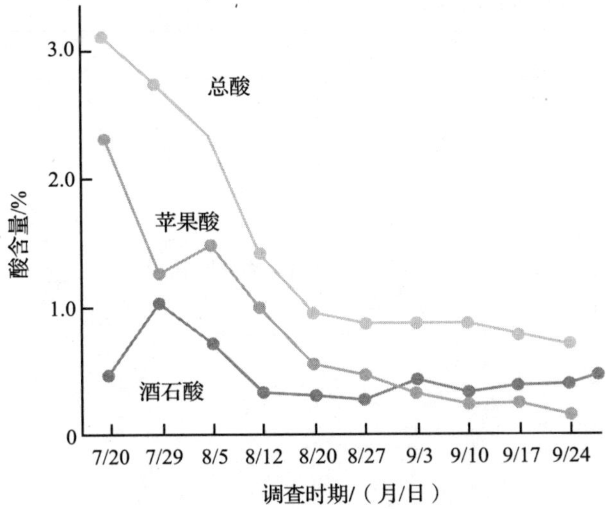

图 1-128 葡萄浆果发育期有机酸含量变化（伴野潔等，2021. 品种：新麝香）

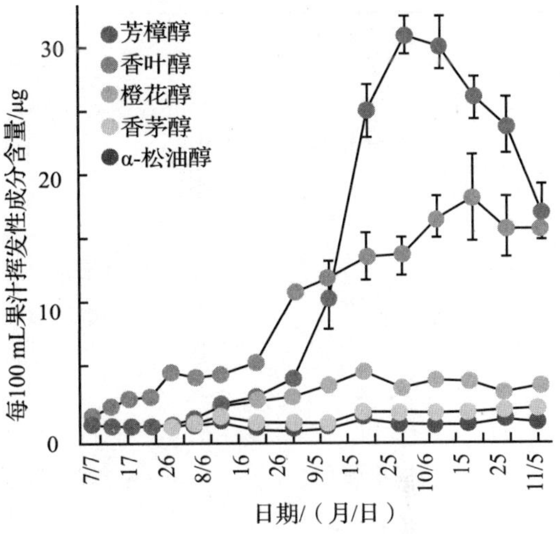

图 1-129 亚历山大麝香葡萄果汁中挥发性成分的变化（伴野潔等，2021）

食率、可溶性固形物含量，如龙眼和荔枝的品质通常以单果重、可食率、可溶性固形物含量、果肉脆或软滑等指标作为品质评价主要指标，石硖、储良的果肉肉质爽脆，大乌圆、乌龙岭的果肉质地软滑，果肉与种子易分离，可食率 60%～75%，可溶性固形物含量 13%～24%，但如果果实成熟度过高，果肉表面流汁，含糖量下降，风味变淡，食用品质降低。李国华对石硖、大乌圆等 11 个龙眼品种果实进行调查（表 1-21），其中石硖、大乌圆、储良、福眼 4 个品种的单果重分别为 11.0 g、18.0 g、11.5 g、14.9 g，可食率分别为 63.1%、69.1%、66.1%、66.2%，可溶性固形物含量分别为 23%、16%、22%、15%。华南地区百香果、杨桃、火龙果、葡萄等一年能开花结果多次的果树，同一果园不同季节果实品质也存在差异，如广西百色、南宁种植百香果钦蜜 9 号、金都百香 3 号，12 月至翌年 3—4 月成熟采收的果实品质比 7—10 月成熟果实品质差，春光、宝光葡萄 12 月至翌年 1 月成熟采收的冬造果果实比 6—7 月成熟采收的夏造果的果实单粒重、单穗重量小，可溶性固形物含量、可滴定酸含量两个指标，冬造果果实都比夏造果果实高

表 1-18 沃柑鲜果等级划分标准（DB 45/T 2272—2021）

指标名称	特级	一级	二级
果实横径/mm	70～90	60～90	60～90
果面色泽及光洁度	果面橙红色，着色均匀，果面洁净，果皮光滑	果面橙红色或橙黄色，着色较均匀，果面洁净，果皮允许有轻度粗糙	果面橙红色或橙黄色，着色较均匀，果面洁净，果皮允许有轻度粗糙
果面缺陷	无瑕疵，无损伤、油斑、枯水	瑕疵面积合并不超过果皮总面积的 3%，无损伤、油斑、枯水	瑕疵面积合并不超过果皮总面积的 5%，无损伤、油斑、枯水
可溶性固形物含量/%	15	14	13

表 1-19 香蕉成熟果实品质评价项目及等级指标要求(NY/T3974—2021)

序号	评价项目	评价等级	说明
1	果指大小	大	＞180 g
		中	130～180 g
		小	＜130 g
2	果形	优	果指外内弧面长度比值＜1.2或果指外内弧面长度比值1.2～1.4
		中	果指外内弧面长度比值＞1.4或末端直
		差	S形弯曲
3	果皮颜色	优	黄中带微绿或全黄
		中	黄中带绿或绿中带黄
		差	绿或绿中带微黄或出现斑点
4	果面缺陷	优	果面光滑，单果斑点不超过2个，每个斑点直径＜2.0 mm
		中	果面光滑，单果斑点不超过4个，每个斑点直径＜3.0 mm
		差	果面光滑，单果斑点≥5个，每个斑点直径＞3.0 mm
5	果肉质地	优	结实或柔软、滑口、细腻
		中	柔软、粉质
		差	柔软且黏稠、粗糙
6	果肉风味	优	甜带微酸、甜
		中	淡甜
		差	涩、淡味
7	果肉香味	优	浓香
		中	微香
		差	无香或有涩、酒等异味
8	果肉可溶性固形物含量	优	＞22%
		中	18%～22%
		差	＜18%
9	果肉维生素 B_6 含量	优	＞400 μg/100g
		中	240～400 μg/100g
		差	＜240 μg/100g
10	果肉钾含量	优	＞360 mg/100g
		中	200～360 mg/100g
		差	＜200 mg/100g

(表 1-22),春光、宝光和巨峰葡萄冬造果果实的表皮颜色比夏造果的更深(图 1-130),但据王博等资料(2016),阳光玫瑰葡萄的冬造果与夏造果相比,产量、单粒重、可溶性固形物含量差异不大(表 1-23)。朱振忠、周兆禧等 2024 在海南以 12 个榴莲品种果实为试材,进行榴莲果实

表 1-20　桂蕉 6 号和桂蕉 9 号品质性状对比(韦绍龙,2016)

品种名称	果皮厚度/mm	果实可食率/%	可溶性固形物含量/%	总糖含量/(mg/100g)	维生素 C 含量/(mg/100g)	可滴定酸含量/%
桂蕉 6 号	3.67	72.0	22.9	20.3	16.62	0.33
桂蕉 9 号	3.64	69.0	22.3	19.6	16.38	0.43

表 1-21　石硖等 11 个龙眼果实品质调查(李国华等,2006)

品种名称	单果重/g	横径(cm)/纵径(cm)	可食率/%	可溶性固形物含/%
石硖	11.0	2.5/2.2	63.1	23
东壁	9.5	2.3/2.1	60.9	19
福眼	14.9	3.0/2.7	66.2	15
大乌圆	18.0	3.2/2.8	69.1	16
大兴本	10.2	2.5/2.4	61.9	21
迟熟	13.0	2.6/2.4	66.4	19
鸡蛋	9.8	2.5/2.2	59.6	21
八一早	13.2	2.8/2.5	65.8	19
金秋	13.6	2.8/2.6	68.8	14
古山 2 号	10.8	2.6/2.4	64.5	18
储良	11.5	2.7/2.3	66.1	22

表 1-22　春光和宝光 2 个葡萄品种夏造果和冬造果单粒重等指标统计(林玲等,2022)

品种名称	类别	年份	单穗重/g	单粒重/g	果皮颜色	果肉质地	可溶性固形物含量/%	可滴定酸/(g/L)
春光	夏造果	2020	489.23	7.23	紫黑	软	17.50	3.69
	(一造果)	2021	546.00	7.68	紫黑	软	17.20	3.88
	冬造果	2020	378.95	5.56	紫黑	软	21.00	8.25
	(二造果)	2021	368.53	5.73	紫黑	软	20.53	7.97
宝光	夏造果	2020	526.37	8.23	紫黑	软	16.80	3.89
	(一造果)	2021	588.00	8.34	紫黑	软	16.50	3.35
	冬造果	2020	388.96	7.80	紫黑	软	20.00	8.67
	(二造果)	2021	389.23	7.63	蓝黑	软	19.03	8.59

矿质元素和果实品质指标的关联性研究结果是榴莲果实矿质元素与可溶性糖含量等9个品质性状的相对关联系数为0.610～0.799,矿质元素与榴莲品质性状密切相关,锰、铁等含量与榴莲果实的可溶性糖、可滴定酸等品质指标存在较高的关联度,钙含量对可滴定酸、维生素C、粗脂肪、可食率和果形指数的直接作用最大,镁含量对可溶性糖含量的直接作用最大,锰含量对可溶性蛋白和单果质量的直接作用最大。

图1-130 巨峰葡萄冬造果(左)比夏造果(右)颜色深黑

表1-23 阳光玫瑰葡萄品种夏造果和冬造果单粒重等指标统计(王博等,2016)

类别	年份	单株产量/kg	平均产量/(kg/hm²)	单粒重/g	可溶性固形物含量/%
夏造果(一造果)	2013	12.8±0.62	8 253.00±73.35	10.2±0.12	18.6±0.27
	2014	17.9±0.47	11 532.00±57.75	10.8±0.09	18.8±0.43
	2015	19.3±0.53	12 480.00±75.15	11.0±0.14	18.7±0.34
冬造果(二造果)	2013	8.3±0.51	5 376.00±48.15	10.1±0.18	18.4±0.31
	2014	11.7±0.66	7 524.00±36.45	10.5±0.29	18.2±0.23
	2015	13.2±0.54	8 544.00±47.40	10.6±0.17	18.5±0.28

不同品种的杨梅果实大小和内在品质存在差异,见表1-24。

表1-24 东魁杨梅和荸荠杨梅果实品质指标(林媚等,2020)

品种名称	单果重/g	可食率/%	纵径/cm	横径/cm	果形指数	可溶性固形物含量/%	可滴定酸/(g/L)	固酸比	维生素C含量/(mg/kg)
荸荠杨梅	8.93	93.9	2.4	2.5	0.95	10.7	10.6	10.3	76.5
东魁杨梅	18.87	94.3	3.2	3.2	1.01	11.9	11.1	10.9	57.2

各种果树的果实（华南地区常见树种）

任务三　果树器官之间生长发育关系

一、根系与地上部的关系

果树根系主要功能是固定植株和吸收肥水，地上部枝叶主要作用是光合作用和开花结果。果树根系与地上部各器官之间相互促进相互调节，通常果树地上部枝叶等器官生长高峰时期与根系生长高峰时期交替出现。在年周期中发根高峰期多在枝叶缓慢生长时期（图 1-9）。根系得到地上部叶片生产的光合产物及枝叶产生的赤霉素和生长素供应，根系向地上部提供水分、矿质营养、氨基酸和细胞分裂素（细胞分裂素主要在根尖合成），满足光合作用、蒸腾作用对水分需求，满足枝叶生长、开花结果对细胞分裂素、水分、矿质营养、氨基酸等营养需求，果树根系发达强大则树冠地上部枝繁叶茂，反之因果树根际土壤理化性状不良，则果树地上部枝叶也生长不良。如环剥或环割主干皮层，切断了韧皮部，暂时截断了光合产物向根系输送，使更多的光合产物积累在枝条和花果等地上部的器官，促进花芽分化，减少落花落果数量，促进果实生长发育，但同时导致根系的碳水化合物含量减少，也抑制了根系生长。生产中，葡萄等果树的限根栽培有时会发生根系水分供应不及时而影响地上部正常生长的情况。

二、营养生长与生殖生长的关系

果树营养生长器官主要是叶、根、茎，生殖生长器官是花、果和种子，营养生长是生殖生长的基础，因为开花结果会消耗大量的营养物质。生殖生长从花芽分化开始，花芽分化需要较多的营养积累，如荔枝、龙眼、杧果、柑橘等果树通常都需要结果母枝老熟停止营养生长后才能花芽分化，如果花芽分化时期抽生冬梢，这些果树就花芽分化不好甚至无法进入花芽分化阶段。因此荔枝、龙眼、杧果每年 11 月起至翌年 1 月，都要控水控氮结合环剥主枝及使用多效唑等生长抑制剂控制新梢生长促进花芽分化，图 1-131（右）的澳洲坚果植株枝条叶片少，树势弱，易花芽分化，植株花量大，图 1-131（左）植株枝繁叶茂，叶色浓绿，花芽分化不良，植株花量极少。香蕉则需要抽生足够数量的叶片，如吸芽苗需长出正常叶 20～24 张，香蕉组织培养苗，如果以 5～7 叶龄苗定植后新长出第 1 张叶片算起一般需抽生 28～30 张叶片（包括定植前已经生长的 5～7 张叶片，实为 33～37 张叶片）才进入花芽分化期，积累充足的营养，才能进行花芽分化。柑橘、葡萄等当年花果量大的结果树，满树的花果消耗大量养分，当年抽生新梢数量少，根系新根生长量小，吸收能力下降，树体贮藏营养少，不利花芽分化，翌年花量少甚至无花。如果果树营养生长过弱，即使能大量开花，也会大量落花落果，坐果量极少。盛果期的结果树尤其是挂果期长迟熟品种，挂果量太大易导致树体早衰退，要疏花疏果，控制挂果量，使开花结果和枝叶生长相对平衡。

图 1-131　澳洲坚果枝叶旺盛少花的植株(左)和枝叶瘦弱多花的植株(右)

三、营养和产量的关系

果树进入结果期后,只有营养充足且每季产量控制适宜,才能连年丰产稳产。果树组织和器官的有机营养绝大多数来源于叶片的光合作用,而有机营养是果树生存的基础也是果树产量的决定因素。光合产物经筛管分配运输到根、茎的生长点及正在生长发育的未老熟的幼叶、花朵、果实和种子等光合产物受体。叶片向根系或茎尖输导光合产物主要是同侧输导,顺着韧皮部输导。叶片只有老熟后生产的光合产物才多于自身消耗的光合产物的量,幼叶随着叶片逐渐老熟,其从其他成熟叶片吸取的光合产物的量越来越少。同化产物供应就近供给附近的受体是主要形式(图 1-132)。在某一物候期,生长发育旺盛的器官或组织吸取的营养最多,如幼果期抽生大量的新梢,新梢就吸取大量树体营养,导致幼果得到的营养少而缺乏营养造成大量落果,同样花果量大的果树,大量的花果会消耗大量营养,因营养不足会导致新梢难以萌发。

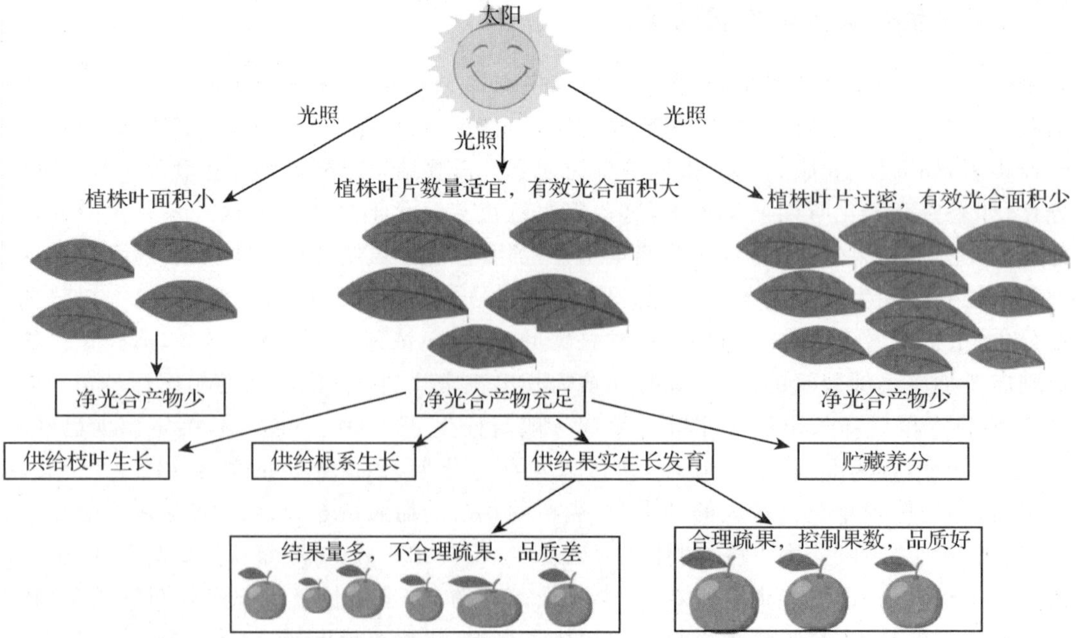

图 1-132　丰产优质果树的光合产物分配模式

生产要通过培养合理树形，在年周期根据枝叶生长情况适当修剪，使树冠通风透光，使树冠中下部和内部有良好光照条件，花果量大的植株要通过合理疏果(图 1-132 至图 1-135)，控制结果数量，阻止花果过量导致消耗营养过大，当年小果数量多，品质差，因当年消耗营养量大，树体能贮藏的营养量少，会影响下一季的花芽分化和开花结果(图 1-136)。柑橘开花期及幼果期，花果脱落所造成的养分损耗大(表 1-25)，王男麒等(2013)试验测得纽荷尔脐橙因花果脱落(含蕾、花、幼果)而损耗的 N 为 98.8 g/株、P 为 8.0 g/株、K 为 54.7 g/株，分别可供 46.3 kg、32.1 kg 和 24.6 kg 纽荷尔脐橙果实发育至成熟时的需求量。因此柑橘生产应在开花前适当控制柑橘结果树当年花枝量，减少落花落果量，减少树体各种营养无用损耗，提高树体营养累积贮藏量，争取“半树花一树果”，尽量避免“一树花半树果”的现象。

图 1-133　合理整形修剪的光照良好、结果数量适宜的百香果果园

图 1-134　枝果叶分布合理的阳光玫瑰葡萄园

图 1-135　合理疏花疏果的草莓园
(2023 年 2 月，杭州)

图 1-136　结果量过大的金秋砂糖橘初结果树
(2020 年 10 月，南宁)

表 1-25　柑橘单株落花落果损耗部分营养元素的数量(王男麒等，2013)

品种	N /(g/株)	P /(g/株)	K /(g/株)	Ca /(g/株)	Mg /(g/株)	Zn /(mg/株)	B /(mg/株)
纽荷尔脐橙	98.79	7.98	54.67	13.27	5.07	62.23	129.37
兴津温州蜜柑	119.36	10.08	76.21	13.11	7.10	81.51	170.18
沙田柚	49.16	4.33	30.06	4.16	2.52	23.98	65.47

任务四 果树生长周期

一、果树生命周期

果树生命周期通常是指果树一生经历的幼树期、开花结果期、衰老期和植株死亡的全过程(图 1-137 至图 1-145)。幼树期通常是指幼苗种植成活后至开花结果之前的时期,开花结果期通常是指植株第 1 次开花结果至有较丰产经济产量的时期,衰老期是指果树从产量高峰期以后产量开始连续下降至植株死亡的时期。用种子实生繁殖苗木长成的果树幼树期比较长,如荔枝、龙眼、杧果一般约 10 年,甜橙等柑橘品种幼树期 8～10 年,葡萄幼树期 7～8 年;嫁接等

图 1-137 种植第 4 年沃柑结果树
(南宁,2023 年 12 月)

图 1-138 种植第 3 年的沃柑结果树(南宁,2023 年 12 月)

图 1-139 种植第 15 年的桂味荔枝丰产树(钦州,2013 年 6 月 28 日)

图 1-140 种植第 4 年的火龙果园
(南宁,2022 年 6 月 16 日)

图 1-141 种植第 12 年的石硖龙眼园
(南宁,2022 年 7 月 16 日)

图 1-142 种植后 45 d 开花结果的甜查理草莓园(南宁,2022 年 11 月 15 日)

图 1-143 种植第 2 年的阳光玫瑰葡萄

（南宁，2021 年 4 月 20 日）

图 1-144 种植第 4 年的阳光玫瑰葡萄

（南宁，2023 年 5 月 11 日）

图 1-145 处于衰老期的红江橙结果树

无性繁殖苗木长成的果树幼树期短，短的只有 30～40 d，长的 3～4 年（表 1-26）。果树种类和品种繁多，各树种生命周期及其幼树期、开花结果期、衰老期长短不一，经济栽培的果树其生命周期长短除了遗传特性影响，还受种植地的自然环境条件、砧木种类、肥水供给状况、病虫害情况等条件影响。经济栽培的果树进入衰老期后通常砍伐，重新建园种植。

二、果树一年生长周期

果树进入开花结果期后，果树一年生长周期是指经历的萌芽期、开花期（可分为初花期、盛花期、谢花期）、果实发育期（可分幼果期、果实成熟期）、根系生长期、花芽分化期、落叶期的过程（表 1-27、表 1-28）。大多数果树如柑橘、龙眼、荔枝、葡萄、李、梨等一年生长周期是周而复始，春季萌芽开花，花谢后进入果实发育期和花芽分化期，果实成熟采收后进入树体恢复生长期，落叶果树在秋冬季降温时进入集中落叶期，杨桃等部分常绿果树在春季进入相对集中落叶期。砂糖橘、沃柑、龙眼、荔枝、桃、李、葡萄等果树的开花期大多在春季（表 1-27），但少数果树开花期则不在春季，如金柑开花期在 5 月下旬至 6 月，台湾青枣开花期在 9 月，枇杷开花期在 10 月，草莓开花期在 11 月起持续至翌年 3—4 月，开花结果 3～4 批次，火龙果一年生长周期开花结果 8 批次以上，百香果开花结果 2～3 批次，杨桃开花结果 2～3 批次（图 1-146），葡萄人为调节产期也可在一年开花结果2次(图1-147),自然条件下香蕉(图1-148)、菠萝植株的开花期是不定期,只要抽生足够数量叶片就可以抽生花穗开花结果,香蕉、菠萝的植株开花结果采收后本植株即死亡,不能像柑橘、荔枝、苹果结果树一样到下一生长季又可以萌芽开花结果,周而复始,香蕉靠地下球茎、菠萝靠地上茎产生的吸芽生长成为下一季开花结果的新植株。

表1-26 无性繁殖的部分果树种类经济栽培的幼树期和能开花结果的时长

果树种类	幼树期	开花结果期	备注
番木瓜	60 d	300～360 d	品种:黄花佑;地点:广州;苗木类型:组培苗2月中旬种植
百香果	80～90 d	6～36月	品种:钦蜜9号;地点:南宁;苗木类型:扦插苗或嫁接苗,2月中旬至3月上旬种植
台湾青枣	180～200 d	>5年	品种:密丝枣;地点:南宁;苗木类型:嫁接苗
草莓	40～60 d	40～180 d	品种:甜查理、妙香7号;地点:南宁;苗木类型:匍匐茎苗,9月下旬至10月上旬种植
香蕉	270～300 d	120～140 d	品种:宝岛蕉;地点:南宁;苗木类型:组织培养苗(小叶7～9张),10月上旬种植
葡萄	1年	>5年	品种:巨峰、阳光玫瑰;地点:南宁;苗木类型:扦插苗、嫁接苗
荔枝	3年	>10年	苗木类型:压条苗、嫁接苗,有的植株开花结果期超过100年
龙眼	3年	>10年	苗木类型:压条苗、嫁接苗
杧果	3年	>10年	苗木类型:嫁接苗
柑橘	2～3年	>5年	品种:砂糖橘、沃柑;地点:南宁;苗木类型:嫁接苗
火龙果	220～250 d	>5年	品种:金都1号;地点:南宁;苗木类型:扦插苗(高度60～80 cm),2月下旬种植

香蕉植株的一生　荔枝植株的一生　沃柑植株的一生　百香果植株的一生

表1-27 部分果树年周期花芽分化期和花果发育期

果树品种	开花期	果实发育期	花芽分化期	地点	备注
砂糖橘	3月	4月至翌年1—3月	11月至翌年3月	桂林	
沙田柚	3月	4—10月	9月至翌年2月	南宁	
桂味荔枝	3月	4—6月	12月至翌年2月	钦州	
仙进奉荔枝	3月	4—7月	12月至翌年2月	钦州	
石硖龙眼	4月	5—8月	12月至翌年3月	南宁	

续表1-27

果树品种	开花期	果实发育期	花芽分化期	地点	备注
阳光玫瑰葡萄	4 月	4—8 月	4—8 月	南宁	冬芽,新梢 6 片展叶期时开始花芽分化,在末花期进行花序原基分化
香蕉	6 月（抽蕾）	7—9 月	抽生第 28～36 张大叶(4 月中旬至 5 月下旬）	海南儋州	不含定植已有 5～7 张叶,上一年 8 月中旬种植
百香果	5 月	6—7 月	3—4 月	百色靖西市	夏造果

表 1-28　沃柑和桂味荔枝年周期生殖生长和根系生长、新梢生长的时间

果树种类	生长类别	1 月	2 月	3 月	4 月	5 月	6 月	7 月	8 月	9 月	10 月	11 月	12 月
沃柑	生殖生长	花芽分化期 果实成熟期		开花期	第 1 次生理落果期	第 2 次生理落果期			果实主要膨大期			花芽分化期 果实转色期	
沃柑	新梢生长			春梢生长期			夏梢生长期			秋梢生长期			
沃柑	根系生长						根系生长期高峰				根系生长期高峰		
桂味荔枝	生殖生长	花芽分化期	抽生花穗	开花期	第 1～3 次生理落果期		果实成熟期					花芽分化期	
桂味荔枝	新梢生长	冬梢生长期		春梢生长期						秋梢生长期			冬梢生长期
桂味荔枝	根系生长						根系生长期高峰		根系生长期高峰		根系生长期高峰		

注:1. 沃柑,种植地:广西南宁。

2. 桂味荔枝,种植地:广西灵山县,第 1 次生理落果在雌花谢花后 7～10 d,第 2 次生理落果高峰期在雌花谢花后 15～20 d,第 3 次生理落果高峰期在雌花谢花后 35～40 d。

图 1-146 杨桃 5 月开的花(左)和 10 月开的花(右)

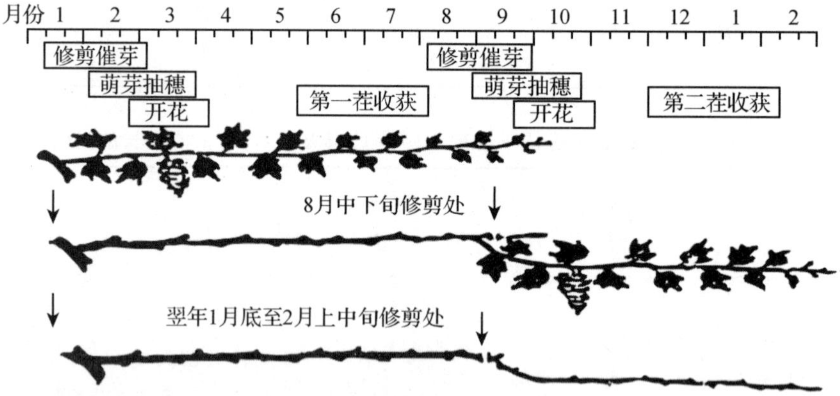

图 1-147 南宁巨峰系葡萄一年夏冬双季果不重叠栽培模式主要物候期示意图(修德仁等,2012)

图 1-148 香蕉 5 月抽生花穗(左)和 9 月长出花穗(右)

百香果和葡萄等果树产期调节

任务五 生态环境对果树生长发育的影响

柑橘、荔枝、李等绝大多数果树是多年生植物,种植后需要在同一地点连续生长,因此必须在合适地区建园栽培,果树是否生长结果良好及果园生产成本高低,都受到光照、气温、土壤、水分、极端天气等自然环境因素制约。

一、温度

果树生长发育有三基点温度：最低温度、最适宜温度、最高温度，温度过高或过低都不利果树生长和结果（表 1-29 和表 1-30）。气温是对果树生长结果影响最大的环境因素，关系到果树的生长、产量和品质，影响最大的是温度指标：年平均气温、≥10℃年有效积温（即全年每天日平均气温减去 10℃的差值的累加值）、冬季最低气温及其发生的频率。气温过高时果树光合速率降低，甚至树体失水萎蔫或枝叶果被灼伤（图 1-149 至图 1-152），夏秋季连续≥30℃气温会抑制新梢和果实的生长，夏季高温会抑制花青素、类胡萝卜素积累，因此夏季成熟的葡萄、柑橘果实着色较差（图 1-153）。低温危害表现为霜害、冻害、寒害，低温造成的伤害程度（图 1-154 和图 1-155），外因主要决定于温度下降的程度尤其是持续时间的长短和发生的时期，内因决定于果树树种、品种的抗寒性。苹果、梨、李、桃等落叶果树需要＜7.2℃的低温时期达到足够小时数才能生长结果良好，如巨峰葡萄要求＜7.2℃小时数≥500 h，三华李要求＜7.2℃以下低温时长约 300 h，苹果要求＜7.2℃小时数≥1 400 h。梨、李、葡萄等果树的花粉发芽适温都在 25～30℃。

表 1-29　代表性果树生长三基点温度　℃

果树种类	最低温度	最适温度	最高温度
柑橘	12～13	23～29	44～46
荔枝	16～18	24～30	45～47
葡萄	9～11	20～28	44～45

表 1-30　几种代表性果树根系生长三基点温度　℃

果树种类	最低温度	最适温度	最高温度
柑橘	11～13	26～30	36～38
葡萄	12～13	21～23	26～27
桃	4～10	15～24	30～35

图 1-149　夏季持续高温引起火龙果花蕾黄化

图 1-150　高温引起火龙果枝条变黄

（海南，2020 年 6 月）

图 1-151　夏季持续高温导致澳洲坚果新梢黄化(品种:桂热 1 号)

图 1-152　受到日灼的柑橘幼果
(南宁,2022 年 7 月)

图 1-153　葡萄冬造果果实着色比夏造果优良(品种:蜜光;地点:南宁;时间:2023 年)

图 1-154　受冻害的柑橘树

图 1-155　受冻害的香蕉幼树
(南宁隆安,2024 年 1 月)

高温伤害果树　　**低温伤害果树**　　**设施大棚栽培果树**(南方地区)

不同果树适地栽培对气温指标的要求有差异。例如,广西钦州市是我国荔枝、香蕉、百香果适栽区域和主产区，桂林市、贺州市是柑橘主产区和适栽区域，百色市是杧果适栽和主产区，贺州市是砂糖橘、三华李适栽和主产区，但桂林市、贺州不适宜露地经济栽培荔枝、龙眼、杧果、香蕉等南亚热带果树，最主要的原因是气温尤其是每年12月至翌年2月低温限制。每年12月至翌年2月都是广西钦州市、桂林市、百色市、贺州市气温低的月份，其中1月都是最冷月（图1-156和图1-157），四地≥10℃年有效积温、年平均气温、年≤5℃天数、年最低气温见表1-31。

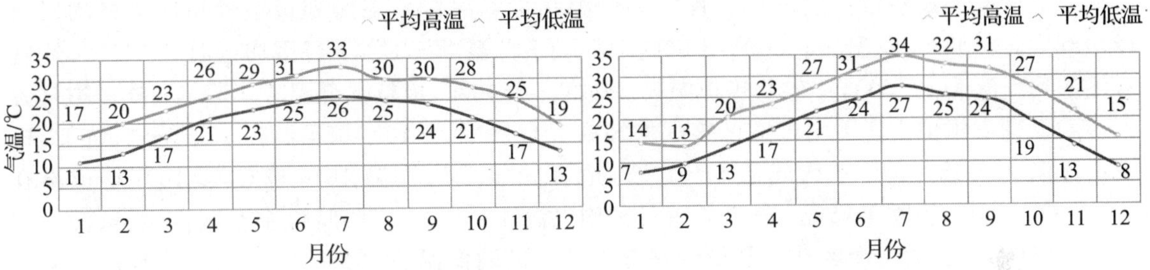

图1-156　广西钦州市(左)和桂林市(右)历史1—12月气温趋势图（截至2023年）

（2345天气王网站 https://tianqi.2345.com/wea_history/59065.htm）

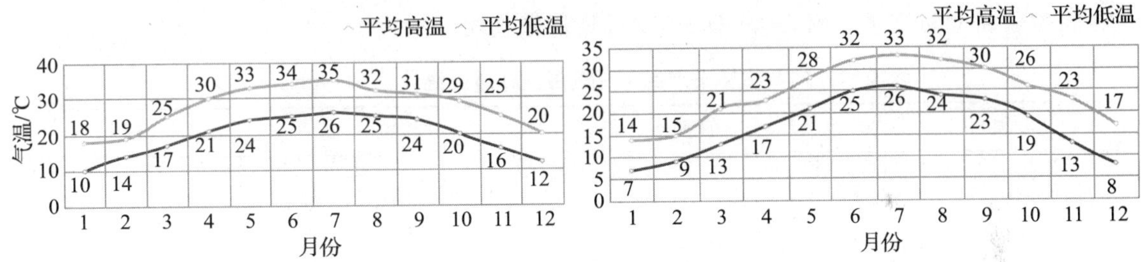

图1-157　广西百色市(左)和贺州市(右)历史1—12月气温趋势图（截至2023年）

（2345天气王网站 https://tianqi.2345.com/wea_history/59065.htm）

表1-31　广西钦州桂林百色贺州4市气温主要指标统计（2019—2020年）　℃

市	≥10℃年有效积温	年平均温度	12月日平均气温	1月日平均气温	2月日平均气温	全年≤5℃天数	最低气温	适栽和主产果树
钦州市	4 982	22.9	15.6	14.9	16.9	0	6	荔枝、香蕉、百香果
桂林市	4 000	20.3	11.0	9.2	11.4	22	1	砂糖橘、葡萄
百色市	4 895	22.8	14.2	15.7	17.2	0	6	杧果、香蕉
贺州市	4 143	20.5	11.4	10.9	12.3	22	0	砂糖橘、三华李

注：温度≥10℃年有效积温数据根据2345天气王网站（https://tianqi.2345.com/wea_history/59065.htm）数据统计；其他数据根据《广西统计年鉴2020》和《广西统计年鉴2021》统计。

华南地区柑橘、荔枝、香蕉和其他部分主栽果树对气温的要求如下。

1. 柑橘

柑橘属于喜温暖畏寒冷气候的果树，≥10℃年积温小于4 000℃的地区不能露地栽培。适宜柑橘经济栽培的地区，年平均温度在16.5～23.0℃，≥10℃年积温4 000～8 000℃，最低气温≥－4℃，低于品种耐受的临界低温以下，柑橘会受寒害，甚至死株，甜橙耐受临界低温

-8℃,温州蜜柑为-9℃,金柑为-11℃。柑橘生物学零度为12.8℃,只有≥12.8℃的气温柑橘才能萌芽生长,枝梢和根系生长最适温度25~30℃,气温≥37℃会停止生长。秋梢生长良好,普通甜橙、脐橙和夏橙需要≥10℃有效积温1 018.5~1 096.8℃,有效时间67.0~70.5 d;宽皮柑橘需要1 052.2~1 075.0℃,有效时间64.7~71.0 d。低温(如5~15℃)和干旱是诱导柑橘花芽分化的主要条件,气温降低是多数柑橘品种花芽分化的必需条件。1981年柑橘区划协作会议审定了我国柑橘生态适宜性区划气温指标。甜橙生态区划最适种植区年平均气温18~22℃,≥10℃年积温在5 500~8 000℃,极端最低温>-3℃,1月平均气温7~13℃,适宜区年平均气温16~18℃,≥10℃年积温在5 000~5 500℃,极端最低温>-5℃,1月平均气温5~7℃。宽皮柑橘生态区划最适区年平均气温17~20℃,≥10℃年积温在5 500~6 500℃,极端最低温>-5℃,1月平均气温5~10℃,适宜区年平均气温16~17℃,≥10℃年积温在5 000~6 500℃,极端最低温>-7℃,1月平均气温4~5℃。广西脐橙主产区富川县、沃柑主产区武鸣区、砂糖橘主产区荔浦县最冷月份1月的极端低温、平均最低气温、平均最高气温见表1-32。广西另一砂糖橘主产区西林县年平均气温19.7℃,全年无霜期长达358 d(表1-33)。广西柳州以北地处高纬度的柑橘园种植金柑、砂糖橘等迟熟品种,通常于11月至翌年3月用塑料膜覆盖树冠防霜防冷雨为害(图1-158),延长采收期。

表1-32 广西柑橘主产区1月气温指标历史统计(2011—2022年)

项目	武鸣	荔浦	富川
极端低温	4.8	1.7	1.4
平均最低气温	10.5	7.2	6.6
平均最高气温	16.5	13.8	13.1

引自:“2345天气王”https://tianqi.2345.com

表1-33 广西柑橘各主产区天气情况统计

项目	武鸣	荔浦	富川	西林
年平均气温/℃	22.4	22	19.8	19.7
年日照时数/h	1 509	1 365	1 403	1 607
年均降水量/mm	1 729	1 461	1 778	1 065

注:引自广西壮族自治区气候中心1991—2020年共30年统计数据。

图1-158 冬季树冠覆盖塑料膜防寒防雨的金柑园(柳州市融安县,2023年11月)

2. 荔枝

温度是限制荔枝自然分布和栽培区域的主要环境因子，也是影响荔枝花芽分化的关键因素。广西钦州市是我国荔枝主产区，该市全年日均最低温度为 21℃、日均最高温度为 27℃（表 1-34），我国另一荔枝主产区广州从化区，年平均气温在 21℃，≥10℃全年积温在 7 384℃，1 月日平均气温 12.2℃。荔枝经济栽培最适宜区的年平均温度 21～23℃，极端低温≥1℃，冬季无霜冻的地区，≥10℃全年积温在 7 500～8 300℃。荔枝生长最适温度 23～29℃，8～10℃恢复生长，10～12℃生长缓慢，－2℃是荔枝受冻害的临界温度，－4℃是其致死的低温。温度对花芽分化的影响：冬季要有一定的适当低温时间，利于花芽分化，每年 12 月至次年 1 月中旬期间 10℃以下低温时数约 160h 是糯米糍和桂味等成花难品种完成其成花诱导的最基本要求，0～10℃低温和时间较长更有利怀枝等晚熟品种花芽形态分化，花穗发育期则需要适度升温。早熟、中熟品种的花芽分化对低温要求不高，所以容易成花，稳产性好，晚熟品种则要求 3～10℃低温。多数品种的成花诱导要求 15℃以下。温度对开花的影响：春季 10℃以上才开始开花，18～24℃开花最盛，日均最高气温在 26～28℃、日均最低气温在 20℃以上荔枝授粉受精良好，坐果率高。花期及幼果期低温阴雨造成大量落花落果，甚至全部失收。荔枝果实全生育期长短受气温和品种影响，≥15℃有效积温高则荔枝全生育期短，果实长得快成熟期早。例如，当≥15℃有效积温 779℃桂味果实全生育期为 68 d，当≥15℃有效积温 712℃黑叶荔的果实全生育期为 65 d。春季荔枝花穗抽生时，当气温≥15℃时且持续 4 d 以上较长时间，荔枝结果母枝的顶芽萌发形成的花穗极易长出小叶，发生带叶或叶带花情况（俗称“冲梢”），不利开花结果。

表 1-34　广西钦州市各月份日均气温历史统计　℃

日均气温	1 月	2 月	3 月	4 月	5 月	6 月
日均最高气温	18	19	23	28	32	33
日均最低气温	12	13	17	22	26	27
历史最低气温	3	5	9	12	19	23
日均气温	7 月	8 月	9 月	10 月	11 月	12 月
日均最高气温	33	34	33	30	26	20
日均最低气温	27	27	26	22	19	13
历史最低气温	24	23	20	0	9	4

注：引自“天气网”https://www.tianqi.com/

3. 香蕉

香蕉起源于热带地区，作为经济栽培要求年平均温度高于 21℃，≥10℃年活动积温 7 000℃以上，最冷月平均温度不低于 15℃，全年无霜或有霜日 1～2 d。低温延缓果实生长发育和叶片抽生速度，生育期延长。香蕉生长发育最适宜温度 24～32℃，气温低于 10℃停止生长，持续低温使叶片黄化，枯萎下垂；降到 5℃时叶片受冻（图 1-155），0℃时大多植株冻死；如有冷雨，当气温降到 4.5℃时植株就会烂心冻死。气温高于 37℃果实和叶片就会灼伤。

4. 葡萄

葡萄大多数品种在年平均气温 15～23℃的地区生长结果良好，通过自然休眠需 7.2℃以下的低温 1 000～1 500 h，中熟品种巨峰葡萄从萌芽至成熟需要高于 10℃有效积温 2 500～2 900℃。欧亚种和欧美杂交种，芽体萌发时能忍受－4～－3℃的低温；嫩梢和幼叶在－1℃、花序在 0℃时会发生冻害；图 1-159 反映的是春季下霜前葡萄园点起篝火防霜冻场景。果实成熟期昼夜温差在 10℃以上时，浆果含糖量高，品质好，果实成熟期最适宜的温度是 28～32℃，气温低于 16℃或超过 30℃时对浆果发育和成熟不利，品质降低，当气温高于 30℃，叶片光合作用效率降低并易产生高温障碍。当根系分布的土层温度在 6.0～6.5℃欧亚种葡萄根系开始吸收水肥，当土温在约 20℃根系生长最旺盛，当土温高于 28℃根系生长会受抑制。

图 1-159　春季葡萄园点起熊熊篝火防霜冻(意大利托斯卡纳，2021 年 4 月)

5. 李

李树对温度的要求因种类和品种不同而异，欧洲李原产于地中海南部，适宜于温暖地区栽培，抗寒力不如中国李。美洲李比较耐寒。中国李对温度的适应性较强，在新疆、黑龙江冬春低温寒冷地带和广西、广东、云南等炎热地区均可栽培。三华李、芙蓉李、珍珠李、三月李对低温适应能力差，花期气温低至 8℃就受冷害。李树生长适温为 20～30℃，中国李开花最适宜温度 12～16℃。李树是对温度敏感的果树，不同品种对温度要求不一样，欧洲李、美国李和中国李对 7℃以下低温时长的要求依次为 900～1 700 h、700～1 700 h、300～1 200 h。其中三华李对 7℃以下低温时长的要求可小于 300 h。李的开花期为 2 月下旬至 3 月中下旬，如出现连续 3 d 或以上日平均气温≤12.0℃的低温阴雨天气过程，会造成花期推迟、花开稀疏，已开的花朵会凋谢，当年无产量或减少。

6. 火龙果

火龙果喜温暖，最适宜的生长温度为 25～35℃，较高的昼夜温差有利于养分的积累，火龙果植株在 8℃生长缓慢，低于 4℃会受冻害，高于 35℃或低于 8℃时则进入休眠或半休眠状态。

7. 百香果

百香果是热带、亚热带果树，生长结果要求 20～33℃温热气候，25～30℃生长最快，8～15℃则生长缓慢甚至停止，安全越冬温度为 5℃以上，遇 0℃以下低温霜冻会受冷冻害，植株会冻死，广西钦州市气温适宜经济栽培如台农 1 号、钦蜜 9 号等当前主栽的百香果品种，该市一年各月份日均最高气温、日均最低气温见表 1-34。如紫果 1 号等少数品种耐寒较强，当最低温度－3.8℃时，除叶片稍微受冻害外，主蔓没有受冻害，天气转暖照常萌发新枝。百香果紫果种抗寒性普遍优于黄果种，若开花期遇上≥35℃的高温干燥天气，会导致雌蕊柱头黏度差，影响花粉粒的萌发生长，授粉受精不良，坐果率低。据秦志聪等(2017)观察，百香果开花当日温度在30℃以上时温度越高坐果率越低，气温≤30℃阴天或多云阵雨天气有利坐果。

二、光照

光照是果树光合作用的能量来源。果树受光根据自然光照方向来源分为上光、下光，上光是太阳照射到树冠上方和侧面的直射光，下光是地面反射光，可以改善树冠下部的枝条和花果光照条件。光照充足的条件下果树叶片光合作用强，积累的糖类等有机物质多，光照良好的果树枝梢充实，有利花芽分化，果实着色好，含糖量高，风味浓，果实成熟早。光照不良的果树的枝梢软弱徒长，不易形成花芽；树冠内部枝梢细弱，枯枝多，结果少；果实发育慢，着色不良，糖低风味差，且病虫害严重。贾聚金等(2021)以沃柑树冠内膛遮阴果实和树冠外围光照充足果实为试材，结果表明：与光照充足的沃柑果实相比，遮阴的沃柑果实呈现更深的橙红色，其果皮中总类胡萝卜素含量提高了2.87倍，但光照充足的沃柑果实中可溶性固形物、蔗糖、果糖、葡萄糖含量均显著高于遮阴的沃柑果实。说明树冠外围光照充足，有利于叶片进行光合作用，能增加沃柑果实糖酸积累量，光照条件不良会导致沃柑果实内在品质下降。荔枝属于阳性树种。荔枝开花期最适宜的气候条件是晴天天数多。花谢后30 d内如果阴天日数多、光照不足则幼果落果量大。光照是荔枝果实着色和花色素苷合成的必要条件，光照影响花色素苷的合成，进而影响果实的着色。果实成熟期充足的光照利于果实果皮颜色着色良好，皮色鲜艳，果肉糖分提高，风味鲜美，据林可涛的试验，12月至翌年1月的日照时数与荔枝产量呈正相关($r=0.605$)，荔枝开花期日照强度以日辐射量1 225.9～1 380.72 J/cm^2为宜，果实生长发育期如果光照过强，辐射量超过2 299 J/cm^2，果皮未充分成熟就提早转色，影响果实质量。葡萄是喜光植物，对光较敏感，光照不足时，花芽分化不良，新梢细弱徒长，叶片薄，叶色淡，光合效率低，果穗小，落花落果量大，产量低，浆果着色不良、品质差。火龙果和百香果为长日照作物，每日光照时数需满12 h，海南全省、广西南宁市等秋冬季气温较高热量较充足的地区，夜间人工补光约5 h对火龙果和百香果成花诱导(图1-160和图1-161)、增加开花批次、增加全年总产量有很好效果。补光处理的火龙果，每天受光多于12 h、连续补光约30 d就有花蕾出现。海南五指山市2023年10月上旬种植的钦蜜9号百香果，于2023年12月23日开始补光，4 h/d，持续补光50 d，2024年1月12日观察到花蕾，2月10日起陆续开花，4月下旬至5月上旬成熟采收(图1-162)。

图1-160　冬春季补光促花火龙果园(2019年11月，广西南宁隆安)

三、水分

果树光合作用、呼吸作用、蒸腾作用及营养物质吸收、运输等生理活动都需要水的参与才

图 1-161　春季补光的百香果园(2024 年 2 月,海南五指山市)

图 1-162　春季补光的百香果结果情形(2024 年 4—5 月,海南五指山市)

能正常进行,水分是否充足供应会影响枝叶萌发生长及花果生长,果树枝梢萌芽期、生长期和果实迅速膨大期需水量大,如果土壤含水量过低,果树枝叶萎蔫,含水量过大则根系生长和吸收受抑制导致植株生长不良甚至死亡。柑橘、杧果、火龙果、草莓等大多数果树的果实主要成分是水。水分来源为自然降雨和人工灌溉水。各地区在年周期中自然降雨不均匀,因此经济栽培的果树需要蓄水或抽取地下水作灌溉水,在天旱时灌溉,及时补充水分到果树根际土壤,满足果树生长结果对水分的需要。如柑橘喜温暖湿润环境,热带和亚热带地区年雨量 1 000～2 000 mm 且年降水量较为均匀,都能满足柑橘生长结果需要,柑橘在枝梢和果实生长发育期需要充足的水分,但花期忌雨。柑橘花芽分化需要适当的干旱,秋季适度的干旱胁迫有利于枝梢停止生长进入花芽分化状态,开花期土壤湿润,连续晴朗天气的天数多、雨天少,有利开花坐果;花期阴雨连绵或低温阴雨不利于花粉传播,影响授粉受精,坐果率低。秋季果实发育期少雨干旱,水分供给不足,果实增大受到阻碍,成熟期久旱暴雨,会引起裂果。秋季干旱会抑制秋梢及时萌发和影响秋梢生长质量。而平地果园如果地下水位长期高于 0.5 m,其根系生长浅,生长量少,影响植株枝叶生长,根际土壤长时间积水会导致幼根死亡。果园需要有良好排灌设施设备,多雨季节能及时排除果园积水(图 1-163),干旱季节能均匀及时补给水分,满足枝叶生长和果实发育的需要。而荔枝、龙眼、杧果等冬季花芽分化的果树,天气干旱和根际土壤干旱有利花芽分化。又如香蕉,香蕉植株的地下球茎和地上的假茎、叶鞘等器官比其他作物的器官含水量大很多,香蕉生长结果需大量水分,水分不足叶片生长速度慢、叶片小,且寿命短、极易下垂干裂;花芽分化期和开花结果期缺水,蕉株花芽分化不良,果梳少、果指短小,果品低产劣质。自然条件下要求月降水量 150 mm 以上才适宜香蕉生长结果,但根际土壤长期浸水会导致烂根，叶片黄化，植株枯萎。果树果实成熟采收采前 7～10 d 停止灌水，利于果实风味改善和延长果实贮藏期。

图 1-163　水灾的柑橘园

四、土壤

土壤是自然栽培果树基质，土壤的矿物质、有机质、水分、空气、微生物影响了果树根系生长，土壤肥沃、疏松透气、水含量适宜、酸碱度适宜、有益微生物量大有利于果树根系生长及根系对土壤养分的吸收。土壤可溶性盐类含量过高，会影响根系对水分吸收，影响果树生长发育。不同果树种类适应和最适宜的 pH 范围不同，如柑橘适应的 pH 是 4.8～7.5，最适宜范围是 6.0～6.5，葡萄适应的 pH 是 5.0～8.3，最适宜范围是 5.8～7.5。果园土壤增施有机肥、果园生草覆盖能有效提高土壤有机质含量，增加土壤中养分的储蓄，高丽敏等(2024)研究结果，果园地面生草能提高果园土壤的有机质、全氮、碱解氮、全磷、全钾、有效磷、速效钾、有效锌、有效铜、有效锰、有效镁含量，果园 0～20 cm 土层，生草覆盖增加了土壤含水量、孔隙度，提升了土壤关键酶活性、微生物数量、碳氮量及群落多样性；王琦等(2023)试验研究表明，热羧基链霉菌和枯草芽孢杆菌能激发旱作果园的培肥效果。姚青等研究表明，柑橘园维生素 A 菌根真菌能显著提高柑橘果汁可溶性固形物含量，固酸比提高，果皮油胞层磷、糖、类胡萝卜素含量，果皮着色度显著高于对照，改善果实的外在与内在品质。陈文旭、潘鑫悦等 2022 年在山东栖霞市试验研究表明，苹果园人工种草和自然生草处理均显著降低了土壤容重、C/N，显著提高了土壤 pH、有机碳含量、全氮含量、地上和地下生物量。王迅等(2021)研究，柑橘园种植光叶紫花苕和鼠茅草 3 年后均能降低土壤容重，增加总孔隙度，显著增加土壤有机质、碱解氮、有效磷含量，提高土壤蔗糖酶、脲酶、磷酸酶、过氧化氢酶活性，促进土壤中细菌与真菌的丰富度和多样性。柑橘对土壤环境适应性强，在众多土壤类型上均能生长，只要较为合理肥水管理的柑橘园大多都生长结果良好，丰产优质。但柑橘以土层厚度≥60 cm、地下水位低(低于 1.0 m)、疏松透气、排水良好、pH5.0～7.5、土壤有机质含量≥2.0%的土地栽培为宜，土壤疏松透气、土壤含氧量≥3%才有利于根系须根的生长，土壤孔隙量≥3%须根量大。土壤田间持水量 60%～80%、土壤绝对含水量 17%～18%适宜柑橘各种砧木的根系生长。若排水不良、土层过浅、盐碱地及土壤有机质≤1%，柑橘根系生长不良，植株矮小，生长结果不好。坡地种植的柑橘树较平地种植柑橘树的果实风味和外观质量更佳。苏祖友曾在福建省建瓯市对 10 年生椪柑低产园施有机肥试验，结果表明，椪柑产量与土壤有机质含量呈正相关，土壤有机质含量越高多年产量稳定性越好。戴良昭研究表明,柑橘园土壤有机质含量高,果实糖含量和可溶性固形物含量就高,酸度低,品质好。

五、风

微风有利于气体交换,促进果树光合作用,增强蒸腾作用,有利于花期传粉,果园和树冠通风,降低温度,减少病虫害,减轻夏秋高温或冬春霜冻害,干热风、大风、强风对果树的生长和结果带来灾害性后果,如落果、落叶、折枝甚至植株倒伏(图 1-164)。在有风害的地方建果园应注意地势、坡向和位置的选择,不要在大风频繁或风口地方建园,并营造防护林和采取其他农业措施减轻风害(图 1-165)。

图 1-164　受台风为害植株折伏的香蕉园(左)和落果的梨园(右)

图 1-165　种植防风林的柑橘园(左)和火龙果园(右)

六、环境质量

果园所处的环境,如果空气受到污染,空气中的二氧化硫和粉尘等污染物对果树生长发育产生不良影响,发生非正常落叶、枝梢及植株枯萎;开花结果时授粉受精不良,落花落果量大,坐果率低,产量下降,生长发育的果实品质变劣,同时,空气污染会影响果树开花期蜜蜂等昆虫的正常授粉活动,如草莓园和百香果园开花之前喷农药或施用挥发的气味浓臭肥料,到果园活动的蜜蜂数量少;空气污染程度与污染源距离、污染物种类、污染物浓度、风向等有关。果园土壤的铜、镉、汞、铅、铬等重金属含量高或使用重金属含量高的污染水灌溉果园,影响果树生长结果,土壤铜、镉含量过高会抑制果树生长,随着浓度的增加抑制作用增强;汞含量高引起果树花粉发芽率降低和花粉管生长减慢;铅含量高则叶绿素含量下降,呼吸及光合作用受阻;被铬污染的土壤会抑制微生物的活动;砷污染对植物的危害主要是阻碍水分和养分的吸收。化肥和质量不合格有机肥在果园中的普遍施用，以及采矿及其他活动的影响，造成重金属在一些果园土壤中富集。研究表明，土壤中重金属含量越高，柑橘果肉中重金属富集量也越高。果树生产严禁使用重金属超标的农药和化肥，并逐步降低化肥和农药的使用量，增施有机肥并选择无污染的有机肥；新建果园时需考虑远离公路、工矿企业等。

【课程思政】

协同推进经济高质量发展和生态环境高水平保护

果树等农作物生产和人类的生活一样需要优良的生态环境。果树生长结果及其产量品质与土壤、水分、空气质量等因素息息相关。空气中的二氧化硫和粉尘等污染物对果树生长发育产生不良影响，发生非正常落叶，枝梢及植株枯萎，授粉受精不良，坐果率低，产量下降，品质变劣。铜、镉、汞、铅、铬等重金属含量高的果园土壤或使用重金属含量高的污染水灌溉果园，即使能结果，果实重金属含量超标，也会危害食用者的身体健康。因此，高品质生态环境是果树产业持续健康发展的基础。

党的十八大以来，以习近平同志为核心的党中央把生态文明建设摆在全局工作的突出位置，全方位、全地域、全过程加强生态环境保护，实现了由重点整治到系统治理、由被动应对到主动作为、由全球环境治理参与者到引领者、由实践探索到科学理论指导的重大转变，美丽中国建设迈出重大步伐。新征程上，必须把美丽中国建设摆在强国建设、民族复兴的突出位置，保持加强生态文明建设的战略定力，坚定不移走生产发展、生活富裕、生态良好的文明发展道路，建设天蓝、地绿、水清的美好家园[1]。

2023 年，全国生态环境质量稳中改善，环境安全形势保持稳定，但生态环境状况稳中向好的基础还不牢固[2]。2024 年 6 月，国家生态环境部发布《2023 中国生态环境状况公报》，全国环境空气质量保持长期向好态势，339 个地级及以上城市细颗粒物（PM2.5）平均浓度为 30 微克/立方米，好于年度目标近 3 微克/立方米，“十三五”以来累计下降 28.6%，全国优良天数比例为 85.5%。全国地表水环境质量持续向好，优良（Ⅰ～Ⅲ类）水质断面比例为 89.4%，同比上升 1.5 个百分点，“十三五”以来实现“八连升”，累计上升 21.6 个百分点；劣Ⅴ类水质断面比例为 0.7%，同比持平，“十三五”以来累计下降 7.9 个百分点，重点湖库和饮用水水源水质保持改善态势；一类水质海域面积占管辖海域面积的 97.9%，同比上升 0.5 个百分点，近岸海域水质持续改善，优良（一、二类）水质面积比例为 85.0%；全国土壤环境风险得到基本管控，土壤污染加重趋势得到初步遏制，农用地土壤环境状况总体稳定，受污染耕地安全利用率达到 91%以上；全国自然生态状况总体稳定，生态质量指数（EQI）值为 59.6，生态质量综合评价为“二类”，生物多样性较丰富、自然生态系统覆盖比例较高、生态结构较完整、功能较完善[3]。

来源：[1]《中共中央　国务院关于全面推进美丽中国建设的意见》. 中华人民共和国中央人民政府网 https://www.gov.cn/gongbao/2024/issue_11126/202401/content_6928805.html

[2]《国务院关于 2023 年度环境状况和环境保护目标完成情况的报告》. 全国人大网 http://www.npc.gov.cn/c2/c30834/202404/t20240424_436701.html

[3]《生态环境部发布〈2023中国生态环境状况公报〉》. 中华人民共和国生态环境部官网 https://www.mee.gov.cn/ywdt/hjywnews/202406/t20240605_1075031.shtml

【思政元素】

守护生态环境就是守护人民健康。果树生产过程涉及农药、化肥及生长调节剂的使用,专业技术人员要树立环保意识,关注和支持国家的生态文明建设,以高度的责任感处理好经济高质量发展与生态环境保护之间的关系,为以美丽中国建设全面推进人与自然和谐共生的现代化做出新的贡献,造福子孙后代。

项目二　果树苗木生产技术

【学习目标】

了解并掌握苗圃的基本条件和规划的内容及育苗设施类型，了解嫁接苗、扦插苗、组织培养苗、实生苗的特性，掌握嫁接育苗、扦插育苗技术，了解组织培养育苗的技术、果树无病毒苗木生产体系。

任务一　苗圃的基本条件和规划

果树苗圃是指培育果树苗木或幼株的园地。苗圃的任务是根据国家规定的果树良种繁育制度，培育具有丰产优质的种性、适应当地自然条件、生长健壮的果树苗木，供作果树生产的种苗。果树苗木植株小，抗逆性弱，易受外界环境的影响，因此苗圃要建设在土肥水条件良好、光照充足、病虫害少的环境。

一、苗圃的基本条件

1. 位置

苗圃位置交通要方便，以便于肥料、农药等生产物资和苗木的运输，而且要靠近水源，周围环境不受污染，不易受水淹。附近不能有排放大量煤烟、有毒气体和废水的工厂，大风口、灰尘量大的公路边和易积水受淹的低洼地不宜建设苗圃。建设苗圃也必须注意病虫害预防，苗圃要远离病虫害疫区，防止苗木感染检疫性病虫，有检疫性病虫和线虫病的土地不能用作苗圃，苗圃附近不应有病虫滋生的场所或与苗木有共同病虫害的植物。地下害虫过多的土地如要建苗圃的则要先杀虫后才能使用。

2. 地形和地势

苗圃地形要平坦开阔(图 2-1)、背风向阳、排水良好，坡度小于 5°为宜，如果用地坡度过大应修整为梯田后再作苗圃，否则水土容易流失，土壤肥力下降，也不利灌溉和耕作等管理。平地苗圃要建设好排水沟，地下水位过高的苗圃要开深度约 1 m 的排水沟降低地下水位，地势低洼的土地不宜作苗圃，因这些土地在雨季经常发生涝害，冬季易受霜冻等寒害。

3. 土壤

苗圃地土壤条件的好坏直接影响苗木生长和出苗率的高低。苗圃地土壤要求深厚 50～60 cm、疏松、肥力中等、透气性好，否则不利种子萌发及幼苗根系的生长，导致苗木生长不良，苗木成苗后出圃时起苗困难，费时费力，根系损伤多。过于黏重的土壤通气和排水不良，苗木易发病，干旱时土壤龟裂易造成苗木断根，过于砂质的土壤保水保肥力差，苗木易早衰，夏季高温时节苗木常受日灼。但肥力过高的土壤生长的苗木易徒长，移栽到肥水不足的土地时成活率低，缓苗期长。土壤含盐量过高也不宜作苗圃。因此黏重土、沙土和盐碱地要育苗，必须要增施有机肥，改良土壤后方能建设苗圃。苗圃酸碱度以 pH 在 5.0～7.5 为宜，pH 过高或过低都会降低土壤中营养元素的有效性，导致营养元素缺乏症状的发生，不利苗木的生长。

图 2-1　平坦开阔的苗圃(左为柑橘苗圃，右为荔枝和龙眼苗圃)

4. 水利

建设苗圃要注意灌溉，因为幼苗根浅，不耐旱，如果缺水而不能及时供水，果苗就会生长不良，停止生长甚至死亡，因此苗圃尤其是大型苗圃要选择在江、河、湖、塘、水库等大的水体附近，方便引水灌溉，如果无这些水源则要打井提水灌溉，如水源不充足可建设滴灌、喷灌等节水灌溉设施。苗圃要合理设计并建设好排水沟，避免雨季苗圃积水。

二、苗圃的规划

苗圃建设要依据地势、土质和水源全面进行规划，提高土地的利用率，方便管理和机械操作。苗圃内的土地按照其作用不同分为生产用地和非生产用地两类，生产用地是指直接用来生产苗木的圃地，包括母本区和繁殖区，有时结合科研项目还设置科研试验区；非生产用地包括道路、房屋、排灌系统、防风林等辅助性用地(图 2-2)。同时注意换茬轮作，不要在同一块地上连续多年培育同一种苗木，防止病虫害蔓延和营养缺乏，影响苗木质量。

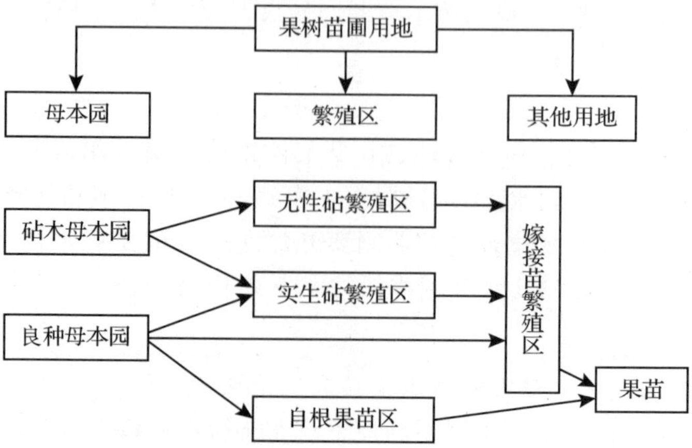

图 2-2　果树苗圃地组成示意图(张开春，2000)

1. 生产用地

苗圃生产用地主要包括母本区和繁殖区。母本园区包括砧木母本园区和良种母本园区或无病毒采穗圃，砧木母本园区提供实生苗种子和无性砧木繁殖材料。良种母本园区或无病毒采穗圃则提供优良品种的接穗、插条和无病毒材料。母本园区要求土壤肥水条件良好，光照充足，并且无危险的病虫害。母本园区面积不需很大，占苗圃总面积1/20～1/10即可，有条件的苗圃可把母本园区建设在防虫网室等保护设施内，预防病虫害的发生。繁殖园区可分为实生苗培育区、自根苗培育区和嫁接苗培育区。繁殖园区是苗圃的核心部分，要占苗圃总面积的2/3以上，规划时要将其建在肥水和光照条件最好的地段，有利于生产优质的苗木。为方便耕作和管理，各园区宜按长方形区划。

2. 道路

园地道路建设要结合苗圃区划进行，大型苗圃要设宽度约6 m的干路，作为运进物资和苗木外运的主要通道，各小区之间设宽度2～3 m的支路，与干路相通。

3. 排灌设施

苗圃的排灌系统应做到旱了能灌，涝时能排，始终保证苗圃地水分的正常供应。水源充足的通常采用沟灌的方式，但苗圃地应采用滴灌和喷灌为宜，节水省工。排水系统根据地形建设，排水沟尺寸规格根据苗圃实际设计，地下水位高的苗圃排水沟宜深，地下水位低的苗圃设深度、宽度约40 cm的浅沟即可，坡度较大的苗圃纵向排水沟要设梯级，沟壁和沟底在雨季时要生草，减少流水冲刷力度，防止土壤流失。

此外，现阶段我国还存在许多建设面积不大的小型苗圃和家庭苗圃，此类苗圃只需设苗木繁殖地即可，但要有灌溉用水，并做好排水沟，育苗所需的种子、接穗、枝条等材料到其他符合提供合格育苗材料的单位采购即可，也可自行建设小型的采穗圃提供育苗所需的枝条，但采穗的植株最好能种在封闭的防虫网室内。

三、育苗设施

除露地育苗外，目前果树育苗还建设防虫网室、温室大棚（塑料大棚、玻璃大棚）、遮阳网棚等设施进行保护地育苗。

1. 温室大棚

塑料大棚棚宽8～12 m，棚中间高度2.5～3.0 m，长度30～60 m，以拱圆形棚为主，当前塑料大棚、塑料中棚结构是镀锌钢管架构。大棚可建设单棚，也可连栋建设。塑料大棚育苗效果好，但成本较高（图2-3）。塑料中棚是南方地区冬春季育苗最常用的设施，保温效果较好，搭建相对容易，且消耗材料不多。塑料中棚跨度4.0～6.0 m，棚顶采用拱圆形或“∧”形，棚中轴高度1.8～2.0 m，棚长根据实际而定，但不宜超过30 m。玻璃大棚育苗设施完备，管理效率高，灌溉和病虫防治操作方便，但建设成本高（图2-4）。

2. 遮阳网棚

育苗使用遮阳网棚，主要有降温和遮光的功能，还能减轻大雨冲刷的力度。遮阳网使用寿命长，重量轻，覆盖操作方便，便于剪裁拼接，而且体积小、保管方便，使用时省工、省力。遮阳网的遮光率为25%～90%，不同规格的遮阳网覆盖后的遮光降温效果也有差异，生产普遍选用遮光率为65%～75%的规格(图2-5)。

图2-3 塑料大棚育苗

图2-4 玻璃大棚百香果苗生产

3. 防虫网室

搭建防虫网室培育果树苗木,生产期间全程覆盖,不仅可阻止害虫进入网室,减少害虫的直接危害,还能减少害虫传毒机会,防止苗木感染病毒,是一种简便、科学、有效的防虫防病毒措施,防虫网室还有防止暴雨冲刷的效果。网室常采用平顶结构,高度约2.0 m,长度和宽度不限,用水泥柱或钢管作立柱,棚内立柱间距3～4 m,各立柱顶部利用钢丝拉成网状结构,用防虫网将棚顶和四周全密封,防虫网规格种类较多,颜色有白色、银灰色等,一般选用目数为32目(图2-6)。

图2-5 遮阳网棚澳洲坚果育苗

图2-6 柑橘在防虫网室育苗

4. 弥雾设施

弥雾设施灌溉是利用专门的设备(微喷头)将有压力的水喷射到空中散成雾水、均匀地分布于育苗地进行灌溉。增加空气湿度、降低叶面温度,抑制蒸腾作用,减少呼吸作用消耗,增强光合作用,有利于苗木生长。如果在玻璃温室内或大棚内安装全光间歇喷雾自动控制装置,当苗木的叶片上水膜消失时即喷雾,形成水膜时则喷雾停止。

任务二 嫁接苗木生产

一、嫁接苗木的特点和利用

嫁接就是将一个芽体或一段枝条接到另一个植株的枝、干、根等器官上,当嫁接口愈合后,两者合二为一长成新的植株。用于嫁接的枝或芽叫接穗,承受接穗的植株叫砧木,砧木对嫁接形成的植株生长、结果、产量和果实品质有较大的影响，有些砧木能使果树生长旺盛、树冠高大，如柑橘的砧木酸橘、酸柚；有些砧木能使果树生长势弱、树冠矮小，叫矮化砧，如枳和宜昌橙是柑橘的矮化砧。嫁接苗在当前的果树生产中应用最广，是果树良种苗木繁育最主要的方法。嫁接苗能够保持良种母株丰产、优质、稳产、抗病虫害、对环境适应性强等优良的经济性状；能利用砧木的抗性增强栽培品种对土壤、气候的适应性，扩大栽培区域；嫁接苗较实生苗提早进入结果期 3～5 年；嫁接还可以利用矮化砧的特点，调节树势，使树冠矮化、紧凑，便于树冠管理；嫁接育苗繁殖系数高，利于大量繁殖苗木；此外还可利用嫁接进行高接换种，快速更换长势好的劣种果园，提高经济效益。

二、嫁接愈合的原理及影响成活的主要因子

(一)嫁接愈合的原理

当植物受到伤害后其伤口具有再生能力，果树嫁接成活主要是依靠砧木和接穗各自的切伤口结合后形成层薄壁细胞分裂形成愈伤组织，愈伤组织在胞间连丝细胞作用下分化形成输导组织，将砧木和接穗连接起来，并逐渐分化向内形成新的木质部，向外形成新韧皮部，使砧木和接穗原来正常的输导组织相连通合二为一，恢复水分和养分正常的上下输送，愈合发育形成一个新植株(图 2-7 和图 2-8)。因此嫁接时砧木和接穗各自的切伤口形成层对准紧贴是嫁接口愈合是否良好的重要因素。

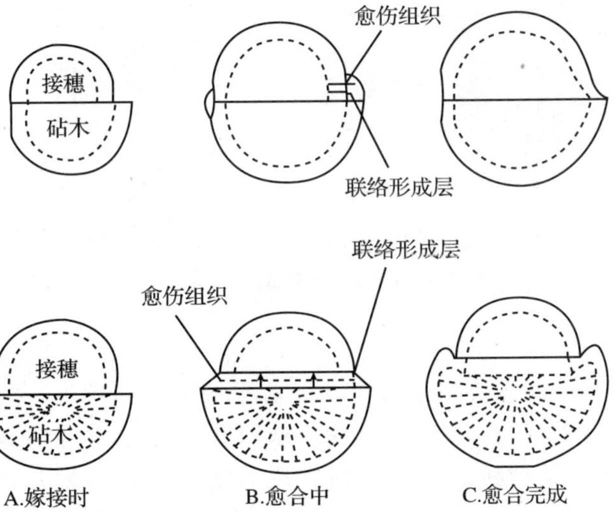

图 2-7　果树嫁接愈合过程(王长春等，1997)

(二)影响嫁接成活的主要因子

1. 砧木和接穗的亲和力

亲和力是指砧木和接穗在内部结构(图 2-9)、生理和遗传上彼此相同或相近，从而能相互结合的能力。亲缘关系越近亲和力越强，亲和力越强嫁接时成活率越高。同品种、同种之间的亲和力最强嫁接最容易成活，如荔枝嫁接育苗时，淮枝作糯米糍、桂味、仙进奉、白糖罂等大多数荔枝品种的砧木，嫁接成活率高，黑叶和妃子笑互作砧木亲和力强，而白糖罂作糯米糍的砧木亲和力差。龙眼砧穗组合中，砧木以实生的广眼苗最佳，石硖嫁接石硖、大乌圆嫁接大乌圆的亲和力也

极强,但储良品种的接穗嫁接在石硖品种的砧木上,嫁接口愈合上大下小,亲和力弱。因此来源不明、品种不确定的实生苗,不应用作嫁接苗砧木。图 2-8A 显示葡萄嫁接口愈合良好的状态,图 2-8C 和图 2-8D 是嫁接口愈合不良的状态,图 2-8B 是柑橘树枳砧嫁接口的状态。

A. 嫁接愈合正常　　B. 大脚　　C. 小脚　　D. 肿瘤

图 2-8　嫁接愈合的表现

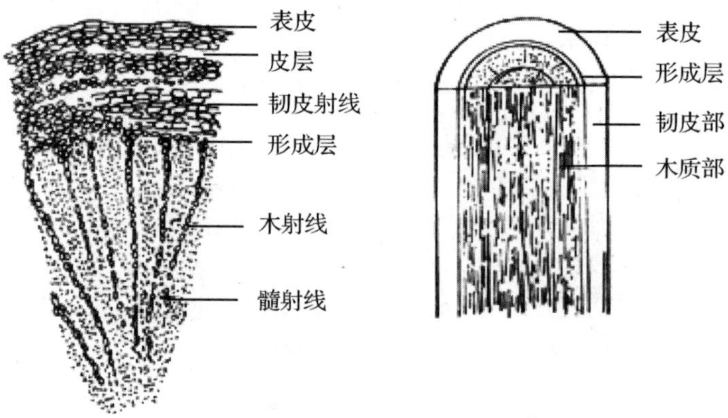

A. 枝干横切面　　B. 枝干纵切面

图 2-9　果树枝干构造(王长春等,1997)

2. 砧木和接穗的质量

嫁接后形成的愈伤组织需要一定的养分和能量,砧木和接穗生长健壮、贮藏营养越多愈伤组织生长旺盛,越有利伤口的愈合,所以接穗应选用健壮充实、芽体饱满的枝段,砧木选用生长健壮、根系发达的植株。接穗和砧木细弱,嫁接成活低,即使成活发育也差。

3. 嫁接时期的温度、湿度及光照

在华南地区大多数果树周年均可嫁接,但实践证明在露地的条件下,春季 3—4 月和秋季 9 月中旬到 10 月中旬果树嫁接成活率高,嫁接效果好,高温高湿的夏季 6—8 月和气温较低的冬季 12—1 月嫁接成活率低,这是因为在低温条件下愈伤组织生长缓慢,当温度过高时愈伤组织死亡。大多数果树在白天气温 20～30℃、夜间气温不低于 15℃条件下嫁接成活率高。空气湿度接近饱和对嫁接伤口愈合最有利,因此嫁接时要用塑料薄膜包扎密封嫁接口和接穗,使愈伤组织表面保持一层水膜,促进愈伤组织形成,但伤口湿度过大,如雨天嫁接、嫁接后苗圃土壤湿度过大或者伤流过多都不利嫁接成活。嫁接初期如果嫁接口接受的光照过强也不利嫁接的愈合,因此夏季和秋季嫁接初期最好能对苗圃遮阴,减弱光照。

4. 伤流和单宁物质影响

橄榄、板栗和荔枝等含有树胶、单宁物质过多的树种嫁接成活较为困难。因为在嫁接时砧木和接穗被切伤的细胞内单宁与空气接触后发生氧化反应产生不溶于水的单宁复合物，在砧木和接穗切伤口表面形成一层隔膜，阻碍砧木和接穗伤口物质交流及愈伤组织的产生，影响接穗和砧木伤口合二为一。有些树种嫁接时伤口伤流过多也会阻碍嫁接口的愈合。同样接穗含水量过大也影响嫁接成活，一般接穗含水量在 50%左右最有利嫁接成活。一些接穗如夏季嫁接柿子采取的接穗存放 2～3 d 后才接在砧木上，其成活率反而高于采后即时嫁接。

5. 嫁接的技术水平

嫁接技术水平高低直接影响嫁接成活率。如果砧木和接穗的切伤面不平、单宁物质形成的隔膜过厚、绑缚不紧、形成层不对准紧贴、接穗和嫁接口密封保湿不好都不利嫁接成活，因此嫁接成活率要高则要求切伤面要平，砧木和接穗形成层要对准，接穗和嫁接口要包扎密封保湿好，接穗和砧木嫁接口要绑紧。伤口易氧化的树种如荔枝、柿等树种嫁接动作要快速，避免切伤面变干或氧化变色而导致嫁接难成活。

三、嫁接工具和材料

嫁接时要用专门的工具，良好的工具和材料对嫁接质量和工作效率有很大的影响，工具常用嫁接刀、修枝剪，如果是高接换种还需要手锯，嫁接刀又可以分为切接刀、芽接刀和劈接刀，嫁接口绑紧和包扎的材料一般用宽度 3～5 cm 的塑料膜带，厚度以 0.02～0.05 mm（即 2～5 丝）为宜（图 2-10）。

四、砧木和接穗要求

1. 砧木要求

培育的砧木苗要与将要嫁接的品种接穗有良好的亲和力，当砧木幼苗生长到所能嫁接的粗度时就可以嫁接，砧木过细或过粗都不方便嫁接，既影响操作速度又影响嫁接成活率，不同的树种砧木嫁接所需的粗度因作接穗的枝条粗度大小有差异，如柑橘砧木粗度在 0.6 cm 左右就可以嫁接，杧果枝条较粗，则宜在 0.8 cm 以上才嫁接，大多数树种砧木粗度一般在 0.6～1.0 cm 时嫁接较好。

2. 接穗的选择和贮藏

嫁接所用的接穗必须从品种纯正、果品优质、无病虫害、生长健壮的良种母株采取，并且选用树冠外围和中上部、老熟健壮充实、芽体饱满的 1 年生枝或新梢，细弱枝和徒长枝不宜用作接穗。采取的枝条保留叶柄 1 cm，即时剪除叶片，接穗数量大的以 20～50 条作为 1 捆绑扎好，附上标签、写好品种名称（图 2-11）。采下的接穗即时嫁接一般成活率较高，如果不能及时嫁接，必须在阴凉环境中保湿贮藏，可用吸水纸或布条吸水后将接穗包卷于其中，大量的接穗可用湿沙掩埋贮藏，沙的湿度以手握能成团手摊开时沙能散开为宜，上层覆盖湿麻袋保湿，少量的接穗用塑料袋包装密封后放入冰箱冷藏。

五、嫁接的时期

华南地区全年除温度过低的 12 月至翌年 2 月外，其他时期均可嫁接，但春季 3—4 月和秋季

9 月中旬到 10 月中旬果树嫁接成活率高。如果采用芽接法则最好选在夏秋季,因此时植株生长活跃,形成层细胞分裂旺盛,皮层和木质部容易分离,嫁接时取芽片方便,成活率也高。

图 2-10　嫁接工具和材料

(左为塑料薄膜带,中为嫁接刀,右为修枝剪)

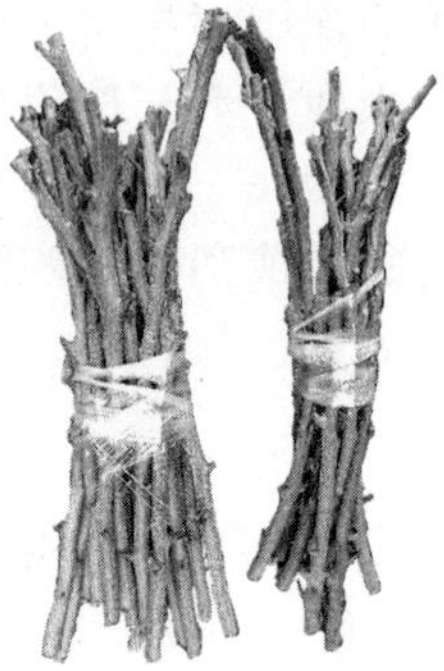

图 2-11　剪下作接穗枝条

(荔枝)

六、嫁接的方法

按所用接穗器官形态的不同,果树嫁接方法通常分为枝接和芽片接,芽苗嫁接和根接极少用。

1. 枝接

用有 1～4 个芽体的一段枝条作接穗的嫁接方法叫枝接,通常只用 1～2 个芽体。常用的枝接方法有切接,切接的接穗是否笔直无关紧要。离地面 10～20 cm、皮面光滑处斜剪断砧木,在斜面下方或上方稍带木质部纵切约 2 cm,并切断 1/3 至 1/2 皮层。在接穗所选芽眼下 1～1.5 cm 处向前削成约 45°的斜面,在接穗芽体(多芽的接穗则在最下端的第 1 个芽体)的背面稍带白色的木质部平削成长度比砧木纵切面长度稍长的切伤面,然后在芽体上方 1～1.5 cm 处剪断,剪成长度 2.5～3 cm 的接穗。接芽插入砧木切面,使两者的切伤面形成层对准,如果砧木粗度大于接穗,则将接穗伤面的一边形成层与砧木伤面一侧对准即可,然后用塑料薄膜带绑紧嫁接口,并密封包扎接穗,但芽眼处只能盖膜 1 层,利于嫁接成活后芽体萌发,易破膜出梢(图 2-12)。如果采用改良切接,砧木切法与切接一样。在接穗选用的芽眼下紧贴叶柄向前削成长度约 1.5 cm 的斜面,在芽眼的上方约 1 cm 处剪断枝条,单芽嫁接则剪成长度 2～2.5 cm 的接芽,把接芽插入切好的砧木切面,然后绑紧接芽并密封包扎(图 2-13)。嫁接时砧木能保留 2～3 张叶片有利嫁接成活。枝接方法还用舌接、劈接、腹接、靠接。

A. 切接接穗　　B. 切削砧木　　C. 插入接穗　　D. 绑扎密封　　E. 嫁接成活长出新梢的苗木

图 2-12　龙眼苗木切接操作环节

A. 切接接穗　B. 切削砧木　C. 插入接穗　D. 绑扎密封　E. 嫁接成活长出新梢的苗木

图 2-13　龙眼苗木改良切接操作环节

2. 芽片接

用一个芽片作接穗进行嫁接的方法叫芽接。芽片可带木质部也可不带木质部。常用的芽接法是嵌合芽接，嵌合芽接时在接穗所选芽体的上方约 1 cm 处朝芽方向稍带木质部平直前削到芽下方约 1 cm，然后 45°斜切，取出芽片；在砧木离地面约 15 cm 平直光滑处稍带木质部纵切一个切伤面，长度约 2 cm，大小比芽片稍长稍大，同时切断其切开的皮层 2/3，将芽片插放至砧木的切伤面，用塑料薄膜带密封包扎绑紧（图 2-14）。方块芽接、丁字形芽接也可用。方块形芽接，在砧木离地 15～20 cm 高度平整处，按长 1.5～2.0 cm、宽约 1 cm 切割左右和上方并完整挑出一片皮层，切断皮层的 2/3；在接穗上选取健壮饱满的芽体，在其上下左右切割，并完整取出与砧木伤面面积大致或稍小的芽片，长为 1.5～2.0 cm、宽约 1 cm；然后将芽片插放在砧木伤口挑开的皮层，用塑料薄膜带包扎密封绑紧（图 2-15）。

A. 选择嫁接位置　B. 切削砧木嫁接口　C. 插入切削好的接穗芽片　D. 绑扎密封　E. 嫁接成活长出新梢的苗木

图 2-14　黄皮芽片腹接过程

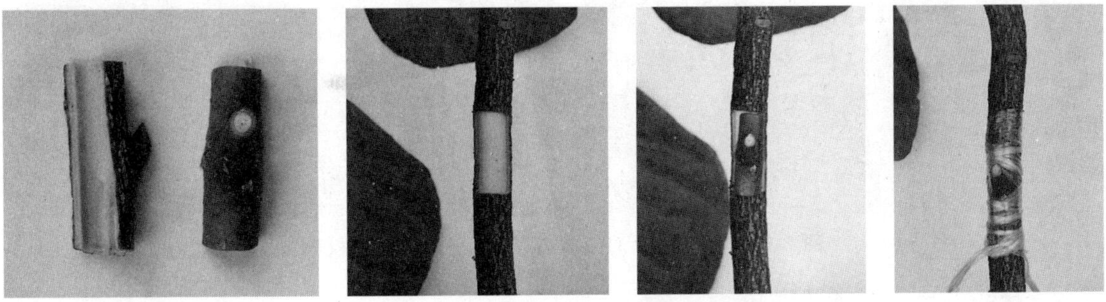

A. 剥取芽片　B. 切削砧木嫁接口　C. 插入剥取的接穗芽片　D. 绑扎密封

图 2-15　方块形芽接

切接和芽片腹接(柑橘、黄皮)　　改良切接(杨桃、龙眼)　　果树苗木嫁接——劈接

七、嫁接后的管理

1. 检查嫁接成活和补接

嫁接后 15～20 d 就可以判断嫁接是否成活，如果接穗颜色不变，芽体新鲜，就表明嫁接成活。反之如果接穗变色干缩就说明嫁接不活，应尽快补接，保证苗木生长整齐，统一出圃。

2. 肥水管理

苗木嫁接前 10～15 d 施速效肥 1 次，使其贮藏充足的营养。嫁接前后 5～6 d 不灌溉，减少树液，有利嫁接成活。嫁接后 10～15 d 起苗圃开始嫁接后第一次追肥，间隔约 30 d 追肥 1 次，保持土松草净。

3. 病虫害防治

嫁接后要注意进行虫害和病害防治，未萌芽时常有蚁害咬破密封接穗的塑料薄膜，导致接穗失水干枯死亡，因此嫁接后要防治蚁害。芽体萌发长梢时要及时喷杀虫剂和杀菌剂保护新梢，使接穗长出的新梢正常健壮生长。

4. 除砧芽和剪砧

嫁接后砧木极易长出蘖芽，大量消耗营养和水分，妨碍嫁接伤口的愈合及接穗的萌芽生长，因此砧木长出的蘖芽要全部抹除，集中肥水供应给接穗，促进其嫁接成活和新梢的生长。如果是腹接，检查成活时可折砧，夏秋季还有遮阴的作用，促进接穗萌芽；腹接在嫁接成活后新梢长到约 10 cm 时剪砧(图 2-16)，剪口在接穗上方约 1.5 cm 处，切忌剪口过高或过低，更不能压伤或挤伤剪口附近的皮层，否则不利新梢生长。

图 2-16　芽片腹接的苗木剪砧前(左)和剪砧后(右)

5. 解绑和圃内整形

苗木嫁接后 50～60 d 用嫁接刀刀尖划破绑扎的塑料薄膜带，给嫁接口解绑，如果不解开

绑紧的塑料膜会抑制新梢的生长。如需要在苗圃对嫁接苗整形，可在接穗的新梢长到30～40 cm时摘心打顶，促进分枝，加速苗木提早成形。

此外，如果在高温强日照的夏秋季进行嫁接，嫁接后的畦面要撑盖遮阳网，降温保湿，促进嫁接成活。

八、嫁接苗砧木培育

1. 种子准备

柑橘、荔枝、龙眼、杧果、李、桃等果树的嫁接苗的砧木通常是实生苗，少数果树如葡萄、火龙果等嫁接苗砧木可用扦插苗。实生苗是指用种子播种长成的苗木。实生苗繁殖方法简便，繁殖系数大，根系发达，生长健壮，对各种土壤条件适应性强。用于培育砧木实生苗的种子可以采购，也可自己采集。表2-1给出了主要果树砧木种子的采收期和处理方法。龙眼、荔枝、杧果等常绿果树种子收集后洗净，可以直接播种或置于3～8℃冰箱等恒低温环境保湿存放，但需尽快播种，否则发芽率可能降低；桃、板栗等落叶果树种子还需层积处理，打破种子休眠，提高发芽率和出芽率，层积处理需要低温3～8℃，可装在保湿的袋子直接入冷库贮藏，也可在阴凉处用洁净的河沙贮藏(图2-17)。

表2-1　主要果树砧木种子采收期及处理方法

种类	采收时间/月	处理方法
酸橘、香橙等柑橘种子	10—12	洗净后立即播种或阴干后沙藏
枳	9—10	洗净后立即播种或阴干后沙藏
酸柚	10—11	洗净后立即播种或阴干后沙藏
荔枝	5—7	果肉洗净，立即播种或混沙催芽
龙眼	7—9	果肉洗净，立即播种或混沙催芽
枇杷	4—5	果肉洗净，立即播种或混沙催芽
杧果	6—7	果肉洗净，立即播种或混沙催芽
橄榄	10—11	层积贮藏
板栗	9—10	在遮阴下堆积脱壳，立即播种或沙藏
毛桃	6—7	去果肉，洗净晾干
李	5—7	去果肉，洗净晾干
柿	10—11	去果肉，洗净晾干
核桃	9—11	堆积沤后除去青皮，冲洗晾干
酸杨桃	9—10	新鲜即播或阴干贮藏
葡萄	7—8	搓碎，去果皮，洗净，晾干
杨梅	5—6	新鲜即播或晒干贮藏

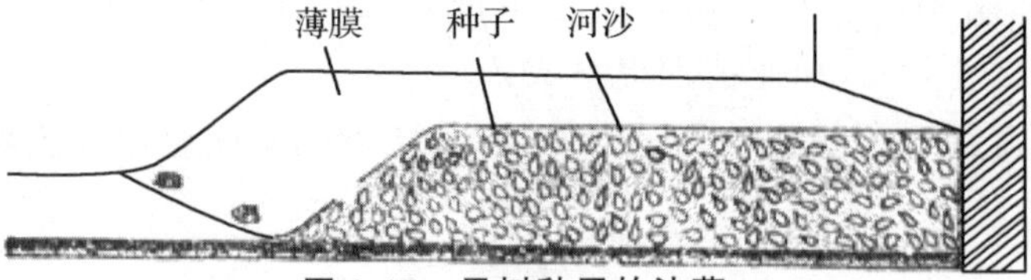

图 2-17 果树种子的沙藏

2. 播种

如果是在苗床播种可采用撒播方法,但常用条播和点播,按一定株距和行距在苗圃畦面上挖条状浅沟,将种子均匀播于沟内,荔枝、龙眼、枇杷、杧果、板栗等大粒种子多用点播,株距10～15 cm、行距20～25 cm,播种后盖土厚度因种子大小而异,如杧果、板栗等大粒种子盖土厚度2～3 cm,枳、杨桃、番石榴等小粒种子盖土0.5～1 cm即可。如是容器育苗,移植成活率低的果树如龙眼、荔枝、杧果则可在育苗容器直接播种子,黄皮、柑橘等实生幼苗移植成活率高的果树可在苗床育苗长到一定规格后再移植小苗到容器(图 2-18 左)。移植幼苗前先给容器填装基质约3/4高度,将在苗床培育的砧木小苗移栽到育苗容器,每袋植苗1株,根系舒展,土齐根颈并压实,淋足定根水,保持袋内基质湿润。移苗在幼苗具有2～3张真叶时进行,地栽苗按所需的株行距间苗、移苗,移苗时应选在阴天或傍晚进行。移植的幼苗要即时淋透水,保证其恢复生长。荔枝、龙眼、杧果等部分果树幼苗移植成活率低,通常不移植幼苗,但柑橘、黄皮等果树移苗成活率高,则可移植。

图 2-18 容器培育砧木(左)和地栽培育砧木(右)

3. 间苗

撒播或条播的苗床或畦面,幼苗出土后某些局部面积可能出现过密的现象,要及时间苗,去劣留优,疏去过密过弱和畸形的幼苗,使选留的幼苗健壮生长。

4. 肥水管理

播种后畦面要保持湿润,以免表土板结妨碍出苗,出苗后每隔7～10 d灌溉1次,保证幼苗生长所需的水分。当幼苗长到2～3张真叶时开始追肥,约30 d施肥1次,淋施0.1%～0.3%复合肥溶液。及时除草中耕,保持畦面疏松无草,减少杂草对肥水的争夺,有利幼苗生长。注意苗木病虫害防治。

九、主栽果树嫁接苗培育

(一)柑橘嫁接育苗

1. 砧木种类

(1)枳 矮化砧,具有耐旱、耐湿、耐寒等特点,树冠矮化,结果早、丰产、品质优,但树势易早衰,对衰退病有较强抗性,对裂皮病敏感。

(2)酸橘 乔化砧,主根深,根系发达,耐旱,适应性强,酸橘砧的柑橘树树冠高大、健壮,寿命长,丰产、稳产,品质优良。对流胶病比较敏感。

(3)香橙 香橙砧植株根深,粗根量大,细根较少,树势强旺高大,初果期低产,盛果期迟,寿命长,进入盛产期后高产大果,抗寒抗旱能力强,不耐湿,耐盐。

(4)红橘 主根较深,细根多,根系发达,抗旱耐寒,稍耐盐碱,长势较旺,对裂皮病比较耐病,适宜山地栽培。红橘砧柑橘树树冠高大,结果较迟,产量高,果型大,皮较薄,充分成熟后着色较红。

(5)枳橙 根系发达,耐寒抗旱,耐土壤瘠薄,长势较旺,枳橙砧的柑橘树体稍矮化,结果早,丰产,成熟期较早,果实固形物的含量高,风味浓。对裂皮病、根结线虫抗性较强。

(6)枸头橙 根系发达,枸头橙砧的柑橘树耐湿耐旱耐寒耐盐碱,生长势强,树冠高大,植株寿命长,进入结果期迟,产量稳定,初结果期果实风味偏淡。

(7)柠檬 柠檬砧的柑橘树较矮化,生长快,早结,丰产,根系浅,不耐旱,不耐寒,对积温要求高。

(8)酸柚 根系发达,树势旺,适应性强,产量高。适合作良种柚的砧木。

2. 容器育苗基质混配

将营养土配料按比例放入搅拌机搅拌均匀以后倒在料场集中堆放,消毒。营养土配制可参考如下 3 个方案(体积比)。方案 1:草炭 15%、泥沙 50%、谷壳 15%、珍珠岩 10%、蛭石 10%;方案 2:草炭 20%、泥沙 40%、谷壳 20%、木糠 20%;方案 3:草炭 25%、泥沙 50%、椰糠 25%。该 3 种营养土配制方案,每立方米营养土都需要加入钙镁磷肥 1.5 kg。

3. 育苗容器

育苗容器可用黑色高压聚乙烯吹塑而成的圆筒形果苗容器,塑料容器内壁最好设计为垂直棱脊线,易将根系导向容器底部,防止根系盘绕,规格为容器口直径 12～15 cm,高度 20～30 cm,底部有 6 眼小孔,孔径为 0.5 cm,也可用高度 20～25 cm、宽度 15～20 cm 无纺布育苗袋作育苗容器(图 2-19)。

4. 种子催芽

播种前将砧木种子用 35℃ 温水预热处理 15 min,然后再在 55℃ 的恒温热水中处理 50 min,滤干后用 70%甲基多布津 1 000 倍稀释溶液浸泡 10 min,滤干即可播种。

5. 嫁接时期

气温 20～30℃,嫁接成活率高,故通常在秋季 9—10 月和春季 3—5 月两个时期嫁接。

6. 主要嫁接方法

夏季和秋季以小芽腹接(图 2-20)为主、春季以切接(图 2-21)为主。

图 2-19 塑料大棚柑橘容器育苗

图 2-20 柑橘的小芽腹接

图 2-21 柑橘的切接

7. 嫁接后植株管理

(1)检查成活。春季嫁接后 20～30 d 检查嫁接是否成活,夏季和秋季嫁接后 7～10 d 检查成活情况,发现接芽为绿色,说明接芽成活,如果接芽枯萎变色,说明没接活。

(2)解除绑膜。春季嫁接的苗木在接穗长出的第 1 次新梢老熟时,从嫁接口背面纵划一刀解除嫁接膜;夏季嫁接的在嫁接成活后约 20 d 解除嫁接膜;秋接嫁接的则在翌年春季接芽开始萌动前解除嫁接膜。

(3)除萌。砧木长出萌芽的及时在萌蘖基部抹除,以免消耗营养,影响接芽生长。

(4)弯砧和剪砧。芽片腹接的苗木,如是秋季嫁接的,则在第二年 3 月将嫁接成活芽体上方 1 cm 以上的砧木剪掉;如是夏季嫁接的,则在 7～10 d 后在嫁接成活的芽体上方 3～5 cm 处将砧木扭伤,拉弯,然后弯绑在接口以下部位,削弱砧木的顶端优势,促进嫁接芽体的萌发(图 2-22);在接穗萌发的第 1 次新梢老熟后,在嫁接口上方约 1.0 cm 处把砧桩剪断(图 2-23)。

(5)定干整形。接穗萌发的新梢高度在 20～30 cm 摘心定干,促发侧枝,降低分枝高度,定干长出的分枝中选留 3～4 枝,均匀分布在主干的不同方向,其余的抹去。

8. 肥水管理

春季剪砧前撒施复合肥 100 kg/667m^2,每次抽新梢前后各喷施 1 次 0.2%的磷酸二氢钾和 0.2%尿素混合液叶面追肥。地栽苗木定干时按 1 000 kg/667m^2 开浅沟施用有机肥,施水肥攻新梢。柑橘苗木注意防治炭疽病及斜纹夜蛾、红蜘蛛、潜叶蛾等害虫。

图 2-22　腹接的砧木扭伤弯砧(接芽已萌发新梢)

图 2-23　剪砧位置

9. 苗木出圃

柑橘苗木出圃在当年 10 月至翌年 3 月，地栽苗在春芽没有萌发之前起苗。出圃的苗木要求叶色浓绿，根系发达，无检疫性病虫害。地栽苗出圃为裸根苗，甜橙类、宽皮柑橘类苗木 100 株/捆，柚苗 50 株/捆，用塑料薄膜包好根系。每捆苗木必须挂好标签，标签上注明品种、日期、砧木、等级等。运输途中严防重压、日晒、雨淋，苗木运到目的地后及时定植。

10. 柑橘苗木出圃规格

检疫合格；嫁接部位距离地面≥10 cm，嫁接口愈合良好，除掉嫁接膜；苗木健壮，主干粗直，光洁，枝叶健全，叶色浓绿有光泽，砧穗接合部的弯曲度≤15°；根系完整，主根长≥15 cm，侧根发达，根颈处不扭曲。分级标准可参照《柑橘嫁接苗分级标准》(GB/T 9659—2008)(表 2-2)。

(二)荔枝嫁接育苗

1. 实生苗培育

培育用作荔枝嫁接苗砧木的种子以在每年 5—7 月荔枝果实成熟时随采随播为宜，确保种子发芽率高，播种前也可以用湿河沙催芽，湿河沙和种子体积比例为 1∶(1～2)，混合均匀，在 25～30℃遮阴环境催芽，新鲜荔枝果实在 3～5℃冷藏约 1 个月后其种子仍有较高的发芽率。5～6 d 后种子胚芽露白时取出播种。不同地区相同品种、相同地区不同品种的荔枝成熟期不同。要求种子饱满，种子残留的果肉要刮洗干净，提倡使用育苗容器(常用宽度 10～12 cm、深度 25～30 cm 硬质塑料营养杯)育苗，如果地栽育苗(图 2-18 右)，以肥沃疏松透气的土地为宜，基肥量以土杂肥 2 000 kg/667m^2 或生物有机肥 800～1 000 kg/667m^2 为宜，畦面宽度 1.0～1.2 m，畦沟宽和深 0.3 m，苗床播种的株距约 15 cm、行距约 20 cm，播种时种脐朝下，覆盖碎土厚度约 2 cm。种子播种后至发芽出土长出第 1～2 片真叶变绿时都要保持畦面湿润，防止畦面土壤板结，苗畦上方 1.0～1.2 m 要盖遮阳网降温保湿，提高出苗率，确保幼苗生长良好，多个主干小苗要定干只保留一个主干，第一片真叶变绿时开始追肥，常用 0.1%～0.3% 平衡型复合肥溶液浇淋，间隔 6～7 d 浇淋肥水一次。喷雾阿维菌素、除虫脲、吡虫啉、溴氰菊酯等杀虫剂溶液防治蒂蛀虫、卷叶蛾等害虫。

表 2-2　柑橘嫁接苗分级标准(GB/T 9659—2008)

种类	砧木	级别	苗木径粗/cm	分枝数/条	苗高/cm	根系情况
甜橙	枳	1	≥0.9	≥3	≥55	良好
		2	≥0.6	≥2	≥45	
	枳橙、红橘、酸橘、香橙、朱橘、枸头橙	1	≥1.0	≥3	≥60	良好
		2	≥0.7	≥2	≥45	
宽皮柑橘	枳	1	≥0.8	≥3	≥50	良好
		2	≥0.6	≥2	≥45	
	枳橙、红橘、酸橘、香橙、枸头橙	1	≥0.9	≥3	≥55	良好
		2	≥0.7	≥2	≥45	
柚	枳	1	≥1.0	≥3	≥60	良好
		2	≥0.8	≥2	≥50	
	酸柚	1	≥1.2	≥3	≥80	良好
		2	≥0.9	≥2	≥60	
金柑	枳	1	≥0.7	≥3	≥40	良好
		2	≥0.5	≥2	≥35	
柠檬	枳橙、红橘、香橙、土橘	1	≥1.1	≥3	≥65	良好
		2	≥0.8	≥2	≥55	

2. 嫁接育苗

幼苗展叶转绿后加强肥水管理和病虫害防治,促进苗木快速生长,离地面高度约 10 cm 的苗径粗度长至 0.6～0.7 cm 时嫁接,嫁接口离地面 10～15 cm。表 2-3 中给出了部分亲和力强的砧穗组合以及部分亲和力弱的砧穗组合。春季 3—4 月和秋季 9—10 月嫁接成活率高,嫁接常用切接、改良切接两种方法。如砧木保留 1～2 叶,更有利嫁接成活。嫁接后如果砧木苗萌发侧芽要及时抹芽,集中养分供应给接穗生长。嫁接约 30 d 可检查嫁接的接穗是否成活,嫁接不成活的植株要重新及时补接。接穗萌发长出的新梢转绿时重新追肥,并防止畦面或育苗袋土壤干旱。如果要培养多主枝苗木则在接穗长出的新梢长度 25～30 cm 时剪顶促发分枝。荔枝嫁接苗砧木不同,与接穗亲和力也不同(表 2-3),影响嫁接成活率。

3. 苗木出圃

荔枝幼苗在当年春夏季嫁接成活后翌年春季即可出圃用于果园定植,荔枝的裸根苗定植成活率很低,因此地栽的荔枝苗木出圃时根系须带土团起苗(图 2-24),起苗通常使用起苗铲辅助进行,根部土团圆柱形,直径 10～15 cm,高度 20～25 cm,用包装袋和绳线将土团扎紧,防止根系的土团散开,如果是裸根苗必须在起苗时对根系进行浆根处理以利于护根。合格的荔枝苗标准:接穗品种纯正、来源可追溯;嫁接部位无肿瘤、发育均称;枝叶健壮;苗高≥40 cm,

主干基部直径≥1.0 cm，嫁接口上部茎粗≥0.7 cm；整株无严重病虫害和机械伤。

表 2-3 荔枝育苗部分亲和力强砧穗组合和亲和力弱砧穗组合

接穗品种名称	适宜嫁接的砧木品种名称	不适宜嫁接的砧木品种名称
桂味	怀枝、白糖罂、黑叶	
黑叶	怀枝、三月红	
白蜡	怀枝	
糯米糍	怀枝、桂味	黑叶、三月红、大造、状元红、白糖罂
白糖罂	怀枝、桂味、白蜡	
无核荔	怀枝	
钦州红荔	怀枝	黑叶、三月红、大造
妃子笑	怀枝、黑叶、三月红、大造	
鸡嘴荔	怀枝、黑叶、白蜡	大造
三月红	怀枝、妃子笑、三月红、	
怀枝	怀枝、黑叶	
江口荔	怀枝	黑叶、三月红、大造
双肩玉荷包	鸡嘴荔、妃子笑、无核荔	三月红、桂味、糯米糍、白糖罂

图 2-24 根际带土团起苗的荔枝苗

(三)李嫁接育苗

1. 播种

李树砧木种子要采用无病虫害且充分老熟的毛桃种子,10 月下旬播种。播种前用洁净的湿沙催芽,出芽后在嫩叶未展开时移植到苗圃,按约 12 000 株/667 m^2 出圃量移植。苗圃地要精耕细作,施有机肥 2 000 kg/667 m^2,同时加入钙镁磷肥 200 kg/667 m^2。刚播种或移植的幼苗,要盖遮阳网降温保湿,提高出苗率。

2. 嫁接

砧木幼苗展叶转绿后,加强肥水管理,注意防治病虫害,促进苗木快速生长,嫁接口离地面高度 20~25 cm、粗度 0.5~0.6 cm。5 月中下旬嫁接,嫁接方法用带木质部小芽腹接方法。嫁接后马上倒砧,一周内剪砧,有利嫁接成活。嫁接后的 6—10 月,每月按 20~40 kg/667 m^2 追肥一次平衡型三元复合肥。

3. 苗木出圃

李树幼苗在当年 5 月下旬至 6 月上旬嫁接,嫁接成活植株当年冬季即可出圃定植,李树幼苗根系发达,裸根苗定植成活率很高。出圃时 50 株/捆,做好标签。长途运输应保湿包装。

任务三　自根苗生产

自根苗是指利用果树等植物的营养器官发育形成不定根和不定芽培育的苗木。植物的细胞具有该植物全部遗传信息及发育成为完整植株的能力即细胞具有全能性,因此植物的营养器官有发根和发芽发育成新的独立植株的能力,任何植物都能通过无性繁殖获得新的个体,能否成活的关键是繁殖所用的营养器官是否能产生不定根,一般不定根由形成层或薄壁细胞分裂产生。

一、自根苗木的特点和利用

自根苗是无性繁育的苗木,能保持良种母株丰产、优质、稳产、抗病虫害、对环境适应性强等优良的经济性状,变异率低;与嫁接苗一样较实生苗进入结果期早;但自根苗根系属于茎源根系,无主根,根系较浅,抗逆性弱,适应性比实生苗和实生砧嫁接苗弱,容易衰退,寿命也较短。自根苗可以直接用作生产的种苗。目前培育自根苗的方法主要是扦插,另外还有压条、分株和组织培养。

二、影响自根苗生根因素和促进生根方法

1. 影响自根苗生根的因素

不同树种甚至不同品种营养器官生根能力是不同的,如扦插葡萄、无花果、百香果的枝条容易生根,扦插荔枝、龙眼、柿的枝条则较难生根,葡萄种类的野生毛葡萄扦插较普通的葡萄品种较难长根。随着母树树龄和枝条年龄增加,枝条生根能力也随着下降,一年生枝条较多年生枝条扦插容易生根,树体生长健壮,枝条含有充足的营养有利生根,此外植物体内所含激素数量也会影响生根的难易。湿度、温度、光照和扦插基质的条件同样也影响生根,如扦插的枝条

在生根前失水干枯就直接导致插条死亡，扦插基质含水量在50%～60%、空气湿度在80%以上的条件下插条的成活率高，因此扦插的基质要保持湿润。通常温度在20～30℃最有利扦插的枝条发根发芽，扦插基质疏松透气、既能保水又不积水最有利促进扦插枝条的生根，因此常用疏松透气的河沙作扦插的基质，也可以用椰糠、泥炭土、珍珠岩混配的基质作扦插的基质。

2. 促进生根的方法

扦插大枝可环剥处理切断碳水化合物和生长素向下运输，处理7～10 d后剪下枝条扦插到基质中，扦插前在插条基部纵向刻数条深达木质部的伤痕，促进扦插长根。冬春季扦插育苗时可通过覆盖地膜、搭建塑料拱棚、电热加温等手段提高生根基质的温度保持在20～30℃，促进插条的生根，因此夏秋季枝条扦插容易长根。化学药剂生根粉、吲哚乙酸、萘乙酸等处理后的枝条扦插易长根。如吲哚丁酸$(500\sim1\ 000)\times10^{-6}$的溶液浸泡约5 s即可扦插，吲哚丁酸$(10\sim50)\times10^{-6}$的溶液浸泡12～24 h后才可扦插。如药剂不易溶解于水，则要少量酒精溶解后再加水配制成所需浓度的溶液，也可选用复配的促根药剂，按产品说明使用。

三、扦插育苗

1. 硬枝扦插

常用在冬春季繁育葡萄、猕猴桃、石榴的苗木。如葡萄硬枝扦插育苗，大多在冬季和春季进行，双芽或三芽剪截枝条，离上芽约2 cm平剪，离下芽约1 cm斜剪(图2-25左)，剪口在芽眼的背面。扦插前用清水浸泡插条下段1 d，然后按行距30 cm、株距30 cm插入沙床催根(图2-25右)或直接插入装好育苗基质的育苗袋。育苗袋规格为10 cm×(10～25)cm。基质要保持湿润。冬春季用拱棚育苗提高温度可以促进枝条早长根。为了提高枝条扦插成活率和促进长根，扦插常采用植物生长调节剂处理插条基部。火龙果扦插苗，插条选取健壮、老熟、无病害的枝蔓，插条长度约50 cm，用百菌清等广谱杀菌剂500倍稀释溶液浸泡约10 min晾干。插条用刀将茎段基部约2 cm肉质去除(图2-26左)，留下中间木质部，放在阴凉通风处晾干(图2-26右)，5～7 d伤口愈合后扦插。扦插前用浓度为500 mg/L吲哚丁酸(IBA)溶液浸泡插条下端5 min，可以增加插条生根量。

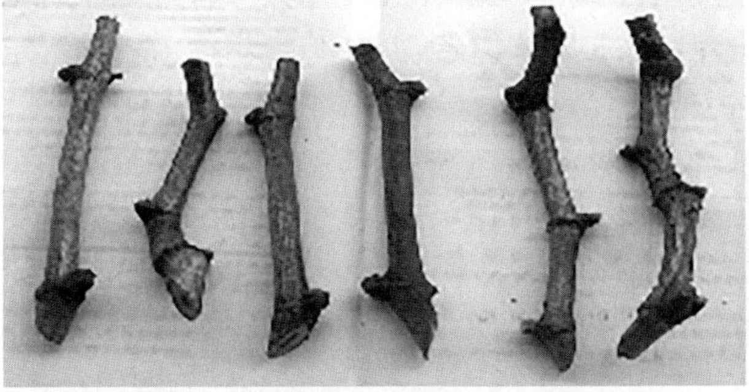

图2-25　葡萄硬枝扦插育苗(左为枝条剪法，右为枝条插入的苗床)

2. 绿枝扦插

百香果是应用绿枝扦插育苗最多的果树。以百香果扦插育苗为例，华南地区5—10月的气候条件都适合进行扦插育苗，插条选取来源清楚、品种品系纯正、生长健壮、丰产优质、无病毒病症状的采穗圃植株，插条留2～3个节位，长度20～30 cm，下端剪口在节下端0.5～1.0 cm处，上端剪口在芽眼上方 2 cm 处,插条只留上端一片叶并将该叶片剪去一半,上、下剪口要平滑干净,扦插前用 70%甲基硫菌灵 700 倍稀释溶液浸泡 10 min 杀菌,之后插条下端放入 50 mg/L 的 ABT 生根粉溶液中浸泡约 1 h,取出晾干后插入苗床或已装好育苗基质的育苗容器培育,做好光照和湿度管理及病虫害防治。扦插后约 20 d 即可发根(图 2-27)。

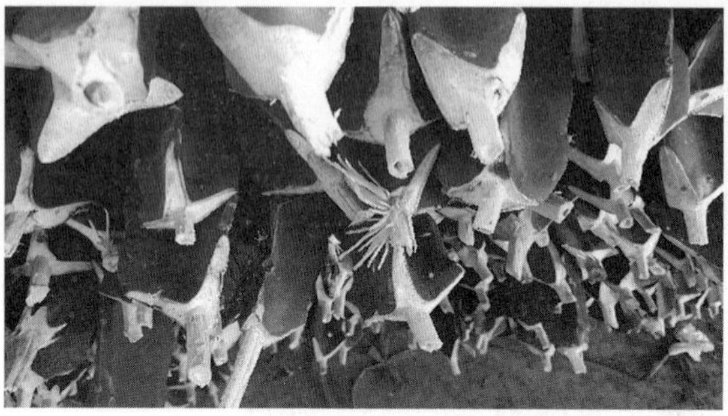

图 2-26　火龙果扦插的枝条在阴凉通风处晾干待伤口愈合扦插(左为愈合的伤口)

图 2-27　百香果绿枝扦插培育的幼苗(右为出圃的大苗)

四、其他自根育苗方法

除了扦插育苗之外,果树自根育苗方法还有压条繁殖(常用于荔枝(图 2-28)、番石榴等)、分株繁殖(常用于菠萝(图 2-29)、草莓(图 2-30)等)和组织培养(常用于香蕉、草莓、菠萝等)方法。

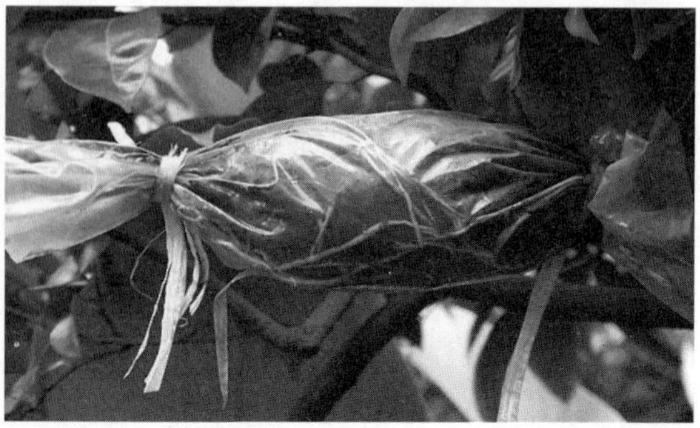

图 2-28　荔枝空中压条育苗(左为环剥口,右为环剥口生根)

图 2-29　菠萝分株获取的吸芽苗

图 2-30　草莓匍匐茎用营养袋育苗(左)及匍匐茎大田育苗(右)

任务四　组织培养育苗

一、组织培养的概念

植物组织培养是指从植物体分离出符合需要的组织器官或细胞、原生质体等，通过无菌操作，在人工控制条件下进行培养以获得再生的完整植株的技术与方法。细胞全能性是组织培养的理论依据。组织培养所用的材料叫作外植体。外植体的最初培养叫作初代培养，将初代培养物放在新的培养基上继续增殖培养叫作继代培养。

二、植物组织培养的特点

1. 培养条件可以人为控制

组织培养采用的植物材料完全是在人为提供的培养基和小气候环境条件下生长，摆脱自然环境不利因素的影响，对植物生长极为有利，便于周年培养和生产。

2. 生长周期短,繁殖系数高

植物组织培养是根据不同植物不同部位的不同要求而提供其生长适宜的培养条件,因此生长快速而且整齐。另外植物材料能按几何级数繁殖生产,成本低廉,能及时提供规格一致的优质种苗或脱病毒种苗。

3. 利于工厂自动化生产

植物组织培养的环境可人为控制,利于高度集约化和高密度工厂化生产,也利于自动化控制生产,节省大量的人力、物力及田间种植所需要的土地。

三、香蕉组织培养苗生产

选择香蕉优良品种的优良单株,挖取香蕉无病健壮母株吸芽苗,剥离顶端生长点作为培养材料(即外植体)。通过化学药剂灭菌,然后移入培养瓶内(图 2-31),经过培养诱发成苗,进行 8～10 代的继代培养进行增殖(图 2-32)。最后诱导生根(图 2-33),移植到苗圃营养袋培育。再经过一级苗圃假植炼苗和二级苗圃 1～3 个月的培育,组培苗长出 7～9 片新叶、高度 7～9 cm 时可用于大田定植(图 2-34)。组织培养香蕉种苗可进行工厂化育苗(图 2-35),该无性繁殖育苗方法能在比较短的时间内大批量繁殖出保持原品种优良性状、无病毒、种质纯正、规格一致的健壮香蕉种苗。香蕉假植苗的分类标准参见表 2-4。

图 2-31 香蕉生长点外植体进行初代培养

图 2-32 继代培养的香蕉组织培养增殖苗

图 2-33 育苗袋里可用于假植的香蕉组织培养生根苗

图 2-34　香蕉苗二级苗圃

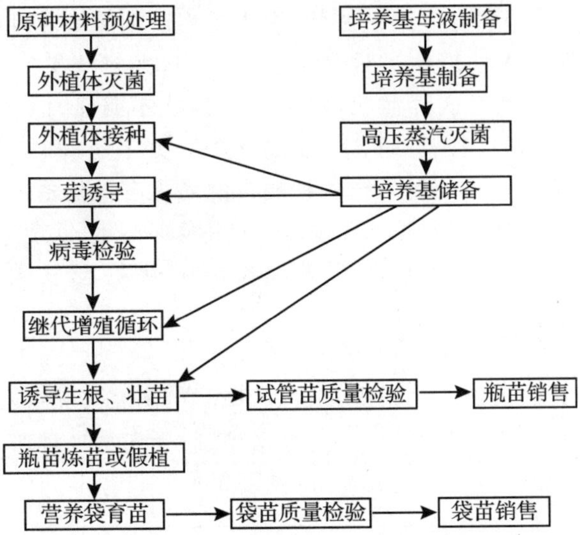

图 2-35　香蕉组织培养工厂化育苗生产流程简图

表 2-4　香蕉假植苗分级标准(DB46/T 594—2023)

项目	一级	二级
叶片数/片[a]	≥9	7～8
假茎粗/cm	≥0.95	0.75～0.94
假茎高度/cm	13.0～19.0	10.0～12.9
最新展开叶片宽/cm	≥6.8	5.2～6.7

注：a 叶片数是指一级苗移栽后新长出的完整功能叶数量。

香蕉组织培养苗生产

任务五 无病毒苗木生产

一、无病毒苗木对果树生产的意义

果树病毒的发生与流行给果树生产造成巨大的损失,甚至带来毁灭性的灾害。在历史上柑橘衰退病曾毁灭巴西的大部分柑橘园,法国大面积的葡萄园曾因扇叶病而毁灭,因柑橘黄龙病的为害我国柑橘原主产区之一广西南部地区自 20 世纪 80 年代后柑橘种植面积和产量不断减少,目前我国柑橘依然受到黄龙病严重威胁,百香果生产因感染花叶病毒病而大量减产甚至无收,果品劣质。在长期的无性繁殖过程和生长结果中,大多数果树植株感染和积累各种病毒,即使有的植株只表现为潜隐病毒症状,病树外表症状不明显,但会导致树势衰弱、产量下降、品质变劣,影响生产效益。当砧穗组合改变而其中一方不耐病时,即可变成非潜隐病毒症状,树势急剧衰退,甚至枯死。目前对果树各种病毒病尚无有效的药剂进行防治。要控制果树病毒病的发生和蔓延目前只能采取预防措施,培育无病毒苗木,实行设施隔离病毒栽培来预防。采用无病毒苗木的果园,植株生长健壮,寿命长,丰产优质,经济效益好。

二、果树无病毒苗木生产体系

规范化的果树良种无病毒繁育体系应包括以下环节:国家级无病毒良种库、母本园和一级采穗圃;省级无病毒母本园、苗木繁育中心、二级采穗圃;无病毒良种苗木繁育场。至少包括原种母本园、采穗圃和苗木繁育场 3 个组成部分(图 2-36)。

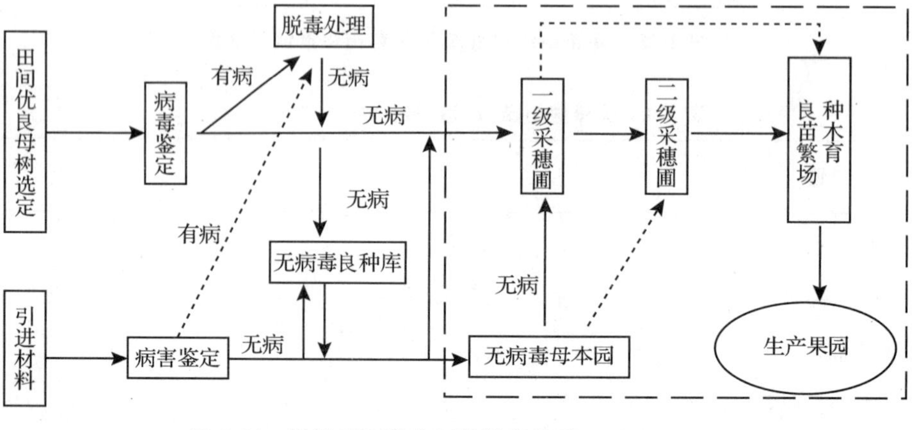

图 2-36 柑橘无病毒苗三级繁育体系(周常勇,2004)

马培恰、黄永敬等 2002 年在广州以建立的柑橘无病毒繁殖体系为例,初选的优株按热处理+茎尖嫁接方法脱毒,根据茎尖生长点 0.2 mm 长以内不带毒的理论,在显微镜的辅助下,从经过热处理的待脱毒母株上切取长 0.2 mm 以内的茎尖，嫁接于准备好的砧木上，待茎尖成活后再移植于网室消毒土中培育，即得到茎尖嫁接苗。茎尖嫁接苗鉴定用指示植物鉴定方法，黄龙病以椪柑实生苗作指示植物，其指示植物的症状是新梢出现明显的斑驳型黄化叶片；裂皮病用伊特洛格香橼 861-S-1 品系作指示植物，以夏梢叶片中脉抽缩向叶背卷曲变形、叶背主侧脉有褐色坏死纵斑症状判为带毒。用指示植物鉴定结果显示已脱毒的优株被保存，带毒的优株则被淘汰（图 2-37）。

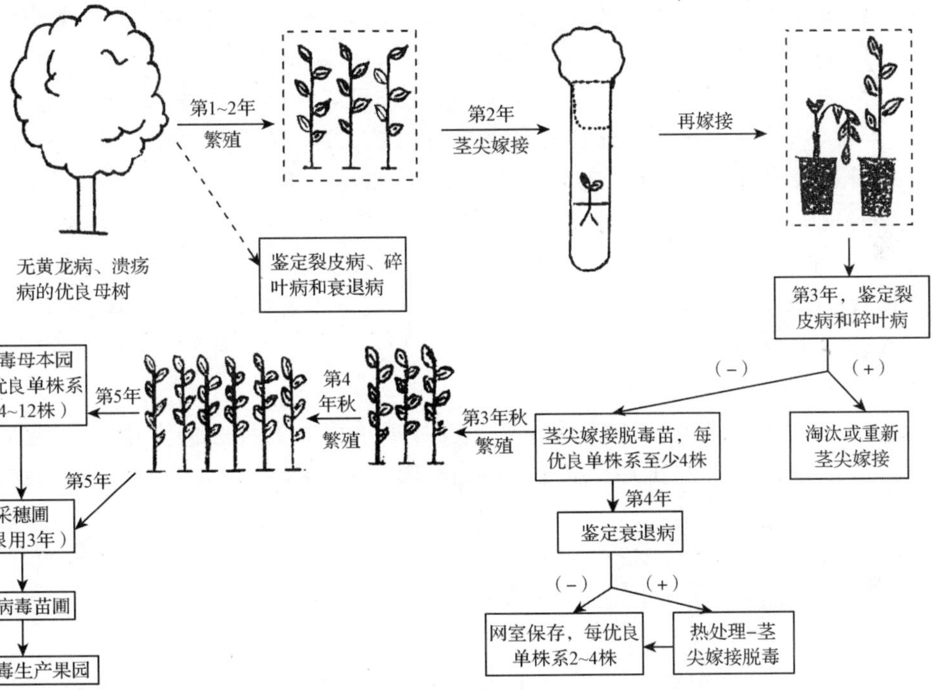

图 2-37 四川柑橘无病毒苗繁育体系（王国平等，2002）

【课程思政】

攥紧中国种子 端稳中国饭碗

果树产业具有生产利润高、经济效益好的特点，国家鼓励各地因地制宜发展果树产业，满足人民生活的多样化需求，促进经济多元化发展。但毋庸置疑，对于 14 亿人口的我国而言，粮食生产和粮食安全始终是治国理政的头等大事。党的十八大以来，党和国家提出确保谷物基本自给、口粮绝对安全的新粮食安全观，着力稳面积、提单产、强产能，调动农民种粮积极性，实施“藏粮于地、藏粮于技”战略，牢牢把住粮食安全主动权，我国粮食生产实现连年丰收，2021 年粮食产量连续第七年稳定在 1.3 万亿斤以上，达到 1.365 7 万亿斤，人均粮食占有量达到 483 公斤，高于国际公认的 400 公斤粮食安全线，国家仓廪充实，为经济社会行稳致远夯实了根基[1]。至 2023 年，已连续 9 年稳定在 1.3 万亿斤以上，达到 13 908.2 亿斤[2]，中国人的饭碗牢牢端在自己手上。

“春种一粒粟，秋收万颗子。”种子与粮食之间的辩证关系，成为一个国家发展的底层逻辑。我国拥有 14 多亿人口，只有掌握种源安全，才能掌握粮食安全主动权，进而才能掌控经济社会发展这个大局[3]。2020年中央经济工作会议上,"解决好种子和耕地问题"被列为"十四五"开局之年要抓好的八大重点任务之一。会议提出,要加强种质资源保护和利用,加强种子库建设。要尊重科学、严格监管,有序推进生物育种产业化应用。要开展种源"卡脖子"技术攻关,立志打一场种业翻身仗。2022年4月,习近平总书记到海南考察,第一站就来到国家南繁科研育种基地,总书记说:"只有用自己的手攥紧中国种子,才能端稳中国饭碗,才能实现粮食安全。"[4]种子被誉为"农业芯片",种子种苗是农业现代化基础,是发展现代农业的关键,经过以袁隆平为代表的广大农业科技人员多年来的研究,当前水稻、小麦这两项最为重要的主粮种子在我国已经完全实现自给自足,玉米种子自给率达到95%左右,蔬菜种子自给率达到87%以上[5]。作为全球最大的国家级作物种质库之一,我国国家作物种质库收藏的种质资源总量已经突破54万份,位居世界前列。这些资源是珍贵的基因库,也是未来农业发展的重要支撑[6]。

为了保障粮食有效供给,确保国家粮食安全,提高防范和抵御粮食安全风险能力,维护经济社会稳定和国家安全,2023年12月29日第十四届全国人民代表大会常务委员会第七次会议讨论通过了《中华人民共和国粮食安全保障法》,该法于2024年6月1日起施行。中国人只有攥紧中国种子,才能把饭碗牢牢端在自己手上,才能为应对各种风险挑战、实现我国经济社会稳定发展筑牢了"压舱石"。

来源:[1]《牢牢把住粮食安全主动权——以习近平同志为核心的党中央带领人民干好这件头等大事》,中华人民共和国中央人民政府网 https://www.gov.cn/xinwen/2022-09/22/content_5711153.htm

[2]《2023年全国粮食总产量13908.2亿斤,比上年增长1.3%——中国粮食生产再获丰收》. 中华人民共和国中央人民政府网 https://www.gov.cn/yaowen/liebiao/202312/content_6919648.htm

[3]《推进生物育种,把握种源安全主动权》. 光明网 https://kepu.gmw.cn/agri/2023-09/05/content_36812176.htm

[4]《牢牢把住粮食安全主动权——以习近平同志为核心的党中央带领人民干好这件头等大事》,中华人民共和国中央人民政府网 https://www.gov.cn/xinwen/2022-09/22/content_5711153.htm

[5]《强化生物育种 捍卫种子安全》. 光明网 https://kepu.gmw.cn/agri/2022-12/07/content_36214208.htm

[6]《从"0"到"54万+":国家农作物种质资源库》. 北京市科学技术委员会、中关村科技园区管理委员会网站 https://kw.beijing.gov.cn/art/2023/11/22/art_10494_670870.html

【思政元素】

果树产业发展不能与粮争地。每一个中国人必须了解党和国家提出确保谷物基本自给、口粮绝对安全的新粮食安全观,提高防范和抵御粮食安全风险意识,多年来,世界粮食市场不确定性明显增加,指望依靠国际市场保障我国粮食有效供给的风险性大。我国"始终绷紧粮食安全这根弦",立足国内,深入实施藏粮于地、藏粮于技战略,抓紧耕地和种子两个要害,严守18亿亩耕地红线,加强良种技术攻关,提升粮食产能,至2023年,全国粮食年总产量已连续9年稳定在1.3万亿斤以上,把牢了粮食安全主动权,端稳了中国饭碗,把稳了强国复兴主动权。

项目三　果园建设技术

【学习目标】

了解并掌握果园建设需要的基本条件；了解坡地果园和平地果园各自的优劣；了解果园建设中道路、排灌设施、水肥一体化管理设施、山地果园运输轨道的必要性及规划和建设基本要求；初步了解果园水肥一体化管理设施必需的设备及主要功能；了解当前我国设施果树栽培的常用设施、设施基本结构、设施在果树生产中的应用现状；掌握果树苗木种植前种植行土壤改良方法；掌握柑橘、李、香蕉、火龙果、草莓几种代表性果树苗木种植技术。

任务一　果园建设条件和分类

一、果园建设条件

发展果树产业要严守我国耕地底线，果园建设不与粮争地，属于耕地的土地不能用于果树种植，我国果园建设土地多是缓坡地(图 3-1 至图 3-3)。产业化规模化的柑橘园等果园建设要考虑气候条件、交通条件、地形地势、水源条件、周边空气质量及土壤条件。

图 3-1　大坡度等高梯地种植的柑橘园(左)和荔枝园(右)

1. 面积

果园种植面积要大，面积最好在 2.0 hm^2 以上，连片种植，利于果园建设和日常管理，也能减少生产基础设施单位面积的成本。

2. 交通

果园须交通方便，有公路或机耕路或水道直接通到园地，利于运输车或船运送农资和果品，降低运输物资的成本。

图 3-2 大坡度等高梯地种植的杧果园(广西百色田阳区)

图 3-3 小坡度缓坡地种植的荔枝园(左)和香蕉园(右)(广西隆安县)

3. 地形

果园地形(图 3-1 至图 3-4)开阔,园地空旷,阳光充足,如为缓坡土地,坡度应小于 15°,利于机械化耕作等管理;灌溉和排水方便,地下水位低,不宜选取地势低洼的土地建设果园(图 3-5),否则冬季易受霜害,雨季易积水甚至水淹导致水灾。

图 3-4 平地柑橘园(左)和机械化喷药喷肥(右)

4. 土壤

用于果园建设的土地的土层应较为深厚,土壤疏松的沙质壤土和壤土为佳,其他土壤类型尤其是盐碱地建设果园需进行土壤改良,重金属含量超标的土地不能种植果树。果园土层厚度≥0.8 m 为宜。

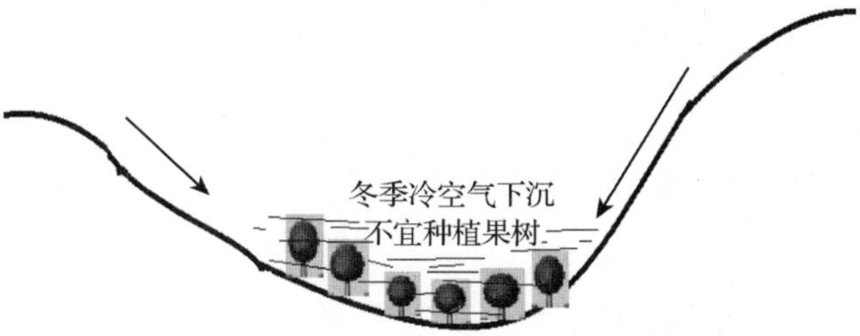

图 3-5 山谷等低洼地冬季易聚集冷空气导致霜害(左)和雨季积水(右),忌建设果园

5. 水源

果园需要水源充足,方便灌溉,园地可引用河流、水库等自然水源灌溉或建设抽水井抽取地下水灌溉,水源安全卫生、无污染。充足水源是建设滴灌系统实施水肥一体化管理的基础,实施水肥一体化管理的果园能提高肥料利用率和施肥工作效率,降低土壤追肥工作强度及劳动成本。

6. 空气质量

生态环境良好,远离厂矿等污染源;果园如果要进行绿色果品生产,产地环境的空气质量、水质、土壤环境质量及环境可持续发展要求的各个项目指标须符合《绿色食品 产地环境质量》(NY/T 391—2021)规定。

二、果园分类及特点

1. 坡地果园

坡地果园(图 3-1 至图 3-3、图 3-6、图 3-7)阳光充足,树体寿命长,果实着色好、品质优良、耐贮藏。建成标准果园成本投资大,也不易机械化操作。坡度≥15°,宜建成梯面台地(图 3-2 和图 3-6),并建排水沟(图 3-7)。为减少水土流失,坡面和台地内壁需要生草(图 3-6 右)。梯地种植果树宜采用等高栽植法(图 3-2、图 3-6 和图 3-7)。

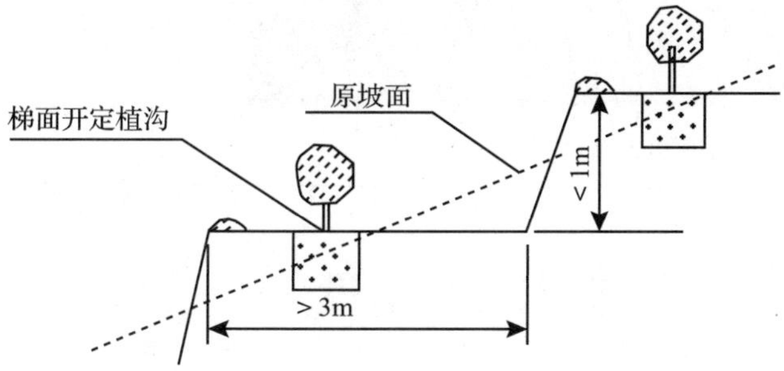

图 3-6 坡面建设梯地的示意图和实景图

2. 平地果园

平地果园(图 3-4 和图 3-8)地势平缓,坡度小,土层深厚,种植果树树体大,生长发育良好,产量高,果实品质及耐贮藏性相对山地果园的差,因果园行株间没有高差,通风较差,湿度大也易发生病虫害。方便机械化操作和管理(图 3-4 右),生产成本较低。

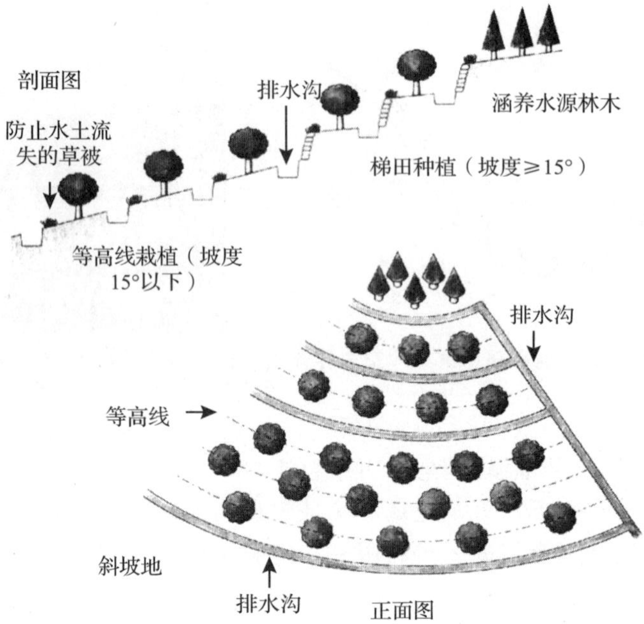

图 3-7 坡地果园建设示意图(伴野潔等,2021)

图 3-8 大型火龙果园主干道和支路(广西南宁隆安县)

任务二 果园基础设施规划和建设

一、果园基础设施规划和建设

(一)果园道路

果园道路密度由地形和建设资金确定,原则是果园内任何一点到最近主干道、支路或公路直线距离不超过 150 m。主干道宽 4～6 m(图 3-8),单车道的路面宽度 4.0～4.5 m,双车道的宽度 5.5～6.0 m，与公路相通，为节约土地，主干道通常只建成单车道，能行中型卡车，果园支路路面宽度 3.0～3.5 m，每距离约 300 m 设长度约 10 m 的错车道，供会车使用，错车道路面宽度 6.0 m，便于肥料和果品进出运输；部分果园还建设路面宽度约 1.0 m 的人行道或宽度约 2.0 m 供三轮车或小型农机行驶的小道。果园通常以支路和主干道为生产小区界线(图 3-8)。果园道路要建成互通闭环(图 3-8 至图 3-14)。路面用压路机压实，支路和主干道建设路边排水沟为宜。

图 3-9　大型山地荔枝园等高种植及果园主干道实景(广西钦州市灵山县新光农场)

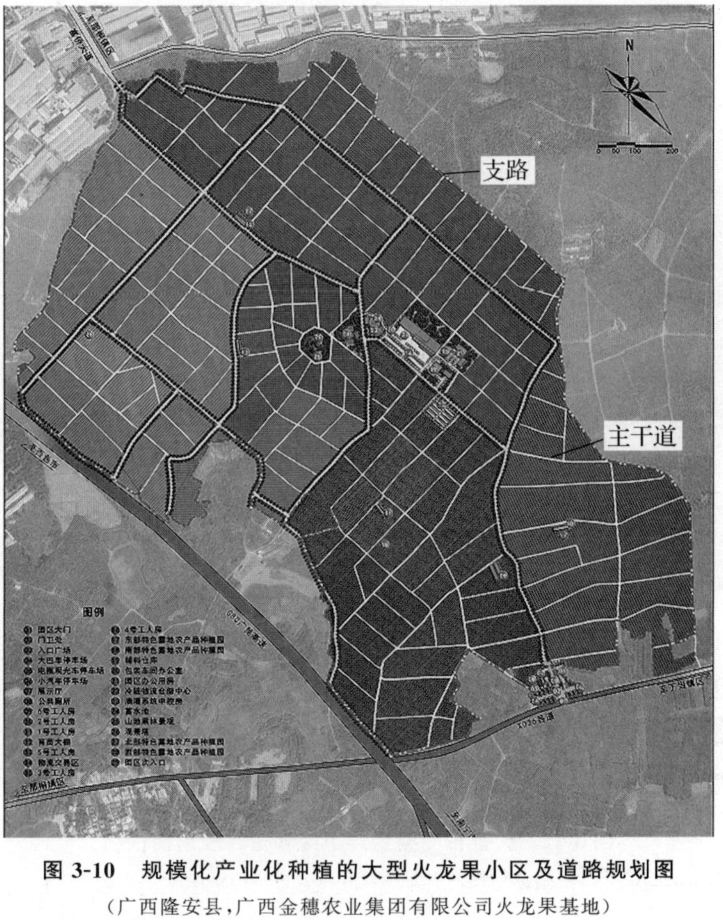

图 3-10　规模化产业化种植的大型火龙果小区及道路规划图

(广西隆安县，广西金穗农业集团有限公司火龙果基地)

图 3-11　规模化产业化种植的大型火龙果小区及道路实景图

(广西隆安县,广西金穗农业集团有限公司火龙果基地)

图 3-12　大型柑橘园生产小区和道路规划图(一)

(广西桂洁农业开发有限公司西林基地)

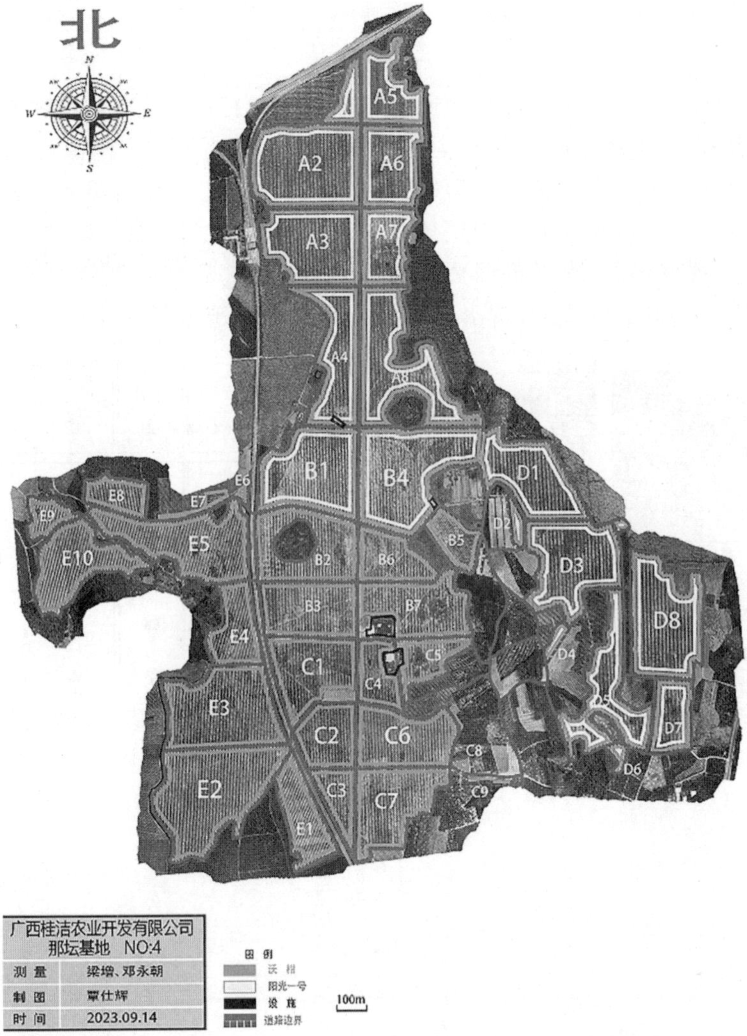

图 3-13　大型柑橘园生产小区和道路规划图(二)(广西桂洁农业开发有限公司那坛基地)

图 3-14　新建香蕉园一角的鸟瞰图(150 hm^2,广西昇华农业公司香蕉基地)

(二)灌溉设施

1. 排水沟

果园必须建设排水沟,平地主排水沟通常与果树种植行向垂直,但多数排水沟主要沿主干道、支路道路路边建设,平地果园主排水沟和易积水的低洼地主排水沟深度 0.8～1.5 m,平地一般排水沟 3～4 行树在行间设一排水沟(图 3-15);坡地的主排水沟沿着等高线设置,一般排水沟顺坡设置(图 3-7)。排水沟底和沟壁任其长草固土(图 3-15 左),防止雨水冲刷导致沟壁崩塌。坡地果园如建成梯面,水平梯面内侧排水沟建为“竹节”沟(图 3-16),大雨时能减弱雨水冲刷梯面的力度,减少土壤流失,蓄水具有保持梯面土壤湿度的作用。

图 3-15　果园排水沟实景图(左、中)和示意图(右)(邓秀新等,2013)

图 3-16　梯地果园的梯面内侧“竹节”背沟

2. 水井及蓄水池

因为降雨不均匀，果园需要建设蓄水池，引水蓄水备用，没有自然江河水源引用的果园需要打水井(图 3-17)抽取地下水用于灌溉。蓄水池建设需要挖掘机挖掘，蓄水池深度 4.0～5.0 m，水面面积大小视果园用水量而定，3 000～5 000 m^2 均可(图 3-17 右)。果园蓄水池通常用防渗布按池子规格焊接成对应的规格，铺在蓄水池内防止漏水。

图 3-17　地下水抽水井(左)及灌溉水蓄水池(右)

3. 水肥一体化管理设施

经济栽培的果园种植面积≥1.0 hm^2，通常要建设水肥一体化管理设施，日常追肥和灌溉通过水肥一体化管理设施完成，节水节肥，肥水利用率高，高效环保，劳动强度小，且昼夜均可追肥和灌溉。水肥一体化管理设施通常由专业公司根据果园地形作针对性规划设计，主要文件有工程设计图、首部系统安装图、给水管材及配件清单。果园水肥一体化管理设施示意图见图 3-18，主要设施设备包括：蓄水池、加压系统（水泵）、止回阀、排气阀、过滤系统（一级和二级过滤器）、持压阀、流量表、溶肥池（或肥料存储罐组合）、施肥系统（吸肥泵或注肥泵）、输水管道（常用 PVC 管）、控制阀（手动阀门或自动电磁阀）、进排气阀、田间灌水器（滴灌管或微喷头等），先进的系统水肥一体化管理可以使用电脑控制或安装在智能手机上的软件（APP）控制，如广西南宁昇华农业科技有限公司大型香蕉园水肥一体化管理设施设备建设方案如下：配肥池容 8～10 m^3，主管和支管可选用 PVC 给水管，抗压力至少 0.63 MPa，主管管径 Φ110 mm、Φ160 mm、Φ200 mm，支管管径 Φ50 mm、Φ63 mm、Φ90 mm，滴灌带如用非压力补偿滴灌带可选用 Φ16～20 mm、壁厚 0.3～1.0 mm 规格，滴头间距 30～50 cm，滴头的流量 1.0～2.0 L/h。如用压力补偿滴灌带可选用 Φ16 mm、壁厚 0.3～1.0 mm 的规格，滴头间距 30～50 cm，滴头流量 1.0～2.0 L/h。为保证出水均匀度 80%以上、使每一个滴头下土壤的湿润直径可达 60～80 cm，根据不同厂家生产的滴头性能要求每一条滴管铺设不宜超过厂家推荐的长度，非压力补偿滴灌管铺设长度 30～100 m，压力补偿滴灌管铺设长度 100～150 m。膜下滴灌的管道在覆盖地膜之前要铺设好，通常在每行果树两侧各铺设一条滴管，有的在近植株主干也铺设一条滴管，共 3 条滴管，两条滴管之间距离 40～100 cm。百香果基地水肥一体化管理设施滴灌首部系统设备及安装布置图见图 3-19 和图 3-20。

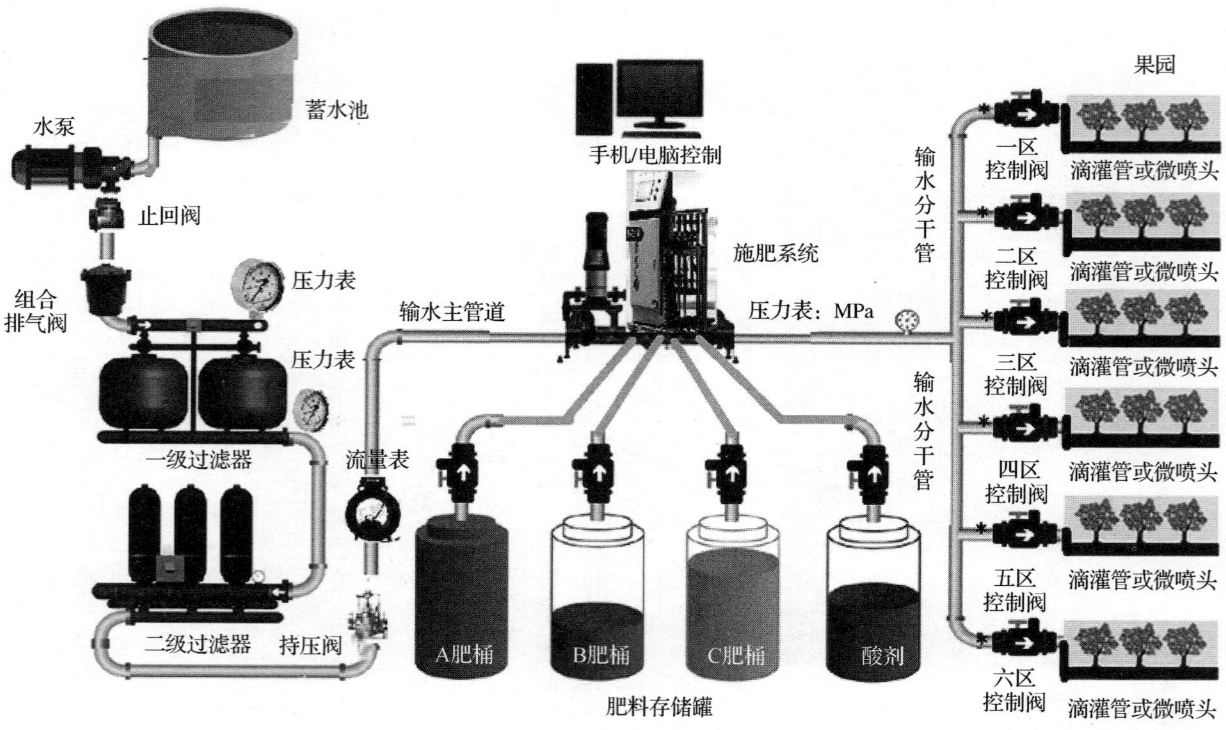

图 3-18 果园水肥一体化设施设备安装示意图

注：标 * 为空气进排气阀。

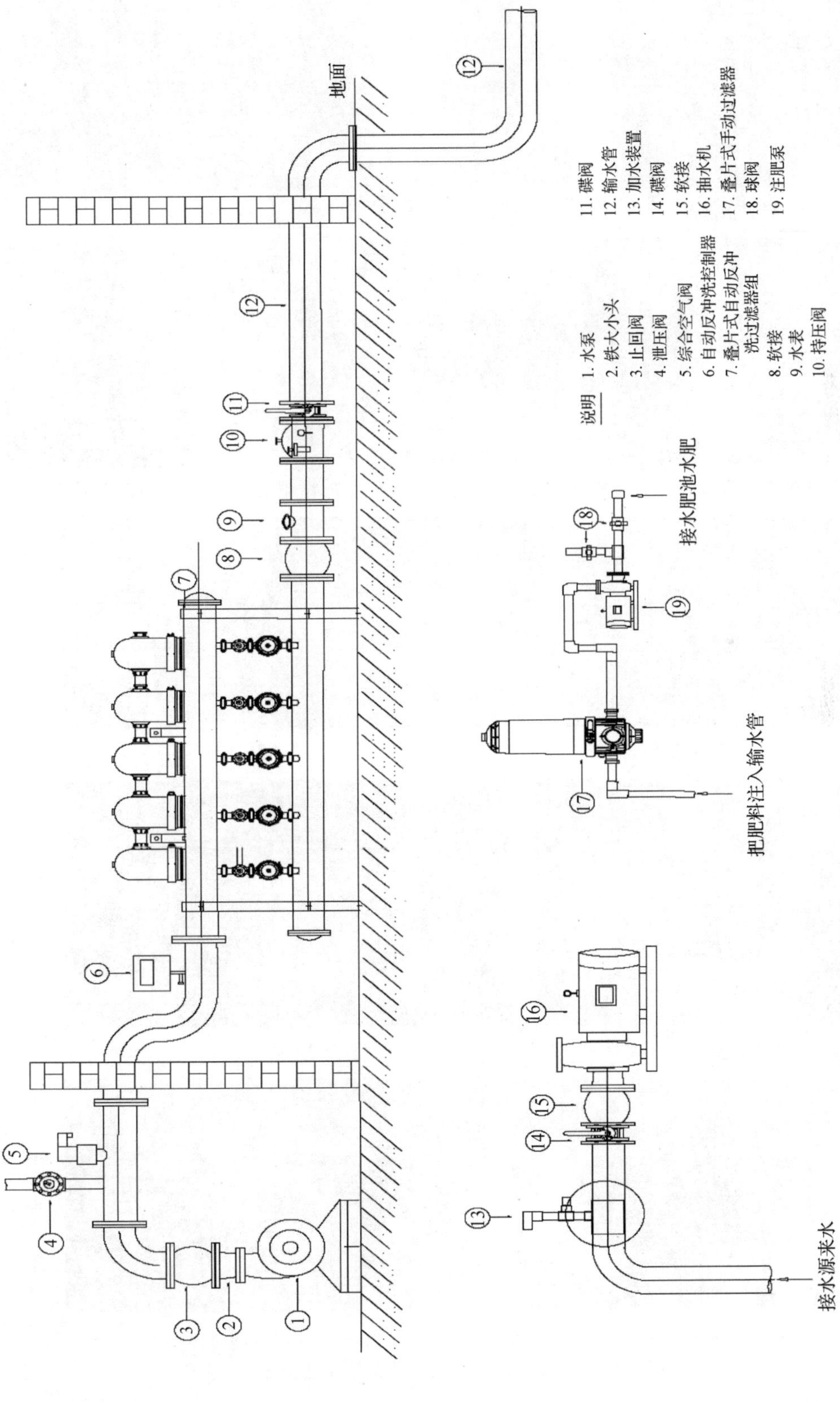

图 3-19　百香果基地水肥一体化管理滴灌首部系统安装布置图

（设计：广西南宁昇华农业科技有限公司）

A. 一级过滤器

B. 水泵

C. 二级过滤器

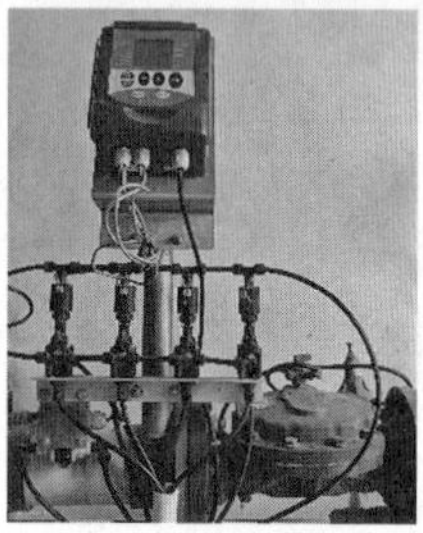

D. 二级过滤器控制器

E. 水流量表

F. 施肥机

G. 施肥泵

H. 施肥泵过滤器

I. 减压阀

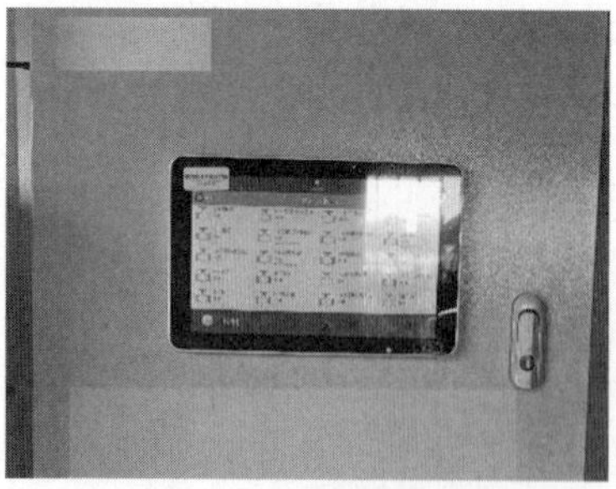

J. 控制系统操作面板

K. 电磁头

L. 电磁阀

M. 排气阀

图 3-20　果园水肥一体化管理系统主要设备

(三)建筑设施

果园建设需要建设工具房、农资仓库、生活用房、果品包装车间。工具房供日常存放工具和小型农机具使用,农资仓库供存放化肥农药使用,生活用房供管理人员住宿,果品包装车间作集中果品和包装果品场地使用,部分产业化的中大型果园在资金充足情况下还建设分选车间(图 3-21)和果品冷藏库(图 3-22)。果园建设设施用房须到土地所在地的县级国土管理部门咨询和申请,经审批后方能合法建设。

图 3-21　果园小型分选车间

图 3-22　果园小型冷藏库

(四)果园运输轨道

果园尤其是山地果园如果安装果园轨道运输车(图 3-23),能降低果品和农资进出果园的转运成本,减轻了劳动者的劳动强度,提高了工作效率。果园轨道运输车目前技术成熟,已在全国各地的山地果园安装使用,载重在坡地果园的安装轨道上下自如,爬坡度可达 40°以上,前进或倒退均可以,随时启停,载重 400～500 kg/次。果园轨道运输车分为双轨道和单轨道两种,但生产上大多安装成本较低、综合运输能力较强的单轨道运输车。该套设备由汽油动力机、变速箱、制动装置、载物车及轨道组成,设备设计为自走式无人驾驶模式,安装轨道占地面积少。此外,一些果园建设运输索道(图 3-24),提高了物品运输效率与果品质量。

图 3-23　果园自走式单轨运输车

此外,常受风害的区域建设果园要安排用地种植防风林带(图 3-25 和图 3-26)。

图 3-24 柑橘园(左)和香蕉园(右)运输索道

图 3-25 防风林(广西北海市合浦县)

图 3-26 新疆焉耆县葡萄种植基地防风林

二、设施果树栽培的主要设施

应用设施栽培果树已在我国草莓、葡萄、樱桃、柑橘、火龙果、蓝莓等的种植中得到应用。果树设施栽培是指利用温室、塑料大棚、防虫网室等工程技术建造的设施结构和环境控制设备,创造适宜果树生长发育的环境条件,使之不受或少受外界不良环境条件的影响,达到促早、延后、周年化生产及改善品质等特定果树生产目标的特殊栽培技术。

(一)钢架结构塑料大棚

钢架结构塑料大棚分为连栋型和单栋型,当前设计制造的塑料大棚可实现全自动控制,配套设备可选择加热系统、棚顶外遮阳系统、棚内遮阳系统、棚内保温系统、棚顶外微雾或棚内水帘降温系统、CO_2 补充系统、补光系统及灌溉施肥系统、计算机综合控制系统等,华南地区当前应用于果树等园艺作物生产建设的塑料大棚主要以避雨防寒防虫防鸟功能为主,采用钢架结构,如七连栋塑料大棚设计图(图 3-27 至图 3-30),单栋宽度 8.0 m,棚顶高度距地 6.0 m,肩高距地 4.0 m,外遮阳网高度距地 7.0 m,大棚侧面端面四周设置电动卷膜开窗系统,内覆盖 32 目防虫网,外覆盖 0.15 mm 长寿薄膜,端面及侧面四周三道 1.0 mm 厚镀锌双卡槽卡簧固定 0.15 mm 薄膜及防虫网,拱面弧顶覆盖 0.15 mm 薄膜,棚内 4.0 m 高水槽底安装内遮阳网,采用 55%铝箔折叠内遮阳网,传动系统采用性能可靠的电动齿轮齿条收放内遮阳网。配置行程限位开关,进行无人值守操作。大棚为钢筋混凝土点式基础。该大棚设计要求:风载 0.5 kN/m^2(台风 10 级),恒载 5.3 kg/m^2,吊挂荷载 15.0 kg/m^2,最大排雨量 140 mm/h。我国应用塑料大棚种植的果树有草莓(图 3-31 至图 3-33)、葡萄(图 3-34)、柑橘(图 3-35)、金柑(图 3-36)、樱桃

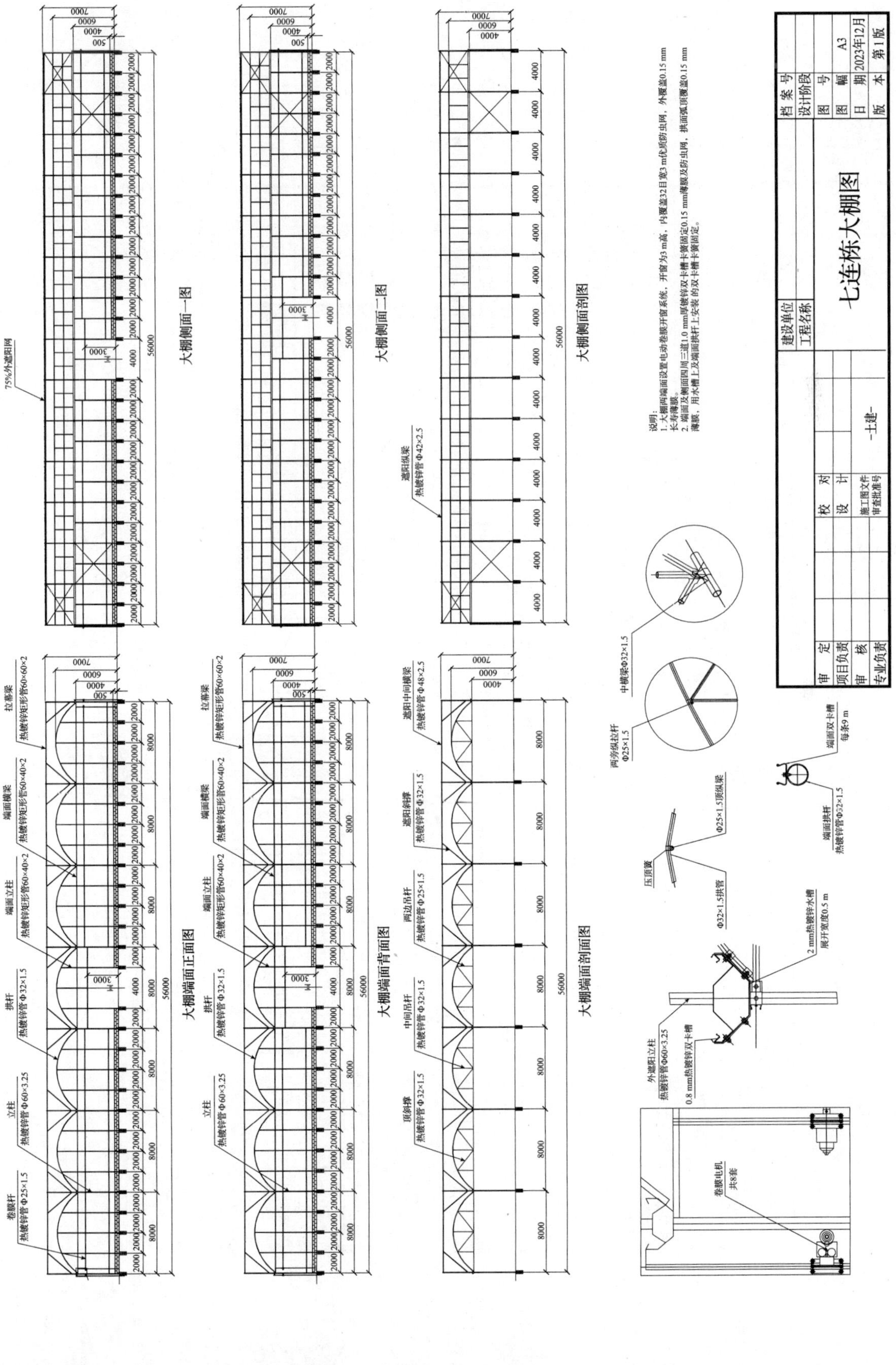

图3-27　七连栋塑料大棚总体设计图（设计：梅国华，2023年12月）

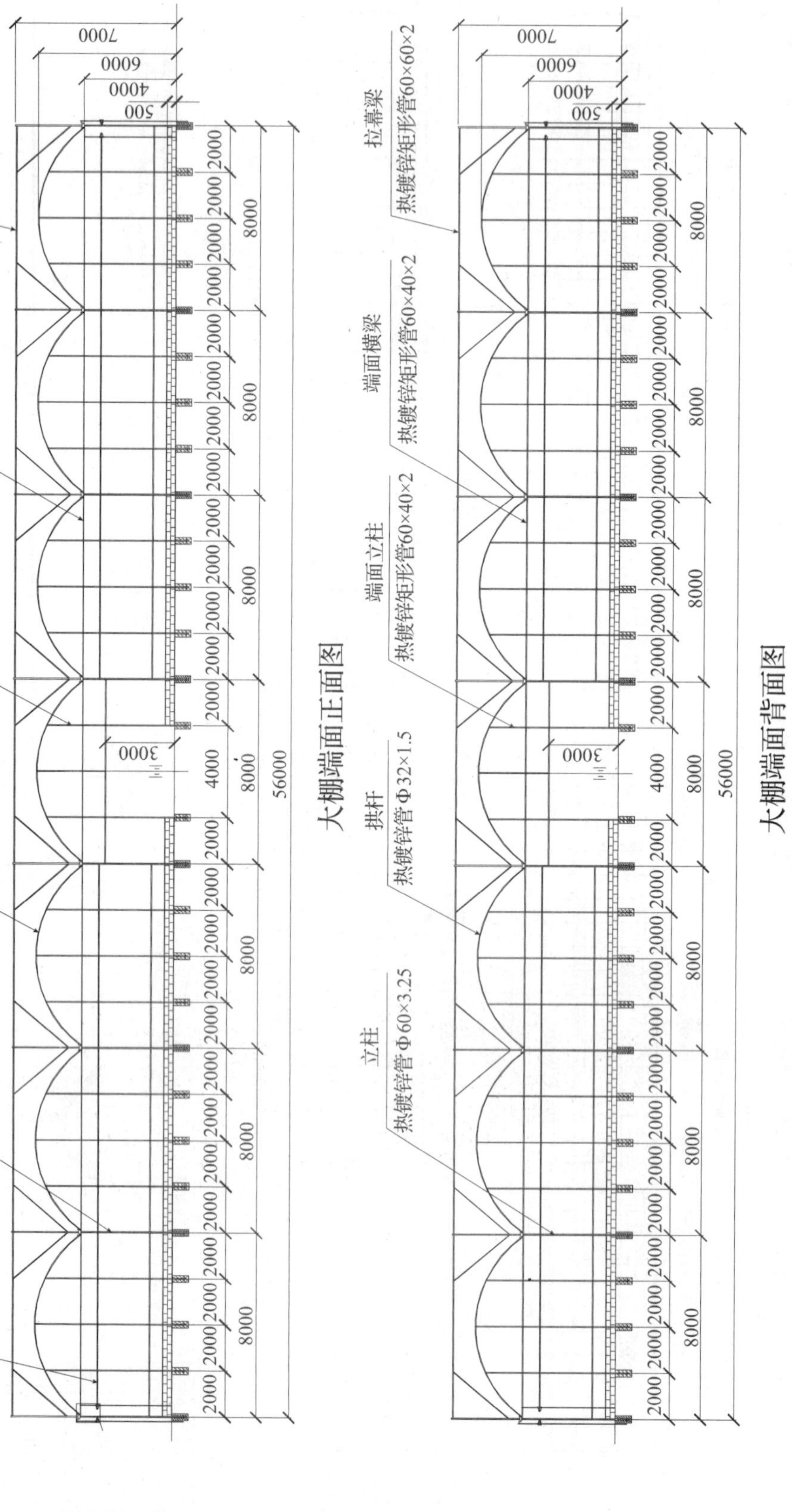

图 3-28 七连栋塑料大棚端面正面图(上)和端面背面图(下)(设计:梅国华,2023年12月)

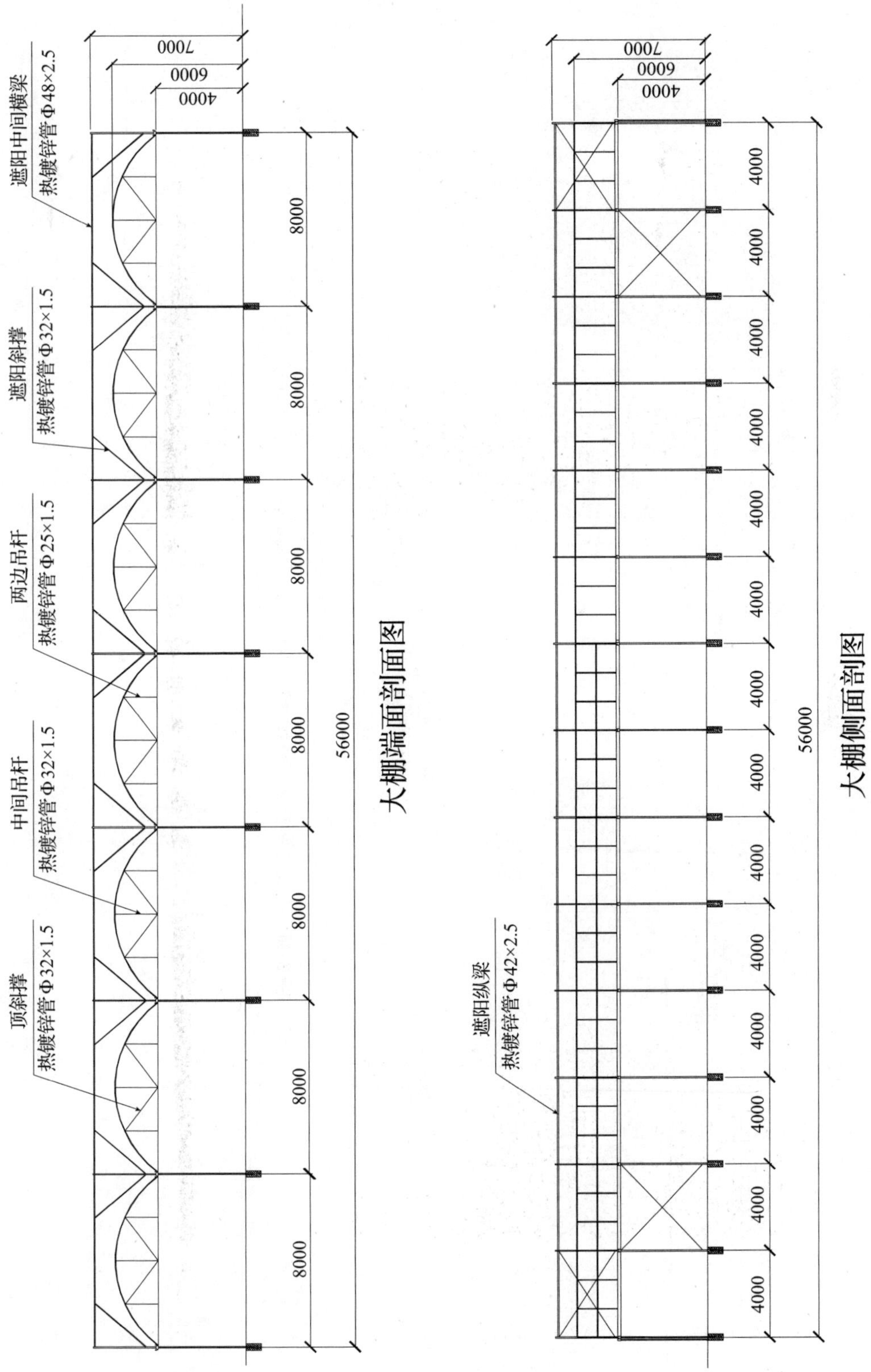

图 3-29　七连栋塑料大棚端面剖面图(上)和侧面剖面图(下)(设计:梅国华,2023 年 12 月)

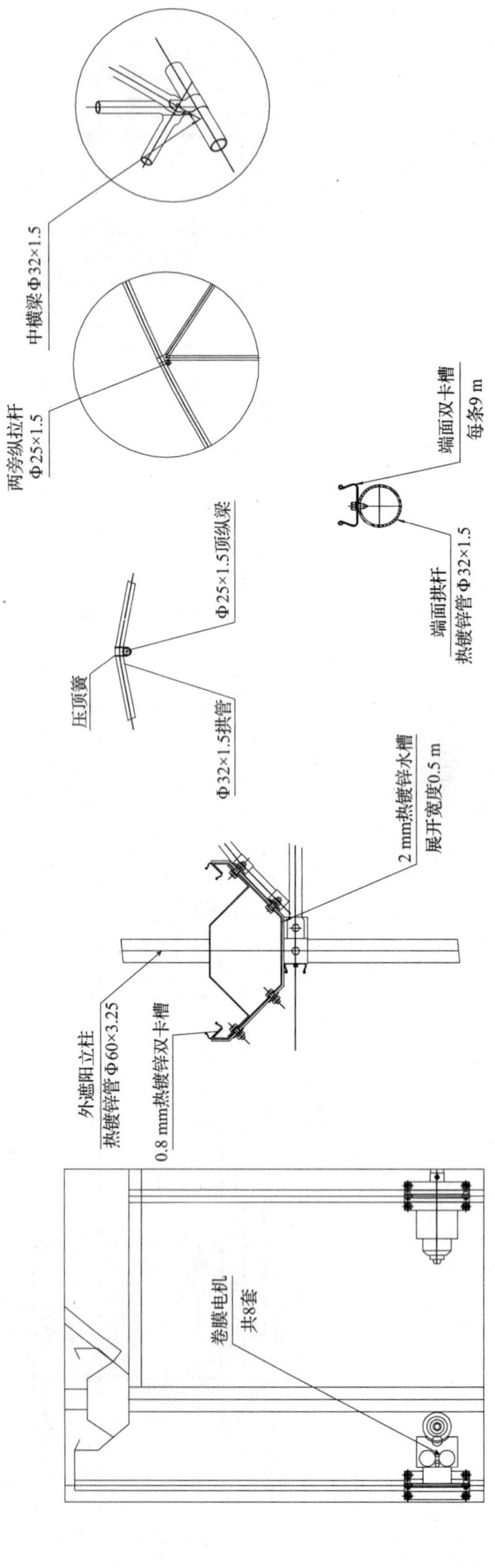

图 3-30　七连栋塑料大棚机械器件安装图(设计:梅国华,2023 年 12 月)

(图 3-37)等少数果树。华南地区的塑料大棚端面及四周用塑料膜全封闭(图 3-38),也可在肩高以下不覆盖塑料膜,只安装防虫网或防鸟网(图 3-39)。塑料薄膜大棚建造成本较玻璃温室低,但塑料薄膜使用寿命短,容易老化,经一年使用后薄膜积尘长青苔导致透光度显著降低,薄膜容易破损,通常薄膜质保 3 年,每 2～4 年就需重新投资换膜,因存在薄膜定期更换的问题,所以后期会有持续投入。

图 3-31　连栋塑料大棚内种植的草莓(浙江杭州市,2023 年 2 月)

图 3-32　单栋钢架塑料中棚种植的草莓(南宁,2023 年 12 月)

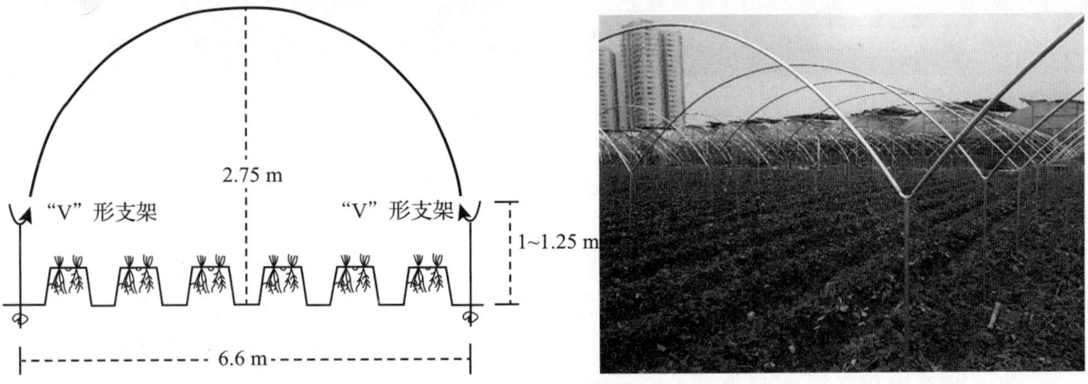

图 3-33　草莓生产可拆式简易塑料棚棚架截面示意图(左)和现场实物图(右)

图 3-34　钢架塑料大棚内种植的葡萄

(南宁,2023 年 5 月)

图 3-35　钢架塑料大棚内种植的柑橘

(上海嘉定,2022 年 11 月)

图 3-36　钢架塑料大棚内种植的脆蜜金橘

(广西融安县,2023 年 11 月)

图 3-37　樱桃大棚生产基地航拍图

(山东潍坊临朐,2021 年 5 月)

图 3-38　连栋钢架塑料大棚端面覆膜全封闭外观(2023 年 2 月)

图 3-39　连栋钢架塑料大棚端面不覆膜外观

(广西南宁,2024 年 5 月)

(二)简易避雨棚

我国南方地区尤其是华南地区年降雨量大,年平均温度高,露地种植的葡萄,大多数品种低产、劣质、病虫害严重,20 世纪 90 年代,我国华东地区和华南地区推广葡萄避雨栽培模式(图 3-40 和图 3-41),扩大了红地球、美人指、阳光玫瑰等高品质葡萄品种的规模化商品生产的栽培区域。葡萄避雨栽培能提高坐果率,减少裂果,减轻病害,减少防治病虫使用农药次数和使用量,减少农残含量,提高果品品质和安全性。我国南方地区葡萄避雨栽培设施除少量使用塑料大棚外,绝大多数是采用简易小拱棚避雨。遮雨小拱棚适用于“Y”形架和单篱架,一行葡萄搭建一个避雨棚(图 3-42)。葡萄架立柱高出地面 2.4～2.5 m,埋入土里 0.5～0.6 m。如原架柱较低,可用竹或木料加高至离地面 2.4 m,每根柱的高度应一致。在每根柱的柱顶端以下 40 cm 处架 1.8 m 长的横梁。在每行的柱顶和横梁两头各拉 1 条较粗的铁丝,在每行两头拉 3 条铁丝并在一起拉紧,用锚石固定埋在深度 50 cm 以下土中。用 2.2 m 长、3 cm 宽的竹片(或粗铁线替代竹片),每隔 70 cm 置 1 片,中心点固定在中间顶部铁丝,两端固定在两边铁丝。用宽度 2.2 m、厚度 0.03 mm(即 3 丝)的塑料薄膜盖在遮雨棚的拱架上,两边每隔 35 cm 用竹(木)夹或塑料夹将膜边夹在两边铁丝上,再用压膜带或塑料绳往返压住塑料薄膜,压膜带固定在竹片两端(图 3-43 和图 3-44)。参照葡萄简易小拱棚避雨模式,华南地区的百香果和火龙果冬春造果生产也搭建简易小拱棚架避雨栽培,每年 11 月至翌年 4 月覆盖塑料膜防霜防冷雨(图 3-45 和图 3-46)。

图 3-40 葡萄简易避雨栽培生产基地航拍图(广西全州县,2022 年 4 月)

(央广网 http://gx.cnr.cn/gstjgx/20220415/t20220415_525795743.shtml)

图 3-41 葡萄简易避雨栽培生产基地航拍图(浙江浦江县横山村,2021 年)

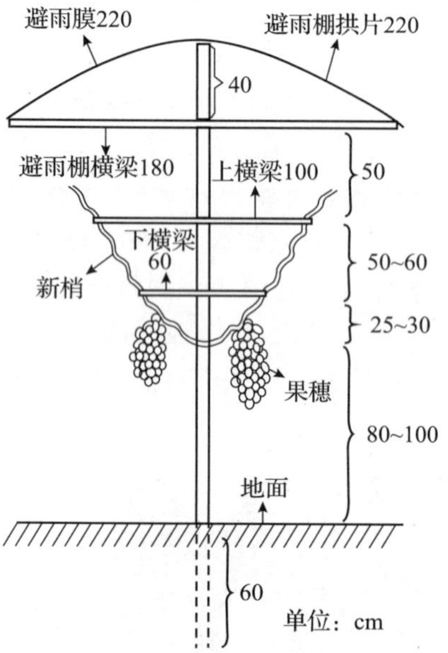

图 3-42 葡萄避雨棚及双十字“Y”形架结构横面示意图(杨治元,2004)

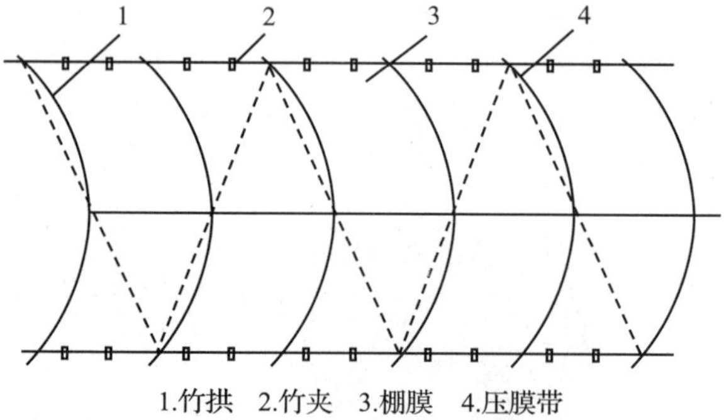

图 3-43 简易避雨小拱棚棚膜压膜带及竹木夹固定棚膜示意图(杨治元,2004)

图 3-44 葡萄避雨小拱棚田间实景图(南宁,2023 年 4 月)

图 3-45 百香果冬春季种植行避雨栽培(南宁)

图 3-46 火龙果冬春季种植行避雨栽培(南宁)

(三)钢架结构防虫网室

百香果、番木瓜易因蚜虫、蓟马虫害导致病毒病发生和蔓延,柑橘因木虱为害易感染黄龙病,因此部分生产者建设钢架结构防虫网室种植百香果或柑橘(图 3-47)。但防虫网室的室内温度比室外气温高,如果花期的室外气温在 35℃,室内的气温可能超过 40℃,果树授粉受精不良,影响果树生长和开花结果。因防虫网室建设成本高,当前极少大面积用于果园生产,通常只应用于柑橘、百香果苗木生产。

图 3-47　钢架结构防虫网室栽培的百香果(南宁,2022 年 11 月)

(四)藤蔓果树种植架建设

葡萄、百香果、火龙果等藤蔓类的果树生产在果园建设时必须建设种植架,用于支撑这些果树的枝蔓,才能达到丰产优质栽培的目标。平棚种植架、单篱架可用于葡萄、百香果,但当前葡萄生产更多建设"Y"形种植架,百香果种植架更多应用"T"形小棚架,火龙果种植架应用"A"形种植架为主。

1. 棚架

棚架高度 1.8～2.0 m,宽度和长度不限,立柱宽厚各为 15 cm,长度 2.3～2.5 m,埋地 0.5～0.6 m,每间隔 4～5 m 立柱 1 根,架面纵横拉铅线、钢丝,间距 0.5～0.6 m。架面平坦,通风透光,枝蔓生长势缓和(图 3-48)。

图 3-48　棚架栽培的葡萄(左)和百香果(右)

2. 葡萄双十字"Y"形架

每隔 4～5 m 竖立柱子一条,在距地面 0.8～1.0 m 拉第一条铁线,每根立柱在距地面 1.3 m 固定第一道横梁(长度 60 cm),在立柱离地面 1.8～1.9 m 高处固定第二道横梁(长度 100 cm)。每根横梁两端固定线材,此架式植株幼苗期要培养主干约 0.8 m,以后每个主蔓上的新梢在"Y"形架面上左右均匀分布,中间出现"V"形开口(图 3-42、图 3-49、图 3-50),通风透光,结果枝多,产量高,果穗在叶幕的保护下,不易发生日灼。水泥柱厚、宽为 10～12 cm,高度 3.0 m,其中埋入地面 0.5～0.6 m,高出地面部分 2.4～2.5 m。搭架线材使用葡萄搭架专用塑钢线或 12 号镀锌铁线,横梁主要材料有杂木、竹、镀锌管等。

图 3-49 双十字"Y"形架架面横面设置情形

图 3-50 双十字"Y"形架架面上方俯视图

3. 百香果"T"形小棚架

百香果种植前必须建设好种植架,种植架可选用"T"形架、篱架、棚架、垂帘架、双垂帘架。垂帘"T"形种植架式建设规格(图 3-51),高度离地 1.7～1.8 m,立柱埋入土中 0.5～0.6 m。种植行立柱间距 4～4.5 m,横梁长度 0.3～0.5 m,横梁两端架拉 1.8 mm 线材各 1 根,架子中间架拉 3.6 mm 绞索钢线 1 根。各种植行的立柱行距 2.0～3.0 m。

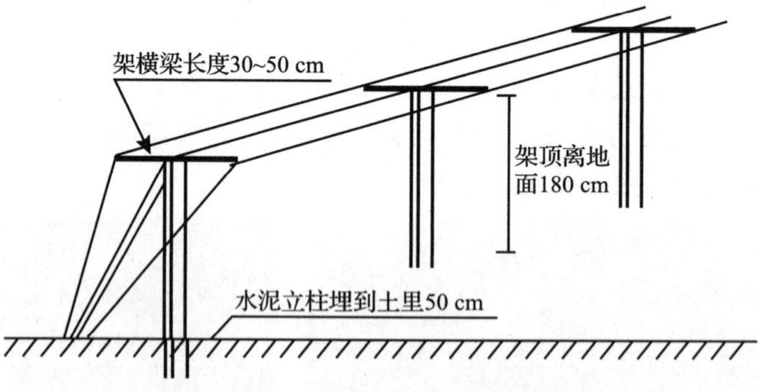

图 3-51 百香果垂帘"T"形种植架的示意图

4. 火龙果连排"A"形种植架

当前火龙果生产园大多采用该架式,立柱常用水泥柱,水泥柱的规格一般 10 cm×10 cm,制作水泥柱时在水泥柱距离上端 5 cm 处、50 cm 处平行各预留 1 个对穿孔,两个孔方向垂直,距离上端 5 cm 处的孔供外径 5.55 mm 或 4.50 mm 的铝绞线使用,距离上端 50 cm 处的孔供穿径粗 1.2～1.5 cm、长 60 cm 的钢筋作横梁使用(图 3-52 左),行内水泥柱间 3.5～4.5 m。作横梁的钢筋两端拉钢线或塑钢线沿每行两侧各拉 1 条线,作支撑火龙果枝蔓使用(图 3-52 右)。不同果园选择不同高度的水泥柱,水泥柱需埋入土中 50 cm,立柱离地面高度 1.5～2.0 m 不等。连排"A"形架栽培优点:方便喷药、修剪、采收等操作,种植株数多结果枝量大,土地利用率高,通风透气，还方便搭建冬季防寒棚、夏秋季遮阳网，也利于安装喷雾水管及喷头，高温季节可以撑盖遮阳网和喷水雾降温，冬季覆盖塑料膜防寒防雨。

图 3-52　火龙果连排"A"形种植架结构(左)及火龙果枝条排放情形(右)

(五)玻璃大棚

玻璃大棚是以水泥、钢筋、铝合金骨架和玻璃建成，结构主要包括大棚基础、钢结构和铝合金结构。虽然投资大，却有透光度好、保温性能好、开启方便、经久耐用等许多优点。玻璃温室以文络式(图 3-53)为常见。在果树生产上，玻璃大棚目前常用于草莓立体栽培为主(图 3-54)，用于其他种类果树栽培极少见。玻璃温室大棚跨度通常为 7.2 m、8.0 m、9.6 m、10.8 m 或 12.0 m，开间一般为 4.0 m 和 8.0 m，高度 4.0～4.5 m。图 3-55 为 15 开间的玻璃大棚设计图，跨度 12.0 m，开间为 4.0 m，肩高 5.0 m。外遮阳网高度 6.5 m，棚顶高度 5.9 m。内遮阳网采用 55%铝箔折叠网，隔热保温，高 4.2 m，采用电动齿轮齿条收放内遮阳网。配置行程限位开关，无人值守操作。湿帘风扇降温系统包括湿帘、水循环系统、通风扇、铝合金边框及配件，循环风机安装在两端面。大棚的端面立面风机湿帘安装设计见图 3-56，大棚侧面立面、中间截面立面图及顶开窗示意图见图 3-57。该温室大棚设计主要指标：风载 0.66 kN/m^2(台风 12 级)，吊挂载荷 15 kN/m^2，最大排雨量 140 mm/h。

图 3-53　连栋玻璃大棚端面外观

图 3-54　玻璃大棚内种植的草莓

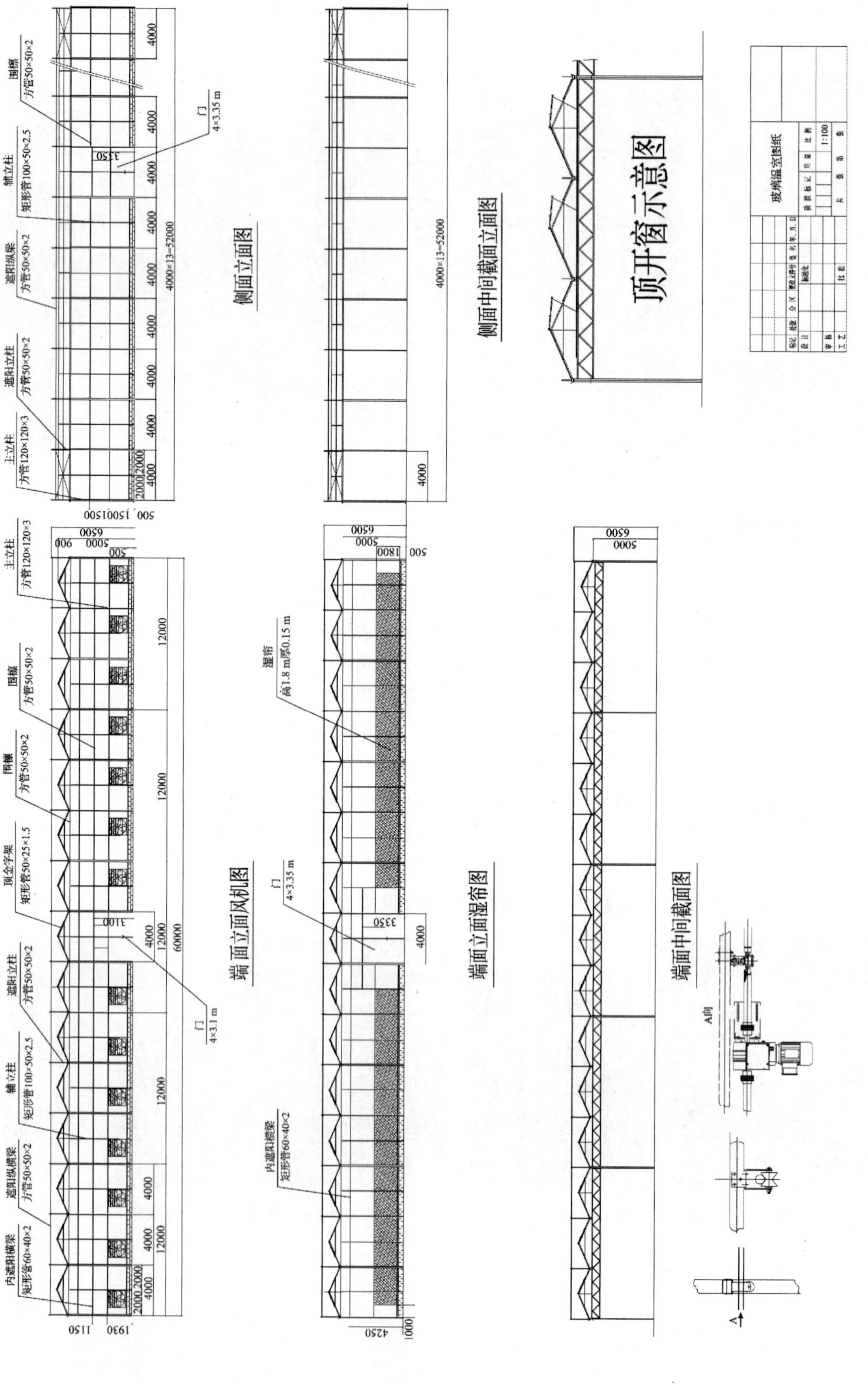

图 3-55　15 开间玻璃大棚设计图(设计:梅国华,2023 年 12 月)

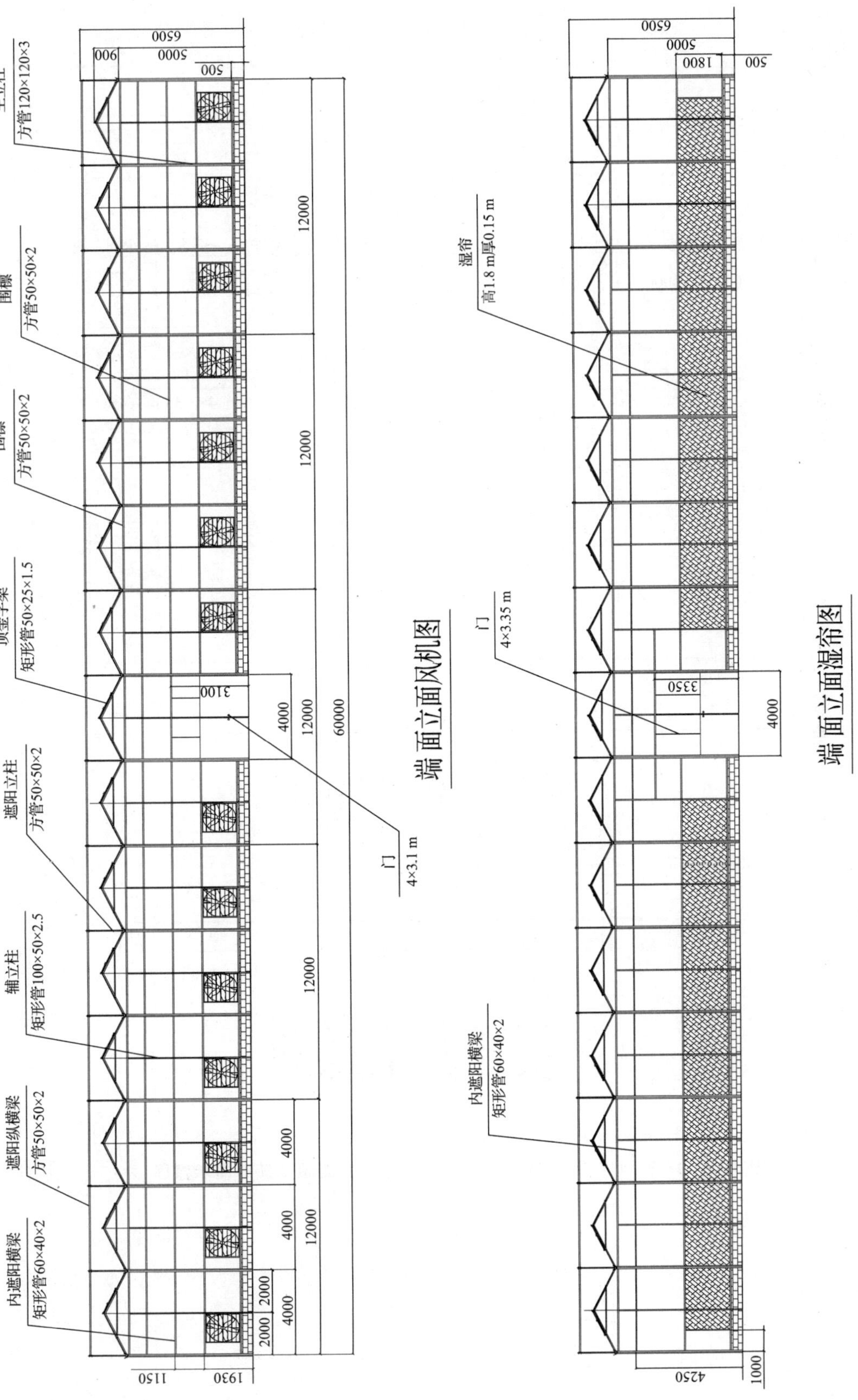

图3-56　15开间玻璃大棚的端面立面风机湿帘安装设计图（设计：梅国华，2023年12月）

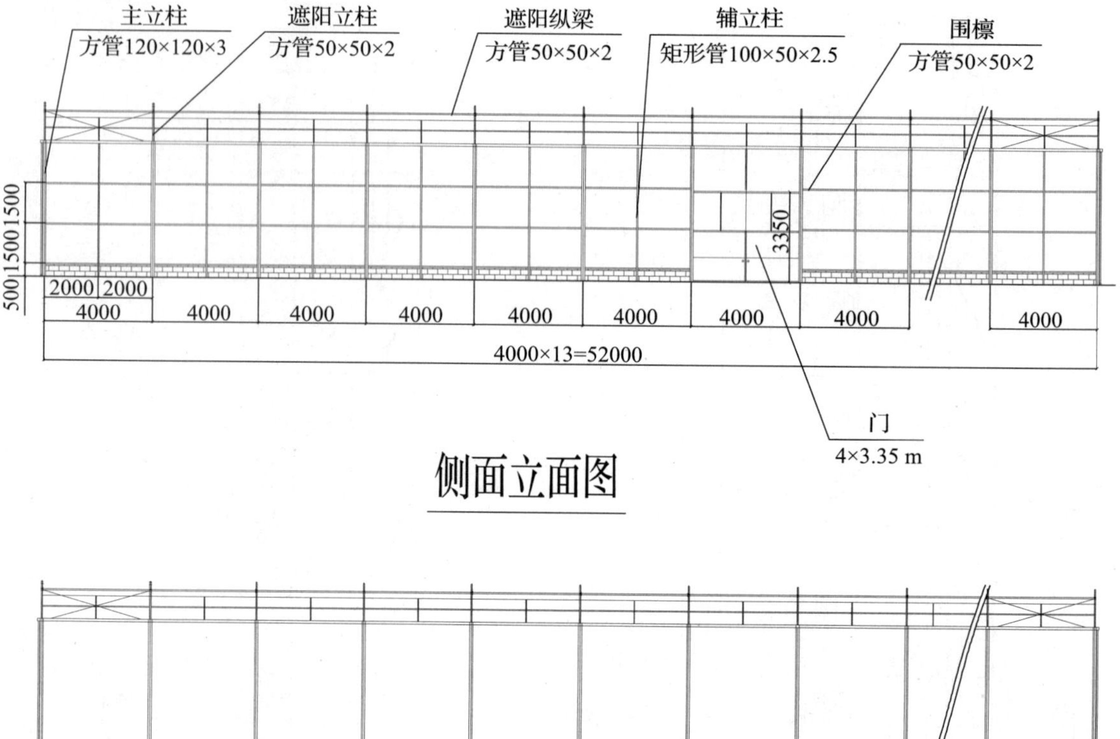

图 3-57　15 开间玻璃大棚侧面立面、中间截面立面图及顶开窗示意图

(设计:梅国华,2023 年 12 月)

任务三　苗木种植

一、种植行土壤改良

在苗木种植密度大的果园，全园机械开垦，使用挖掘机或大型拖拉机（图 3-58）对全园地面进行全面掘挖或犁翻（图 3-59），掘挖或犁翻深度 0.6～0.8 m，清理原有树根等杂物（图 3-60）。种植密度小的果园（如株距 4～5 m、行距为 4～6 m），不需要全园翻犁，只需要按行距、株距确定好定植点，用挖掘机在定植点挖掘种植坑（图3-61），种植坑规格深0.6～

图 3-58　果园常用土地翻犁的挖掘机（左）和大型拖拉机（右）

图 3-59　挖掘机垦翻的坡地果园

图 3-60　果园种植前全园翻犁的土地

图 3-61　逐个挖掘定植坑（左）和埋填有机肥改良土壤（右）

0.8 m、宽度 0.8～1.2 m；如果行距大、行内株距小(如行距为 4～6 m、株距为 2～3 m)，先标记好种植行的行线，确定好种植条沟的宽度和深度，按种植行挖掘种植条沟(图 3-62)，挖好的种植条沟要埋填落叶枯枝及有机肥、磷肥，有机物需与土壤拌混均匀再埋填回种植条沟(图 5-63)，种植沟回土要高出地面约 20 cm(图 3-64)，防止沟内有机物腐烂后土壤下沉造成苗木定植点积水，影响苗木生长。

图 3-62　挖掘机挖掘果园种植条沟(左)和挖好的种植条沟断面(右)

图 3-63　种植条沟埋填杂草枯枝和有机肥改良土壤

图 3-64　回填后的种植条沟

大型机械应用于果园建设

二、几种代表果树苗木种植

1. 柑橘苗种植

柑橘园永久性植株常用的种植密度是株距 3～4 m、行距 4～5 m，种植 33～56 株/667 m²。高密度种植柑橘园的株距 2 m、行距 3～4 m，种植 83～111 株/667 m²，待到果树长至树冠枝条交叉时，每一行植株隔株间伐 1 株，减少植株数量，扩大行间的空间，确保光照条件良好。一些柑橘园管理以中大型机械喷药、施肥为主，种植密度为株距 2～3 m、行距 5～6 m，种植 37～66 株/667 m²。大坡度果园以等高梯面栽植为宜，坡度小的缓坡(≤10°)可直接确定行距和株距，挖坑种植。裸根的柑橘苗在春季种植成活率高。果苗种植以定植点为中心挖定植穴，定植穴深度、宽度、长度规格为 0.3 m×0.5 m×0.5 m，如果果苗是裸根苗，种苗时根系在种植穴内要向四周舒展开，忌所有根系聚集在一起，根系不能直接接触肥料，尽量用细碎疏松的土壤回填果苗种植穴，种植穴回土填平后稍用脚踩压苗木根颈周边的松土，果苗种植的深度以回填的土面刚好和果苗根颈平齐为宜。种植容器苗，要剥除容器但不能弄散根系土团，小心将苗植入定植穴，将土回埋到根颈处，不提苗不踩实。果苗栽种后以果苗为中心整好直径约 0.8 m、高出地面约 20 cm、中间稍凹的树盘，然后淋定根水 10～15 kg/株。树盘用稻草、树皮、花生壳或地膜、无纺布覆盖保湿(图 3-65)。

图 3-65　树盘覆盖无纺布的沃柑苗

2. 荔枝苗种植

荔枝苗种植全年均可，但通常在春季 2—4 月种植为宜。荔枝园永久性植株常用的种植密度是株距 5 m、行距 5～6 m，种植 22～27 株/667 m^2。果园也可计划密植，株距 3 m，行距 5 m，等行内植株之间枝条交叉时，在行内隔株间伐 1 株，成年植株株距为 6 m、行距为 5 m。荔枝裸根苗成活率低，通常种植荔枝苗都是根部带土团，种植方法与柑橘容器苗种植方法和要求相同。龙眼、杧果等其他果树的容器苗木种植方法和要求相同。

3. 李苗种植

李树的容器培育苗木全年均可种植，但裸根苗在每年春季李苗萌芽前定植的成活率才高。李园种植密度是株距 3～4 m、行距 4～5 m。裸根苗种植方法与柑橘裸根苗种植方法和要求相同。葡萄、桃、梨、柿等落叶果树裸根苗种植时期、方法及要求与李苗相同。

4. 香蕉苗种植

香蕉种植密度目前通常为行距 2.5 m、株距 1.8～2.2 m，120～148 株/667 m^2。香蕉组织培养的种苗出圃用于大田定植，优质袋苗一般要求假茎高 8～10 cm 以上，生长粗壮，有健壮新叶 7～9 片，最好能有 11～12 片，幼苗没有呈现白色或淡绿色条斑叶片、畸形扭曲肥厚狭长叶片、假茎呈淡红色、叶鞘排列松散等劣变性状，无病斑，无虫害，叶片青绿不徒长，根系发达(图 3-66)，定植时必须剥除蕉苗根部塑料容器，但不能弄散根部的土团，避免根系受伤，定植深度不能过深，回土高于蕉苗根系土团约 2 cm 即可，定植后当天必须淋够定根水，但不能冲散根系所带的土团,定植后根际土壤要保持湿润。如果使用营养袋培养的组培容器蕉苗定植,一年四季均可种植,但每年 12 月至次年 1 月气温不稳定,幼苗抗寒性差易受冻,因此不提倡在此时定植,如果要定植的可在畦面覆盖地膜基础上再在各种植行搭建约 1.0 m 高的小拱棚(图 3-67),棚上覆盖薄膜保温防冻。

图 3-66 生长 7～9 叶的香蕉组织培养苗

5. 火龙果苗种植

华南地区各火龙果主产区周年均可种植,作种苗种植的火龙果枝条长度≥50 cm,才有利于种植后快速生长。春季种植以 3—4 月为宜,种植后植株生长快,秋季种植以 9 月下旬至 10 月中旬为宜。A 形架栽培行距为 2.7 m,行内株距为 0.2～1.0 m,种植密度是 247～2 470 株/667 m^2,每穴插 1 根直径约 2 cm 的竹竿,竹竿上端绑扎在架子顶部铝或钢绞线固定,每穴种植 1 或 2 苗,用布条把苗绑扎在竹竿上(图 3-68)。火龙果根系浅生,种植深度只需 3～5 cm,深植不利于根系的生长发育,根系不能直接接触肥料。植苗后淋足定根水,用稻草、树皮、花生壳等覆盖树盘保湿。

图 3-67 冬春种植香蕉苗小拱棚覆盖加地膜防寒

图 3-68 火龙果苗定植后用竹竿引缚

6. 草莓苗种植

我国的草莓生产园普遍是“一年一种”的栽培模式,华南地区根据气候情况,种植草莓的时间以 9 月下旬至 10 月上旬为宜，早熟品种一般从草莓苗种植至第一批果实成熟采收需要 75～80 d。草莓苗每个畦种植两行，行距为 30 cm，株距 18～20 cm，“品”字形定植，苗量约 6 000 株/667 m^2，因为部分草莓苗种植后会发生死苗，故需要准备 10%的备用苗，供死株补种使用。草莓园植苗前 4～5 d 用滴灌把畦面滴透水，使植苗当天畦面土壤疏松且湿度适宜，方便种苗。每一批苗定植前用杀菌剂“嘧菌酯”25%悬浮剂 1 500 倍稀释液浸泡幼苗根系 20～30 min，然后借助专用于草莓种植的定植钗或小手铲定植幼苗，定植过深过浅都不利于幼苗恢复生长，按照“深不埋心，浅不露根”的原则种植草莓苗，定植时将幼苗的根系长度分为 3 份，在距离根茎约 2/3 长度处用定植钗将根系压埋到土中，但幼苗的苗心还须露出土面，减少芽枯病的发生，用手压实定植点的土壤，种后 1～2 h 立即淋定根水，用小水缓和淋透幼苗根部土壤，且必须防止露根。因 9 月下旬至 10 月上旬华南地区北回归线以南地区的中午和下午气温高，种植后约 15 d 之内，草莓园上方遮盖遮阳网防晒降温(图 3-69)，确保有较高的成活率。

图 3-69 草莓种植后约 15 d 种植行撑遮阳网防晒降温(南宁)

草莓幼苗种植技术
(裸根苗)

草莓整地作畦技术

果树苗木种植技术
(容器苗木种植)

任务四 果树高接换种

高接换种是荔枝、杧果、板栗等长寿果树低产园或丰产低效园改造和品种更新的重要手段，回缩副主枝嫁接，嫁接高度 1.2～1.5 m，锯口平滑，直径 3～10 cm，侧面不能撕裂，分枝处距离断口约 30 cm，树冠留 1～2 枝粗度在 2～4 cm 且保留叶片的枝条作“抽水枝”，保持植株较强蒸腾能力利于嫁接成活。也可以将主枝或副主枝回缩，等到新梢老熟再嫁接到新梢长成的小枝上。接穗枝段应有 2～3 个芽体，嫁接口及接穗密封绑紧，可用切接、改良切接、劈接等方法。高温多雨天气不宜高接换种。高接换种需了解中间砧和接穗品种亲和力，亲和力弱接穗长出新梢弱小甚至枯死。

果树高接换种(荔枝)

【课程思政】

果树种植是一项绿色的事业

全球气候变化及其影响是极其复杂的全球性问题,如何"管好地球"是人类一个重大课题。2020 年 9 月 22 日,第七十五届联合国大会一般性辩论上,习近平主席郑重宣布:"中国将提高国家自主贡献力度,采取更加有力的政策和措施,二氧化碳排放力争于 2030 年前达到峰值,努力争取 2060 年前实现碳中和。"[1]彰显了中国积极应对气候变化、走绿色低碳发展道路的坚定决心,为全球生态文明建设提供"中国方案",展现了作为世界第二大经济体和国际社会负责任成员的中国为积极应对全球气候变化、推动构建人类命运共同体的责任担当。

为落实碳达峰碳中和目标,我国将应对气候变化作为国家战略,纳入生态文明建设整体布局和经济社会发展全局,加强顶层设计,坚定不移走生态优先、绿色发展之路,统筹产业结构调整、污染治理、生态保护、应对气候变化,协同推进降碳、减污、扩绿、增长,推动绿色低碳发展不断取得新进展,建设美丽中国[1]。

果树种植是一项绿色的事业,果品销售带来经济效益的同时,果树种植也产生了绿化大地的生态效益,真可谓一举两得。据国家数据网站公布的数据,我国 2004 年果园种植面积 1 003.5 万 hm^2,2022 年增加到 1 301.0 万 hm^2[2],为我国国土绿化面积增加、生态环境质量提升做出了积极贡献。当然,果树生产离不开化肥、农药及生长调节剂,当前果树生产管理在降碳减排方面还有扩展空间,应进一步推进化肥减量增效、农机绿色节能、果树修剪废弃物综合利用、果园土壤生物固碳等降碳生产管理措施,为我国和全球的绿色低碳发展、实现我国碳达峰碳中和的目标做出更大贡献。

来源:[1]《落实"双碳"行动 建设美丽中国》. 中华人民共和国中央人民政府网 https://www.gov.cn/yaowen/liebiao/202404/content_6948005.htm

[2]《果园面积》. 国家数据网 https://data.stats.gov.cn/easyquery.htm? cn=C01

【思政元素】

保护地球和生态环境人人有责。中国为积极应对全球气候变化、为全球生态文明建设提供"中国方案",展现了对人类命运共同体的责任担当。新时代农业技术人员要响应国家的政策,贯彻新发展理念,坚定不移走生态优先、绿色低碳的高质量发展道路,从保护生态环境的角度出发,创新生产技术,提升管理水平,推动农业高质量发展、可持续发展,为加快形成节约资源和保护环境的产业结构、生产方式、生活方式、空间格局做出贡献。

项目四　果园土肥水管理技术

【学习目标】

了解和掌握果园土壤改良、地面管理、灌溉、施肥的生态环保理念和技术，熟悉并掌握果园水肥一体化管理技术；了解和掌握柑橘、荔枝、香蕉、火龙果、葡萄、草莓等6种代表性果树的常规施肥和水分管理技术。

任务一　果园土壤管理

土壤通常是指地球陆地表面能够生长绿色植物的疏松多孔物质层，土壤是自然栽培果树的基质，是果树生长结果的基础，土壤物理组成包括固相、液相和气相，三者之间相互影响，相互制约，共同影响土壤性状和肥力，养分、水分、空气、热量是土壤肥力四大因素。土壤的矿物质（占土壤固相质量约95%，是植物营养元素主要来源）、有机质（土壤中含碳有机化合物总称）、水分、空气、微生物影响了果树根系生长。良好的土壤有机质含量20～30 g/kg（即2.0%～3.0%），土壤有机质含量≥30 g/kg的属于丰富水平，≤20 g/kg的属于较缺乏，≤10 g/kg属于缺乏状态。而土壤微生物种群数量及活性反映土壤健康的指标之一，是评价果园土壤健康的活性因子，在果树所需土壤养分的活化及循环中起着关键作用。钱琛、范伟国等2024年在山东研究表明，高产优质果园的土壤细菌种群数量、群落构成等明显优于低产果园，高产优质的果园土壤中菌落种群和构成更为优化稳定，细菌种群更加丰富，促进根吸收养分能力增强，果实品质和产量提高。土壤酸碱度也影响土壤物理性质、微生物活动、植物生长发育和土壤养分有效性。

一、果园土壤改良

果园通常只能在坡地或土壤条件较差的土地上建设发展，因受限于建园土壤条件限制，果园多数是耕作层等有效土层薄，土壤肥力水平较低，果树根系生长土壤环境差。但果园土壤肥沃、有机质丰富、疏松透气、水含量适宜、酸碱度适宜、有益微生物种群和数量丰富，果树根系才能生长发达，其吸收土壤养分、水分能力强大，才能使果树获取充足营养和水分，使其枝叶生长良好和果品丰产优质。如柑橘以土层厚度≥60 cm、地下水位低（低于1.0 m）、疏松透气、排水良好、pH5.0～7.5、土壤有机质含量≥2.0%的土地栽培为宜，土壤疏松透气、土壤含氧量≥3%才有利于根系须根的生长，土壤孔隙量≥3%须根量大。土壤田间持水量60%～80%、土壤绝对含水量17%～18%适宜柑橘各种砧木的根系生长。若排水不良、土层过浅、盐碱地及土壤有机质≤1%，柑橘根系生长不良，植株矮小，生长结果不好。戴良昭研究表明，柑橘园土壤有机质含量高，果实糖含量和可溶性固形物就高，酸度低、品质好。姚青等研究表明，柑橘园VA菌根真菌能显著提高柑橘果汁可溶性固形物含量,固酸比,果皮油胞层磷、糖、类胡萝卜素含量;果皮着色度显著高于对照,改善果实的外在与内在品质。苏雪霞、刘庆辉等 2021 年在广州对华南荔枝主产区荔枝园 470 个土壤样本进行分析,结果表明,70.0%的果园有机质含量处于中下(10～20 g/kg)水平,18.9%和 5.7%的果园分别处于缺乏(6～10 g/kg)和极缺乏(<6 g/kg)水平,仅有 5.1%的果园处于中上(20～30 g/kg)及以上水平,调查的荔枝园土壤普遍酸性强,90%以上果园土壤为酸性和强酸性,土壤阳离子交换量整体处于低水平,保水保肥能力弱,土壤有机质、碱解氮、速效钾及有效钼含量处于中低水平,交换性钙和镁及有效硼处于低水平,调查的果园土壤养分肥力总体偏低且不均衡。邱全敏、王伟等 2020 年在广西、广东等 5 省(自治区)的荔枝园共采集 458 个土样研究华南荔枝园土壤 pH 状况,结果表明,pH<4.5 强酸性土壤果园占 45.7%,pH 4.5～5.5 酸性土壤果园占 48.0%,两者合计高达 93.7%(表 4-1),而土壤偏酸易引起土壤有效养分失调。香蕉适宜生长的土壤 pH 为 5.8～6.5、有机质含量≥2.0%。张江周等(2022)的研究结果表明,我国海南、广东、广西、云南和福建 5 省(自治区)香蕉园土壤养分处于中等以下水平所占比例较高(表 4-2),图 4-1 统计显示,86.3%香蕉园土壤有机质处于潜在缺乏及以下水平(<30 g/kg),97.1%的土壤碱解氮处于中等以下水平(<150 mg/kg),

表 4-1 华南荔枝园土壤 pH 分级及所占百分数(邱全敏等,2020) %

pH 分级	酸碱性	华南	广东	广西	福建	海南	云南
<4.5	强酸性	45.7	35.1	66.3	16.0	15.0	—
4.5～5.5	酸性	48.0	57.7	31.0	76.0	70.0	25
5.5～6.5	弱酸性	5.0	5.4	2.2	8.0	15.0	50
6.5～7.5	中性	1.1	1.8	—	—	—	25
7.5－8.5	弱碱性	0.2	—	0.5	—	—	—

表 4-2 我国香蕉主产区香蕉园土壤养分处于中等以下水平所占比例 %

土壤养分标准	海南	广东	广西	福建	云南
有机质<20 g/kg	94.3	80	47.6	97.2	77.8
碱解氮<90 mg/kg	94.3	80	81	52.8	82.5
有效磷<10 mg/kg	2.9	0	19	0	11.1
速效钾<100 mg/kg	20	33.3	19	5.6	3.2
交换性钙<700 mg/kg	62.9	33.3	47.6	20.4	42.9
交换性镁<100 mg/kg	80	40	85.7	64.8	39.7
有效铁<4.5 mg/kg	0	0	0	0	0
有效锰<5.0 mg/kg	0	6.7	25	0	0
有效铜<0.2 mg/kg	0	0	0	0	0
有效锌<0.5 mg/kg	2.9	0	0	0.9	0
有效硼<0.5 mg/kg	25.7	40	57.1	12	25

60.8%的土壤交换性镁处于潜在缺乏及以下水平(<100 mg/kg)。柑橘园深翻改土与未深翻改土根系生长量比较见表4-3,根系一次根和二次根数量、总长度都明显增加。因此在土壤条件不良的土地种植果树,首要是对果园土壤改良,合理施用氮、磷、钾肥,注重有机肥及钙肥、镁肥、硼肥等中微量元素肥料的施用,调节土壤pH至适宜范围,改善土壤的肥力、保水性、透水性、通气性、温度和酸碱度条件,增加土壤微生物种群及其数量,提升果园土壤肥力和土壤健康水平,为促进根系生长发达创造良好的土壤环境条件。

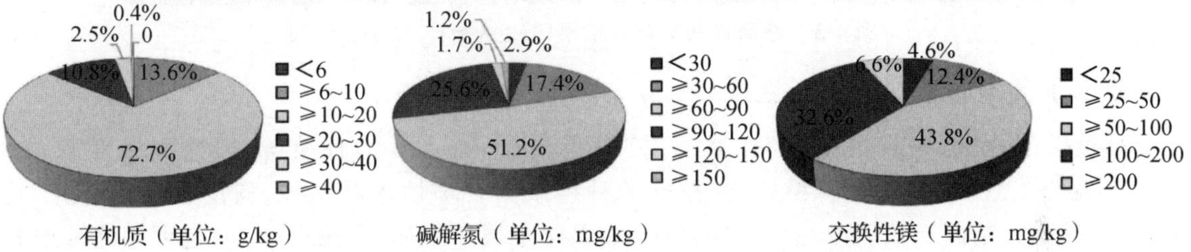

图4-1　华南地区香蕉园有机质和碱解氮、交换性镁含量分级及各级所占比率

表4-3　柑橘园深翻改土与未深翻改土根系生长量比较(张玉兴,2011)

母根数(直径0.2～0.6 cm)	未深翻			深翻		
	一次根		二次根	一次根		二次根
	数量/条	总长度/cm	数量/条	数量/条	总长度/cm	数量/条
8	25	303.5	13	61	785.5	170

果园土壤改良措施如下:

1. 降低果园地下水位

该措施主要是针对地下水位高的平地果园和地势较低的果园,在各种植小区(面积约0.5 hm^2)四周挖深度0.8～1.5 m排水沟(图4-2),使中上层的土壤水分渗透到沟里排走,避免中上层土壤积水导致根系长期处于水分过于饱和状态,土壤氧气不足,根系生长和吸收受抑制,根系生长不良,植株矮小、枝叶黄化。葡萄等部分果树的果园设置高出地面0.5～0.8 m栽培容器限根栽培(图4-3),减少高地下水位对果树生长影响,容器内填入自然土壤与有机肥及花生壳、谷壳等有机物按一定比例混合的栽培基质。

图4-2　降低果园地下水位的排水沟(柑橘园,广西贵港)

图 4-3 地面容器限根栽培果树(左为葡萄,右为杨桃)

2. 施用有机肥和石灰改良土壤

种植果苗之前,挖深度 0.6～1.0 m、长和宽 1.0～1.2 m 的种植坑,或挖掘深度 0.6～1.0 m、宽约 1.0～1.2 m 的种植条沟,挖好的种植条沟要埋填落叶枯枝、树皮、木屑、谷壳、花生壳等有机物、精制有机肥及一些钙镁磷肥,如果园土属于黏质土,疏气性差,也可用河沙或石米与土壤混匀后回填,有机物需与土壤拌混后再回填种植条沟。苗木种植后每年扩坑改土1次,在树冠滴水线处挖改土条沟(图 4-4),改土沟深度和宽各约 50 cm,长度与树冠直径相当或至少 1.0 m(图 4-5),改土条沟挖掘可利用小型挖掘机进园开沟、搅拌肥料和土壤并回填改土沟(图 4-6),降低劳动强度,提高改土工作效率。因为华南地区果园土壤普遍酸度高,因此每年改土时常施用石灰粉(2.0～2.5 kg/株)提高土壤的 pH,石灰粉与有机肥混匀施入土壤。挖掘改土沟时,裸露的伤根要用枝剪沿沟壁剪平,回填土壤要高出地面约 20 cm,防止改土沟内的有机物分解造成土壤下沉,避免因积水导致根系腐烂。果园施入的有机肥等有机物分解后生成腐殖质,使土壤形成良好团粒结构,提高阳离子交换量,改良土壤透气性等物理性状。

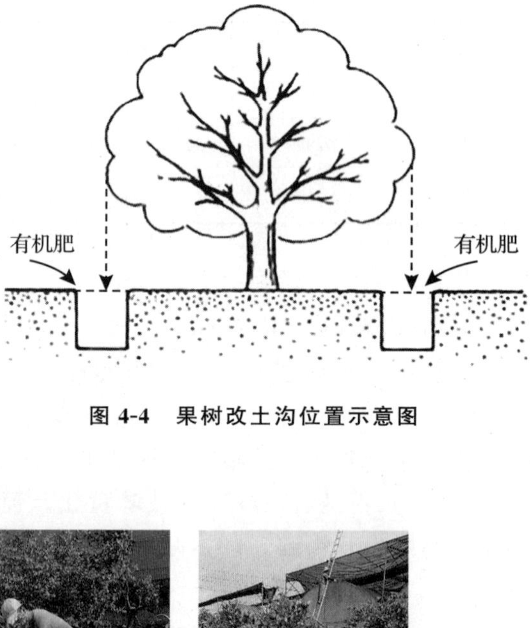

图 4-4 果树改土沟位置示意图

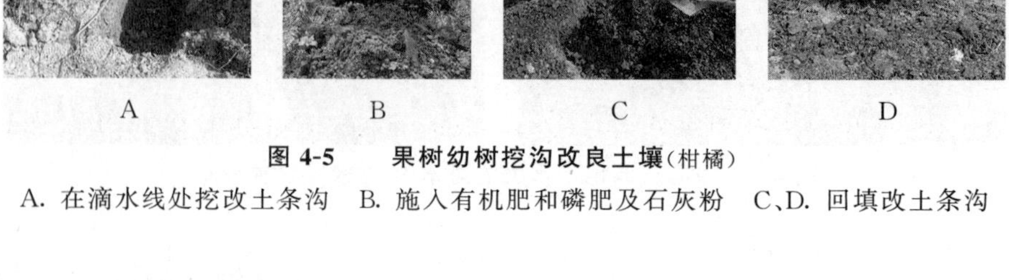

图 4-5 果树幼树挖沟改良土壤(柑橘)

A. 在滴水线处挖改土条沟 B. 施入有机肥和磷肥及石灰粉 C、D. 回填改土条沟

图 4-6　借助小型挖掘机挖掘和回填果园改土沟

3. 全园深翻改良土壤

在熟土层耕作层浅薄的土地建设果园，种植苗木之前使用拖拉机耕犁(图 4-7 左)或挖掘机挖掘，深翻土地 40～60 cm，将深层泥土耕翻到地表，然后全园撒施有机肥 4 000～5 000 kg/667 m^2、石灰粉约 50 kg/667 m^2(图 4-7 右)，使用拖拉机旋耕土地，使生土和熟土及有机肥相对混匀，增加疏松土层厚度，提高土壤肥力和深层土壤透气透水性，为果树种植后根系生长创造有机质丰富、疏松透气、土层深厚的土壤环境。高密度种植的果树如火龙果、百香果、香蕉、草莓、菠萝等果树适于使用该方法。如图 4-8 所示，相对自然黏土种植的草莓，在肥力充足、疏松透气、能灌水能排水的栽培基质种植的草莓植株根系生长发达，白色或浅黄色新根量大，吸收能力强，地上部叶、果生长量更大。

图 4-7　果苗种植前全园深翻结合施有机肥改土

图 4-8　人工配制的栽培基质种植(左)和自然黏土种植(右)的草莓植株根系

部分果园多年持续大量施用化肥，土壤酸化和板结程度加重，降低土壤矿质养分的有效性和微生物数量及活动能力，破坏土壤结构，不利土壤良性发育。这种果园每年要施用土壤调理剂改良土壤。土壤调理剂是改良土壤一种有效材料，主要成分为 CaO，pH8.5～11.5，每年在配合施用化肥和有机肥的基础上，酸性土壤果园施用土壤调理剂能有效提高土壤 pH，改良土壤，培肥地力，提高土壤有机质和有效养分含量。

二、果园地面管理

(一)地面生草

果园地面生草是改善果树生态条件的土壤管理技术。柑橘、荔枝等木本果树的幼树果园除了以植株为中心直径 1.0～1.2 m 的树盘保持无草的状态外，果园其余地面任其自然长草(图 4-9)，但草的高度要控制，当高度超过 30～40 cm 时，用电动割草机刈割，割下的杂草直接覆盖地面，经长时间日晒雨淋后逐渐腐烂，增加果园土壤有机质含量(图 4-10)。大多数果树种植后 1～2 年幼树果园行间有较大空间，可间种生姜、南瓜、豆类等短期作物(图 4-11)，也可种植绿肥如柱花草、藿香蓟、金光菊等。李承臻、袁秉琛等 2024 年在海南的研究结果表明，荔枝园间作柱花草后改善荔枝园土壤的理化性质，改变土壤菌群落结构，对荔枝园土壤环境条件起到优化作用，0～20 cm 土层硝态氮含量提高 47.52%，有效磷含量提高 141.53%，20～40 cm

图 4-9 柑橘行株间空地生草栽培(左：未结果园；中、右：结果园；地点：南宁)

A. 果园地面长草状态

B. 行间种植绿肥果园

C. 使用机械刈割草类

图 4-10 果园地面自然生草和使用机械刈割草类

图 4-11　果树封行前行间空地间作（左：香蕉园间种南瓜；右：番荔枝园间种生姜；地点：南宁）

土层硝态氮含量提高了 76.02%，有效磷含量提高 48.52%，但 0～20 cm、20～40 cm 的土层速效钾含量分别降低 188.57%和 125.59%；张绿萍、金吉林等试验研究结果表明，4 月初播种赤小豆、10 月中旬混播箭舌豌豆＋灰萝卜对贵州喀斯特山地火龙果园白花鬼针草的防控效果好，生草栽培有利于减少白花鬼针草的防控成本，降低火龙果果实发病率和发病指数，提高产量和商品性，而对火龙果果实品质影响不大；试验表明，葡萄园种植白车轴草控制杂草效果显著。何堂熹、罗聪等 2021 年在广西百色市试验研究，以清耕为对照，杧果园全园种植紫花苕子、矮扁豆、白三叶及自然生草，翌年 5 月刈割 1 次并覆盖于地表以及树盘周围，7 月抽样测定杧果果肉品质，10 月测定果园土壤样本，结果表明，果园地面生草提高该杧果园土壤有机质含量（除白三叶草外）、土壤微生物总量，也提高了果实可溶性固形物、维生素 C 含量及糖酸比；杧果园种植百喜草、藿香蓟的区域天敌数量明显大于清耕区。张雯娟、张正桂等 2017 年在武汉的研究表明，柑橘园全园种植白三叶全年控杂草效果好。虽然果园地面生草会消耗部分水分、营养，但果园地面生草可增加土壤有机质含量，平衡土壤温湿度，缓和降水对土壤的侵蚀，减少果园表土流失，吸引访花昆虫为果树授粉，还能提高自然天敌数量有效控制害虫。总体上能调控果园生态，节本增效，达到“生态优先、绿色防控”效果。

（二）地面覆盖

应用园艺抑草布（图 4-12A、图 1-13 和图 4-14）、塑料布（图 4-12B）及割除后的杂草和绿肥覆盖（图 4-12C），部分果园也应用白色地布（有防水透气、导热性低、高反射率、低辐射率等特点的新型地面覆盖膜材料）覆盖地面（图 4-15），主要作用是减少土壤水分蒸发量，减少杂草生长，冬春季有保持土壤温度效果，雨季减少雨水对表土冲刷，因为环境清洁，果园病害和害虫数量较少，浅色覆盖物还能反光（图 4-12A、图 4-15 和图 4-16），改善树冠中下部和果园行株间的光照条件，提高果实内部和外观品质；崔学宇、李静等 2019 年在广西容县的研究结果表明，果

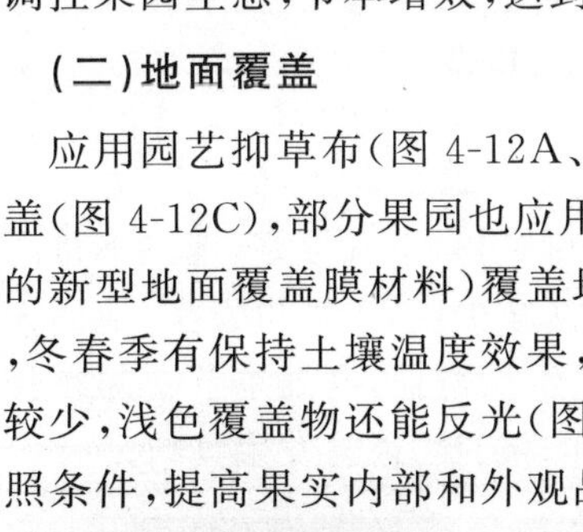

A. 地面覆盖园艺抑草布

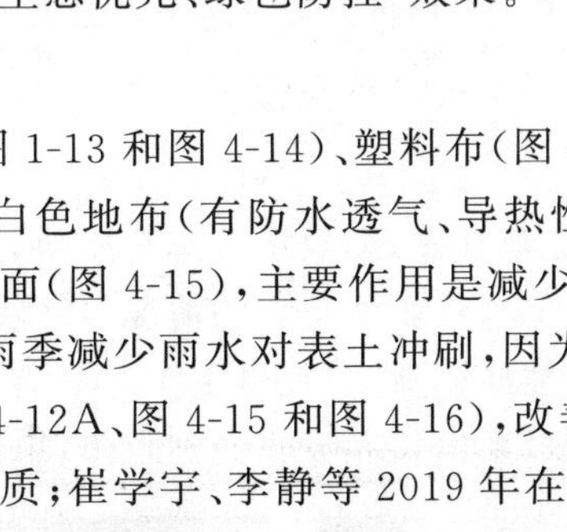

B. 地面覆盖塑料膜

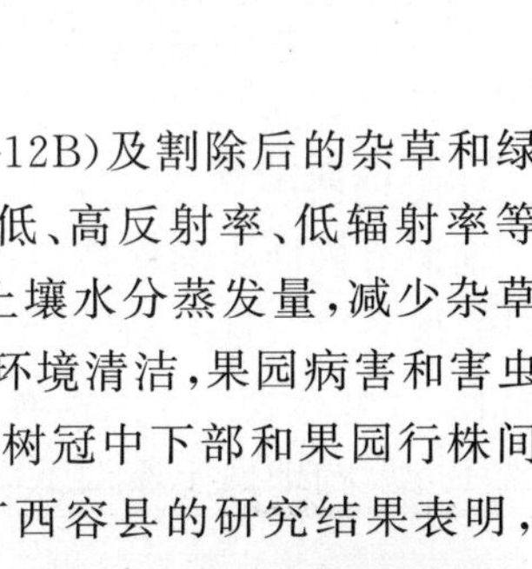

C. 地面覆盖干枯杂草

图 4-12　地面覆盖的果园（左：葡萄园；中：香蕉园；右：黄皮园）

实成熟前覆盖反光地膜和防水透气地膜可以改善沙田柚的果实品质。但是不易排水的园地，如果覆盖尤其是塑料布覆盖会使土壤含水量过大的状态维持时期长，抑制根系生长和吸收；夏秋高温季节，园艺抑草布、塑料布覆盖的地面土壤温度高，土温过高同样抑制根系生长和吸收，从而导致果树生长结果受影响；覆盖易使果树根系浮生(图 4-14)，降低果树根系抗旱抗寒能力。

图 4-13 园艺抑草布结合有机物覆盖地面的火龙果园

图 4-14 畦面覆盖园艺抑草布的火龙果根系浮生于地面

图 4-15 地面覆盖白色地布的柑橘园(湖北宜昌，2015)

图 4-16 种植畦面覆盖灰色反光塑料膜的金柑园(柳州融安，2023)

(三)地面清耕

地面清耕使土面保持疏松无草状态，如果铲草结合中耕，土壤疏松，透气性好，地温不过高时果树的根系生长量大；果树无杂草与其竞争肥水的情况；环境清洁减少病害、害虫发生；地面无草护固表土，果园表土在大雨时易被冲刷流失(图 4-17)；因无草类生长覆盖，高温季节暴露在强光高温环境里的地面土壤温度高，根系生长和吸收受到阻碍；果树的枝、叶、果易发生日灼。

图 4-17 果园地面清耕的柑橘园(左)及因清耕表土被雨水冲刷流失地面(右)

(四)地面免耕

地面生长草类利用除草剂除灭,长时间不对果园土壤进行物理除草、耕作及间种其他作物,该方法使土壤自然结构少受干扰和破坏,节省除草劳动成本和机械操作能源消耗。但只能应用于土壤条件良好的果园。

(五)综合管理

不单独只实施地面免耕、地面清耕、地面覆盖、地面生草的管理模式,而是2～3种措施相结合管理果园。如图4-16,种植畦面采取有机物覆盖、畦沟覆盖园艺抑草布;图4-9树下清耕无草,但行间生草;图4-14,以2～3年为周期,中耕除草并施充足有机肥,每行果树种植畦面铺3～4根滴灌管,然后覆盖灰色塑料膜,2～3年不揭塑料膜,不进行任何土壤耕作,畦沟使用除草剂防灭杂草;部分果园冬春季种植绿肥(图4-10B),夏初4—5月刈割绿肥覆盖地面和树盘。

任务二　果园肥水管理

营养和水分是果树生长结果的物质基础,果树和其他农作物一样,“有收无收在于水,多收少收在于肥”,果树营养除自身叶片生产光合产物外,其生长结果良好还需要从环境中吸收矿质营养的氮、磷、钾、钙、镁、硫等6种大量元素及铁、锌、锰、铜、硼、钼、氯、镍等8种微量元素(图4-18),果树持续多年枝叶生长尤其是大量开花结果需要消耗大量营养元素,树体得不到所需要数量营养的补充,其生长和开花结果就不能正常进行。而果树光合作用、呼吸作用、蒸腾作用及营养物质吸收、运输等生理活动都需要水的参与才能正常进行,水分是否充足供应会影响枝叶萌发生长及花果生长,果树枝梢萌芽期、生长期和果实迅速膨大期需水量大,如果土壤含水量过低,果树枝叶就萎蔫,但土壤的含水量过大则根系生长和吸收受抑制,导致植株生长不良甚至死亡。所以经济栽培的果园要丰产稳产及果品优质需要进行合理的施肥和水分管理,补充树体生长和开花结果需要的营养和水分,是果园管理极其重要的工作。

图4-18　果树需要营养元素来源示意图

一、果园施肥

碳、氢、氧来源于大气的二氧化碳和土壤的水,果树需要的14种矿质营养元素自然状态下来源于土壤(图4-18)。果树连续多年开花结果会大量消耗自然土壤营养,土壤肥力水平降低。覃群明(2014)研究分析广西玉林市所辖的6个县(市)荔枝园共73个土壤样本,结果表明,按全国第二次土壤普查土壤养分分级标准,这些荔枝园的土壤养分肥力较低且不平衡(表4-4),土壤养分有机质、碱解氮、速效钾、有效钙、有效镁、有效硼、有效钼含量均属于低水平,有效磷和有效锌属于中偏低水平,只有有效铜属于中等水平、有效硫属于高水平。而李国良等(2015)关于砂糖橘养分累积分布特性研究结果表明:要生产50 kg果实,砂糖橘树体需要累积足够数量的N、P、K、Ca、Mg、S、Fe、Mn、Cu、Zn、B、Mo(表4-5)作基础,其中N、P、K、Ca、Mg、S养分比例为1∶0.10∶0.93∶0.41∶0.11∶0.21;在成熟期时,每收获50 kg果实,果实也要相应带走一定数量的各种营养元素(表4-5),其中带走N、P、K、Ca、Mg、S的比例为1∶0.12∶1.14∶0.16∶0.08∶0.17。因此每年都要给果树施肥,使果树得到营养补充和累积,为下一造的花果和枝叶作营养贮藏,才利于丰产和稳产,否则会发生产量大小年,甚至树势衰弱,多年不开花结果或开花结果后大量落花落果,不能获取经济产量。而华南地区柑橘、龙眼、杧果等绝大多数果园与玉林市多个荔枝园一样,果园土壤养分肥力总体偏低且不均衡,果树每年要达到生长结果良好的栽培目标,必须通过合理施肥补充营养。

表4-4 广西玉林市荔枝园土壤养分状况研究统计表(覃群明,2014)

项目	有机质	碱解氮	有效磷	速效钾	有效钙	有效镁	有效硫	有效铜	有效锌	有效硼	有效钼
平均值	13.9	68.0	14.1	63.6	339.9	47.0	51.4	0.68	0.85	0.13	0.14
变异系数	21.2	30.5	177.5	73.5	114.6	73.4	45.0	137.5	123.8	34.2	121.3
等级	缺乏	缺乏	中等	缺乏	缺乏	很缺乏	丰富	中等	中等	很缺乏	缺乏

注:有机质含量单位为g/kg,其他元素含量单位均为mg/kg,变异系数单位为%。

表4-5 砂糖橘结果树生产50kg果实需要累积和带走的养分数量(李国良等,2015)

营养成分	N/kg	P/kg	K/kg	Ca/kg	Mg/kg	S/kg
需要累积养分数量	0.393	0.040	0.366	0.161	0.043	0.083
果实带走养分数量	0.208	0.025	0.237	0.033	0.017	0.035
营养成分	Fe/mg	Mn/mg	Cu/mg	Zn/mg	B/mg	Mo/mg
需要累积养分数量	7 865	1 837	175	1 356	1 161	2.6
果实带走养分数量	702	151	87	228	573	0.9

(一)果树肥料分类

果树肥料通常分为有机肥、无机肥。有机肥指的是以家畜家禽粪便、植物体、麸饼肥等有机物质为原料的肥料。工业化生产的有机肥料是指来源于植物或动物，经过发酵腐熟的含碳有机物料，其功能是改善土壤肥力、提供植物营养、提高作物品质；微生物有机肥指有机固体废物（包括有机垃圾、秸秆、畜禽粪便、饼粕、农副产品和食品加工产生的固体废物）经微生物发酵、除臭和完全腐熟后加工而成的有机肥料。有机肥料所含的营养元素呈有机状态，需经土壤中的微生物分解才能释放其中所含的营养元素，有机肥养分全面但各营养元素含量不高，在一定的时间段内释放的养分浓度变化小且能持续供应，肥效持久，施用有机肥料能改善土壤结构，培肥土壤。无机肥通常称为化学肥料，用化学和物理方法制造的含有一种或多种营养元素的肥料，养分含量高，肥效迅速，施用化肥能在短时间内迅速提高土壤养分含量，但养分含量下降也快，短时间内养分变化剧烈。化肥是现代社会重要的农业生产资料，在果树、粮食等农业生产中广泛应用，在促进作物产量提高、保障我国粮食安全和重要农产品有效供给方面发挥重要作用。但果树等种植生产过程施用化肥过量会造成土壤盐碱化及环境污染，土壤微生物的生存受限，土壤健康恶化，果品等农产品质量下降。生产经验表明，连年施用有机肥的果园比只施用化肥的果园生产的果品品质优良，果园长期施用有机肥能显著改善土壤物理性状，土壤有机质丰富，土壤的透气性、保水性更优良，土壤更疏松。朱婧、李倩磊等 2020 年在江西赣州的研究表明，有机肥与复合肥配合施用有利于脐橙根系生长与土壤生物学性质优化。

（二）果树施肥量依据

通过叶片分析测定果树叶片主要营养元素含量，以叶片营养元素含量测定的结果为依据确定施肥量，是指导果园精准化平衡施肥的最佳方法。但目前大多数果园的果树施肥量确定方法主要是根据自己或他人施肥经验确定，或进行田间不同施肥量试验，根据试验结果最优处理确定适宜施肥量，也可利用仪器对果园土壤营养元素进行测定分析后确定施肥量。

因土壤条件不同、季节不同、地区气候条件不同、树种不同、植株树龄不同、植株根系生长量不同，要获取一个果园较为精确的施肥量比较困难，因此果园实际施肥量确定通常是通过田间试验获得较为合理施肥量，或参考其他丰产优质果园的施肥量而确定（表 4-6）。如《柑橘学》（邓秀新等，2013）认为肥料的利用率参考值是氮为 50％、磷为 30％、K 为 40％。如广西标准化协会 2023 年发布的《荔浦砂糖橘生产技术规程》（T/GXAS 573—2023）对砂糖橘结果树施肥建议方案是：春季采果后深施厩肥 10～25 kg/株、钙镁磷肥 1.0～1.5 kg/株、花生麸肥 1.0～1.5 kg/株、

表 4-6　部分果树种类每 1 000m² 面积的目标产量推荐的参考施肥量（伴野潔等，2021）

果树种类	施肥量/kg			目标产量/t
	氮(N)	磷(P_2O_5)	钾(K_2O)	
温州蜜柑	21.9	16.4	16.0	3.4
脐橙	32.6	23.9	24.6	3.4
葡萄	11.1	11.5	11.5	1.5
桃	14.1	9.8	12.7	2.0
柿	17.8	12.7	15.2	2.1
枇杷	20.4	16.7	16.2	0.9

复合肥 0.4～1.0 kg/株，熟石灰粉 50～100 kg/667 m^2；谢花肥在花谢时约 70％施入，估产当年约 25 kg/株施高钾型复合肥 0.2～0.4 kg/株，7 月中下旬至 8 月上旬，花生麸肥 1.5～3.0 kg/株、生物有机肥 1.0～2.0 kg/株、硫酸钾 0.15～0.25 kg/株，放秋梢前施高氮型复合肥 0.3～0.75 kg/株，如果能加沼液肥更佳。11 月树冠盖膜前施高钾型复合肥 0.2～0.3 kg/株。国家林业和草原局 2022 年发布的《澳洲坚果栽培技术规程》(LY/T 3263—2021)，对澳洲坚果 5 年树龄的植株施肥建议方案：10 月上旬施有机肥 12 kg/株，6 月上旬和 10 月上旬施复合肥($N-P_2O_5-K_2O=15-4-12$)1.4 kg/株和 0.7 kg/株；≥10 年树龄 10 月上旬施有机肥 25 kg/株，6 月上旬和 10 月上旬施复合肥($N-P_2O_5-K_2O=15-4-12$)3.4 kg/株和 1.4 kg/株。肥料尤其是化肥过量施用，果树不能完全吸收，施入肥料会随雨水流失，造成环境污染，而氮肥过量施用，果实着色不良，果实成熟期延迟，有机酸含量高，品质下降，荔枝、龙眼、杧果等冬春季花芽分化的果树因树体氮量过于富余，其秋梢成熟期延迟，不利花芽分化。

樊小林、戴建军等 2005 年在广东茂名的研究，建议荔枝秋梢肥施用高氮复合肥(20－10－10)2.0 kg/株，秋梢到开花前选用高磷钾复合肥(8－16－16)1.0 kg/株，坐果后施用高钾复合肥(12－10－21)1.0 kg/株。郭玉婷、伏广农等 2010 年调查研究高州荔枝园年施肥情况(表 4-7)，高州地区荔枝园促梢肥氮、磷、钾肥料的施用量分别为 0.369 kg/株、0.380 kg/株、0.260 kg/株，分别占全年施肥量的 28.61％、54.25％、24.32％；促花肥在花芽分化前 10～20 d 施入，促花肥的氮、磷、钾肥料施用量分别为 0.519 kg/株、0.322 kg/株、0.427 kg/株，分别占全年施肥量的 40.23％、45.91％、39.89％；壮果肥在清明前后施用，氮、磷、钾肥料施用量分别 0.404 kg/株、0.201 kg/株、0.384 kg/株，占全年 31.31％、28.75％、35.89％。海南省《无公害食品妃子笑荔枝生产技术规程》(DB 46/T 48—2006)对结果树施肥推荐方案：$N-P_2O_5-K_2O=1:(0.3\sim0.6):(1.0\sim1.5)$，产量 50 kg/年的植株全年施纯 N1.2～3.5 kg/年、P_2O_5 0.7～1.9 kg/年、K_2O 1.2～3.5 kg/年，其中采果前 10 d 左右施有效成分 30％复合肥($N-P_2O_5-K_2O=11:7:12$)5.5 kg/年。

表 4-7 高州荔枝园 3 个生育期的化肥施量 kg/(株・年)

施肥时期	氮(N)	磷(P_2O_5)	钾(K_2O)
促梢肥	0.369	0.380	0.260
促花肥	0.519	0.322	0.427
壮果肥	0.404	0.201	0.384

果园可进行测土配方确定施肥量。测土配方施肥是依据特定的果树种类等作物需肥规律、土壤供肥特性，合理确定氮、磷、钾 3 种大量元素和钙、镁中量元素及锌、铁、硼等微量元素的适宜用量和比例，采用科学施用方法的施肥技术。测土配方施肥的核心技术是调节和解决果树等作物需肥与土壤供肥之间的矛盾。测土配方施肥技术包括“测土、配方、配肥、供应、施肥指导”5 个核心环节。“测土”这一环节需要土壤肥料科研单位或部门的科技人员利用土壤分析专业仪器(图 4-19 和图 4-20)和设备对特定地区的土壤进行科学分析测试，才会得到正确土壤信息。根据该果园土壤营养元素含量的标准，判断该果园土壤各营养元素丰缺。根据

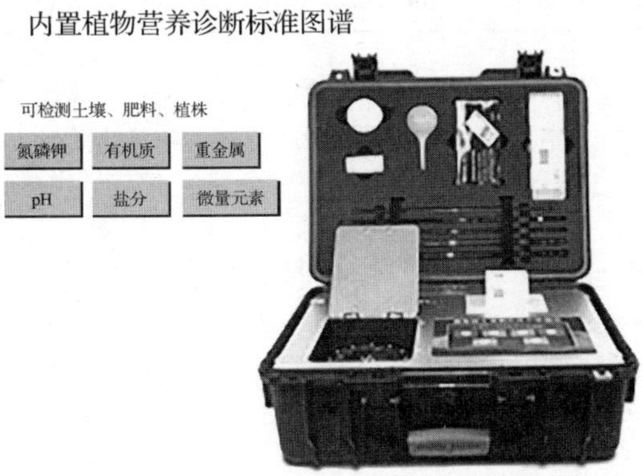

图 4-19　测土配方施肥养分检测仪

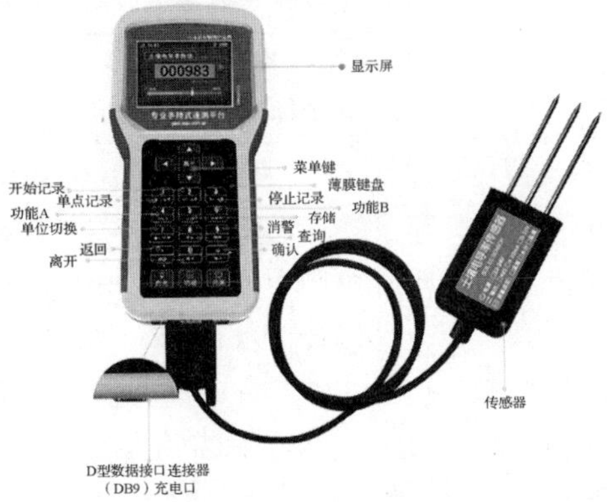

图 4-20　土壤 pH 等主要指标手持速测仪

测定结果估算土壤供肥能力，对采样果园制定针对性较强的施肥方案，满足果树正常生长和开花结果对各种营养元素的需要，也防止施肥的盲目性、无效性和多余性。测土配方施肥的特征就是"产前定肥"，即产前决定肥料的种类和数量，达到计划用肥、经济用肥、减少化肥污染环境的效果。陆若辉、边武英等 2008 年在杭州大棚草莓栽培中应用测土配方施肥技术，减少化肥投入约 20%，增产超过 5.5%，增收超过 1.8 万元/hm^2。罗群胜等 2014 年在广东乐昌根据其测土配方施肥研究结果，建立了该地区柰李的碱解氮、有效磷、速效钾丰缺指标的数学模型，计算出粤北山区柰李不同土壤有效养分含量时的推荐施肥总量（表 4-8）。

表 4-8　柰李不同土壤有效养分含量时的推荐施肥总量（罗群胜等，2014）

氮		磷		钾	
碱解氮含量/(mg/kg)	推荐施氮总量/(kg/667 m^2)	有效磷含量/(mg/kg)	推荐施磷总量/(kg/667 m^2)	速效钾含量/(mg/kg)	推荐施钾总量/(kg/667m^2)
<42.41	>28.08	<3.17	>13.06	<34.03	>28.67
42.41～82.84	15.52～28.08	3.17～29.84	7.21～13.06	34.03～72.96	16.77～28.67
82.84～114.56	9.43～15.52	29.84～179.40	2.52～7.21	72.96～134.30	7.25～16.77
>114.56	<9.43	>179.40	<2.52	34.30	<7.25

果树施肥量确定还可以以叶片营养元素含量测定结果为依据，对果树叶片进行营养分析并对照已建立的营养含量标准，判断该果园的果树营养元素含量是富余还是缺少，提出适宜的施肥量。如按柑橘叶片营养元素含量分级标准，叶片适宜的氮含量是 25～33 g/kg、适宜的钾含量是 9.0～17.0 g/kg、适宜的磷含量是 1.2～1.8 g/kg，钙、镁等其他营养元素适宜含量范围见表 4-9。曾林芳等(2012)对广西富川县 60 个纽荷尔脐橙园的叶片样品进行营养成分检测分析，根据柑橘叶片营养元素含量分级标准，富川脐橙园叶片磷、钾、镁、铁和锰绝大多数处于适量范围，相当比例果园叶片氮、钙为低量水平，缺铜较严重，全部缺锌（表 4-9）。深圳市宝安区农业科技推广中心等单位 2016 年合作开展"荔枝生理监测及营养诊断研究与应用"项目，对多个糯米糍荔枝 10～20 年丰产园不同生育期叶片的主要营养元素进行测定，提出了糯米糍荔枝丰产园叶片矿质营养含量标准值（表4-10），作为糯米糍荔枝施肥及施肥量确定的参考依

表 4-9　柑橘叶片营养元素含量分级标准和富川脐橙叶片营养元素含量调查(曾林芳等,2012)

营养元素	柑橘叶片营养元素含量分级标准的含量范围			富川脐橙叶片调查样本营养元素含量范围	营养元素适量的样本占比/%
	低量	适量	高量		
氮	<25	25~33	>33	22.76~30.96	88.90
磷	<1.2	1.2~1.8	>1.2	1.19~2.46	70.40
钾	<9.0	9.0~17.0	>17.0	10.46~37.19	25.90
钙	<30	30~55	>55	17.56~47.26	70.40
镁	<3.0	3.0~7.0	>7.0	3.11~5.64	100.00
铁	<60	60~120	>120	56.11~270.51	14.80
锰	<25	25~200	>200	25.42~251.32	92.60
铜	<4	4~18	>18	1.06~19.61	29.60
锌	<25	25~50	>50	8.69~23.50	0.00

注:氮、钾、磷、钙、镁单位为 g/kg,铁、锰、铜、锌单位为 mg/kg。

表 4-10　糯米糍荔枝丰产园叶片矿质养分含量标准值范围(李楚彬等,2016)

生育期	全氮/(g/kg)	全磷/(g/kg)	全钾/(g/kg)	全钙/(g/kg)	全镁/(g/kg)	全锌/(mg/kg)	全硼/(mg/kg)
秋梢老熟期	15.08~20.31	1.84~2.71	4.33~6.08	2.12~4.58	1.22~1.93	12.80~22.90	16.60~19.70
花芽分化期	16.48~20.65	1.82~2.56	8.80~11.88	1.87~3.20	1.05~1.60	15.40~31.20	9.50~13.30
谢花期	15.84~19.18	1.04~1.58	6.57~10.44	2.81~4.99	1.14~2.00	15.70~27.40	9.80~14.00
果实成熟期	14.79~16.47	1.06~1.49	8.14~12.84	1.33~2.75	0.53~1.04	12.1~20.60	13.10~18.50

据。但叶片分析诊断施肥过程因其繁杂且非专业人员无法操作,因此截至当前并未较大范围使用。因植物叶片氮含量与叶绿素含量之间具有较高相关性,生产上可使用植物叶绿素测定仪(图 4-21)测量果树叶片叶绿素含量,即时显示叶片叶绿素含量、叶片氮含量、叶片温度、叶片湿度数值,与制定的同品种果树丰产优质植株叶片叶绿素含量、叶片氮含量对比,判断叶片氮含量是富足还是缺少,作为氮肥施用量的参考指标。

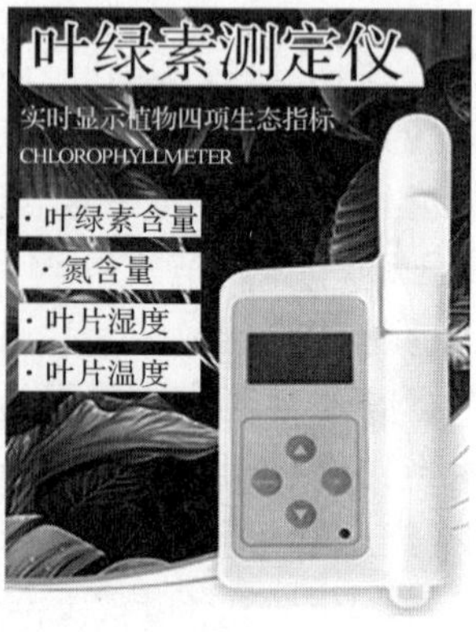

图 4-21　植物叶绿素速测仪

(三)果树施肥方法

1. 土壤施肥

土壤施肥分为挖沟深埋肥料和淋施肥料稀释溶液。挖沟埋施肥料时在树冠滴水线对面两侧各挖1条施肥沟(图4-4和图4-22左)。如果埋施有机肥,通常挖深度和宽各约50 cm、长度与树冠直径相当或至少1.0 m的施肥沟,如果沿着种植行两侧树冠滴水线,使用挖掘机各挖1条全线贯通的施肥沟更好(图4-6);如果是追施复合肥、尿素、硫酸钾等化肥,施肥沟深度、宽度约20 cm即可,长度约1.0 m,如果能沿着树冠地面滴水线挖环状施肥沟(图4-22右),施肥面积大,效果更佳;有时结合树盘中耕施肥,在树盘撒施肥料后进行中耕并将肥料埋入土中。无论果树树冠直径大小,通常都选择在树冠滴水线挖施肥沟是因为滴水线处的表土层果树新根量较多,吸收能力强,肥料利用率高。将肥料施入施肥沟肥土混匀后再将施肥沟回土填平。除了埋施有机肥外,产业化经济栽培的柑橘、香蕉等果园当前绝大多数都是建设水肥一体化管理设施,平时土壤追肥都是通过水肥一体化管理设施的管道进行滴灌或微喷完成,高效快速,肥料利用率高,肥效快。麸肥可以用粉碎机将其粉碎,在发酵池加入发酵菌进行增氧发酵(图4-23)15～25 d后稀释淋施到果园效果更佳。畜禽粪则加入发酵菌、木糠或谷壳使用挖掘机拌匀后堆沤发酵至腐熟,挖沟深施(图4-4),也可暂时直接铺到种植畦面(图4-24)待到农闲时结合中耕翻埋到土中。

图4-22　沿着树冠滴水线挖对面条沟(左)或环状沟(右)施肥

图4-23　花生麸加发酵菌增氧发酵

图4-24　用发酵腐熟有机肥覆盖畦面的火龙果园

2. 根外追肥

果树根外追肥主要是指叶面喷雾追肥(图4-25右),叶面追肥是指将肥料用水稀释配制成安全浓度的溶液后通过喷雾机械将溶液喷雾到果树树冠枝叶的施肥方式。如磷酸二氢钾、硫酸钾溶液浓度为 0.2%～0.5%，硫酸镁 0.1%～0.2%，硫酸锌 0.2%～0.4%，硼砂 0.2%。商品复配的叶面肥料按产品推荐稀释浓度配制成溶液。叶面追肥主要通过叶片气孔吸收溶液，可快速补充树体需要的营养元素。叶面追肥溶液附在枝叶时间越长越利于营养吸收，因此忌在晴热天气或雨天进行。果树叶面追肥除了小型的背负式电动喷雾器、手推式汽油机喷雾器(图 4-25 左)外，大型果园通常使用植保无人机(图 4-26)、拖拉机牵引的中型喷雾器(图 4-27)进行叶面追肥，尤其是植保无人机操作已经智能化自动化，可以在不规则的果园里进行全自动作业，自动避开建筑物、池塘和电线等障碍，整个作业过程不需要人工干预，因无人机在空中飞行作业，不受果园地形地势影响，无论坡地还是平地果园均能进行，只要天气良好白天和黑夜均可作业，喷雾 1.5～2.0 hm^2/h，喷雾肥药效果好，节省人工，工作强度小，省时间省费用，农药和肥料利用率相对传统喷雾设备提高 30%以上，喷雾用水量节省约 80%。另外，部分果园采用打孔吊针的方法给果树补充营养，但因为要用电钻(钻头 4 mm)对枝干打孔至少 2 个，孔的深度 1.5～2.0 cm，对果树枝干损害较大，该方法应慎重使用。

图 4-25　使用小型汽油机作动力的喷雾器(左)对果树叶面追肥(右)

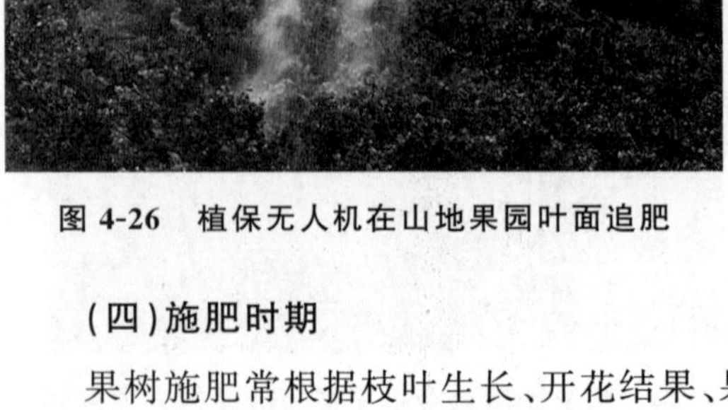

图 4-26　植保无人机在山地果园叶面追肥

图 4-27　拖拉机牵引的中型喷雾器叶面追肥

(四)施肥时期

果树施肥常根据枝叶生长、开花结果、果实生长期等物候期进行针对性施肥，作基肥的迟效肥如有机肥通常在冬季或春季开花前挖沟埋施。大多数果树平时作追肥的化学肥料则常按花前肥、花后肥、壮果肥、促梢肥、采果肥施用。施用花前肥利于花质量提高，减少落花落果数量；施花后肥减少幼果落果量；壮果肥是满足处于快速膨大期果实对养分需求；促梢肥则促进新梢萌发并健壮生长；采果肥则尽快在果实成熟采收后施肥，恢复树势，积累树体营养。花果期短但能连续开花结果的果树如火龙果、草莓则需整个花果期注重定期追肥，提供充足营养满足开花结果的需要。

(五)施肥原则

果园施肥最好是有机肥和化肥配合施用，兼顾化肥的速效性和有机肥的持续性，促进土壤养分循环、改善土壤结构和增加土壤肥力。化肥施用氮、磷、钾肥，还要注意施用钙、镁、铁、锌、硼等中微量元素的化肥。

果园水肥一体化管理　　果园叶面追肥

二、部分主栽果树施肥

(一)柑橘施肥

1. 幼树施肥

柑橘种植后第1～3年主要是通过加强肥水管理结合整形，促进幼树每年抽生新梢3～5次，生长的枝梢健壮，培养利于早结果早丰产的树冠。对于没有实行水肥一体化管理的小型柑橘园，定植后第1～2年土壤施肥在施用平衡型氮磷钾复合肥基础上，加大尿素等氮肥施用量，40～50 d施肥1次，全年施肥7～8次或按“一梢两肥”施肥，新梢萌发前施肥一次，新梢转为绿色后施肥一次，每次施复合肥($N-P_2O_5-K_2O \geqslant 15\%-15\%-15\%$)50～200 g/株、尿素50～150 g/株；夏秋季追施含钙、镁、锌、铁等中微量元素混合化肥1～3次，每次施肥量15～20g/株，树冠较大的施肥量稍大，树冠较小的施肥量稍少一些，以环状沟施肥或树盘撒施翻土埋肥为宜，扩大施肥面积利于根系吸收。结合病虫害防治在每次农药溶液中按叶面肥浓度为0.2%～0.3%加入叶面肥，溶解搅拌均匀后喷雾进行叶面追肥。对于实行水肥一体化管理的柑橘幼龄果园(表4-11)，每个月通过滴灌滴肥方式追肥2～3次，施肥量以上述每年每株柑橘幼树施肥总量平均计算，在每年的3—10月每间隔10 d滴肥1次，每次滴肥量是复合肥($N-P_2O_5-K_2O \geqslant 15\%-15\%-15\%$)50～60 g/株、尿素50 g/株，其中5—8月，每次滴灌追肥加入5～10 g/株含钙、镁、锌、铁等中微量元素混合化肥。每年10—11月施用商品有机肥10.0 kg/株或堆沤腐熟的花生麸饼肥1.0～1.5 kg/株、钙镁磷肥1.0～1.5 kg/株作基肥。

2. 结果树施肥

柑橘结果树施肥在年周期施肥中通常按物候期进行，重点是春季花前肥、谢花稳果肥、夏季壮果促梢肥、采果肥，其中6—8月果实成熟采收的特早熟温州蜜柑等早熟品种，春季花前肥和采果肥应各占全年施肥总量的约45%；除树势弱的植株外，枝叶生长旺盛的果树不施或少施谢花稳果肥，避免促发大量夏梢与幼果争夺养分，坐果率低。全年施入的各营养总量根据目标产量确定。广西桂洁公司西林砂糖橘生产基地目标产量4 000～5 000 kg/667 m^2，全年施肥方案：5月

表 4-11 柑橘幼龄果园水肥一体化管理年周期追肥方案

(品种:沃柑;果园地址:广西南宁隆安县;方案提供企业:广西金穗农业集团有限公司) g/株

月份	定植后第 1 年					定植后第 2 年				
	N	P_2O_5	K_2O	CaO	MgO	N	P_2O_5	K_2O	CaO	MgO
1	3.0	0.4	0.9	0.5	0.2	17.0	14.0	15.2	0.5	1.7
2	12.5	9.5	10.7	5.0	2.7	45.0	41.3	43.7	5.0	6.2
3	22.8	13.1	24.3	28.8	1.0	19.6	15.8	46.4	0.0	3.9
4	12.5	9.5	10.7	0.5	1.2	5.6	2.2	47.9	0.0	4.8
5	35.3	22.6	34.9	29.3	2.2	24.1	31.8	48.7	13.1	6.0
6	9.8	0.4	15.9	3.3	1.2	25.6	16.6	48.2	1.1	4.4
7	32.3	22.3	34.0	33.3	3.5	18.7	2.6	39.8	9.2	3.2
8	9.8	0.4	15.9	3.3	1.2	20.0	14.4	31.8	5.6	5.9
9	32.3	22.3	34.0	33.3	3.5	37.3	14.0	60.2	13.3	6.2
10	22.0	18.6	20.4	0.5	2.2	16.1	19.0	36.2	9.7	3.5
11	22.8	13.1	24.3	28.8	1.0	13.1	0.4	23.4	9.2	3.2
12	12.8	0.8	16.8	8.3	3.0	0.0	18.2	11.9	0.0	0.0
合计	227.9	133	242.8	174.9	22.9	242.2	190.2	453.2	66.5	49.0

施基肥,鸡粪 8 000 g/株、茶子麸 200 g/株、钙镁磷肥(或骨粉)500 g/株;3 月和 7 月挖浅沟埋施或树盘撒施含硫复合肥($N-P_2O_5-K_2O$=15%-5%-30%+MgO 0.02%+Zn 0.02%)各 500 g/株,3—5 月每月滴灌水溶肥($N-P_2O_5-K_2O$=10%-5%-24%+B 0.2%+Zn 0.2%)分别是 120 g/株、90 g/株、90 g/株,6—9 月每月滴灌水溶肥($N-P_2O_5-K_2O$=4%-8%-38%+MgO 0.2%+B 0.05%+Zn 0.05%)90 g/株,10 月滴灌追肥 45 g/株;果实成熟采摘期 12 月至翌年 2 月不施肥。总面积 6 hm^2 盛产期的沃柑丰产优质果园,种植密度为 80~90 株/667 m^2,目标产量为 3 250~3 500 kg/667 m^2,全年施用三元复合肥 1 750 g/株、生物有机肥 16 000 g/株、磷肥 1 000 g/株、硫酸钾 200 g/株、大量元素水溶肥 500 g/株、有机水溶肥 500 g/株,追肥方法以埋施、撒施及滴灌施肥相结合,但追肥以滴灌追肥为主,施肥量和施肥时间见表 4-12。另一盛产期柑橘园年周期施肥方案见表 4-13,该果园品种为沃柑,目标产量 4 000 kg/667 m^2,果园面积 33.3 hm^2。盛产期的红江橙果园施肥方案见表 4-14,该果园目标产量 3 500 kg/667 m^2,果园面积 1.0 hm^2,无水肥一体化管理设施。叶自行等推荐的无籽砂糖橘滴灌施肥标准,种植植株数量 100 株、目标产量是 3 500 kg/667 m^2 的果园,每 667 m^2 面积全年需施用纯氮 23 kg、纯磷 6 kg、纯钾 30 kg、纯镁 6 kg、纯钙 16 kg,换算成商品化肥是尿素 50 kg、过磷酸钙 37.6 kg、氯化钾 60 kg、硫酸镁 6 kg、硝酸钙 89 kg,如果用硝酸钾替代氯化钾,则需要硝酸钾 65 kg。实施水肥一体化管理的柑橘结果园,按照确定的每年追肥量和肥料种类,在花前、花后及采果前后结合灌溉每个时期分多次滴灌或微喷灌进行追肥,各种化肥以全水溶肥料为宜。

表 4-12 盛产期柑橘园年周期施肥方案(一)

(品种:沃柑;目标产量 3 250 kg/667 m^2;面积 6 hm^2) g/株

月份	复合肥	有机肥	硫酸钾	磷肥	全水溶肥	备注
1	500	15 000		1 000		复合肥(17－17－17);商品有机肥($N+P_2O_5+K_2O \geqslant$ 4%,有机质≥40%);生物磷肥($P_2O_5 \geqslant 16\%$,$CaO \geqslant$ 20%,$MgO \geqslant 5\%$,生物活性菌≥0.2 亿/kg),三种肥料混合挖施肥沟埋施
5	300					复合肥(15－6－24),撒施
6			200			硫酸钾($K_2O \geqslant 52\%$,$S \geqslant 17.5\%$),撒施
7	500	1 000				复合肥(17－17－17);颗粒全水溶有机肥(N、P、K≥12%,有机质≥45%),两种肥料混合挖施肥沟埋施
8	300					复合肥(17－10－15),撒施
					100	大量元素水溶肥($N \geqslant 20\%$,$P_2O_5 \geqslant 20\%$,$K_2O \geqslant 20\%$,$Cu+Fe+B+Mn+Zn \geqslant 0.2\%$),滴灌追肥
					100	有机水溶肥($N+K_2O \geqslant 10\%$,$Ca+Mg \geqslant 0.5\%$,黄腐酸≥40%),滴灌追肥
9	150					复合肥(17－10－15),撒施
					100	大量元素水溶肥($N \geqslant 20\%$,$P_2O_5 \geqslant 20\%$,$K_2O \geqslant 20\%$,$Cu+Fe+B+Mn+Zn \geqslant 0.2\%$),滴灌追肥
					100	有机水溶肥($N+K_2O \geqslant 10\%$,$Ca+Mg \geqslant 0.5\%$,黄腐酸≥40%),滴灌追肥
10					100	大量元素水溶肥($N \geqslant 15\%$,$P_2O_5 \geqslant 5\%$,$K_2O \geqslant 35\%$+TE(微量元素)),滴灌追肥
					100	有机水溶肥($N+K_2O \geqslant 10\%$,$Ca+Mg \geqslant 0.5\%$,黄腐酸≥40%),滴灌追肥
11					100	大量元素水溶肥($N \geqslant 15\%$,$P_2O_5 \geqslant 5\%$,$K_2O \geqslant 35\%$+TE),滴灌追肥
					100	有机水溶肥($N+K_2O \geqslant 10\%$,$Ca+Mg \geqslant 0.5\%$,黄腐酸≥40%),滴灌追肥
12					100	大量元素水溶肥($N \geqslant 15\%$,$P_2O_5 \geqslant 5\%$,$K_2O \geqslant 35\%$+TE),滴灌追肥
					100	有机水溶肥($N+K_2O \geqslant 10\%$,$Ca+Mg \geqslant 0.5\%$,黄腐酸≥40%),滴灌追肥
合计	1 750	16 000	200	1 000	1 000	

注:①枳砧嫁接苗种植第 5 年,种植密度 2.0 m×3.0 m;②果园地点:广西贵港市覃塘区;③采果期 2—4 月不追肥;④疏果 2～3 次控制产量;⑤按 2021 年各种肥料零售价计算,表中用肥成本 27.85 元/株。

表 4-13 盛产期柑橘园年周期施肥方案(二)

(品种:沃柑;目标产量 4 000 kg/667 m^2;面积 33.3 hm^2) g/株

月份	滴灌追肥						基肥	
	水溶肥(N 30%,P_2O_5 10%,K_2O 10%)	水溶肥(N 10%,P_2O_5 45%,K_2O 10%)	水溶肥(N 5%,P_2O_5 45%,K_2O 5%)	水溶肥(N 12%,Ca 7%,Mg 1.5%)	硫酸镁(Mg 16%,S 18%)	硫酸钾(K_2O ≥52%)	有机肥(豆粕或羊粪)	钾钙镁肥(K_2O 32%,Ca 8%,Mg 2%)
5	25		40	20	60			
6	75		120	20	60		15 000	500
7	75		120	20	60	100		
8	60		90	20	20			
9	60	60	90	20		100		
10	48	60	90	20				
11	30	30	60	20				
合计	373	150	610	140	200	200	15 000	500

注:①不含施入有机肥中营养元素含量,施肥量 N 174.2 g/株,P 135.3 g/株,K 590.8 g/株,Ca 49.8 g/株,Mg 44.1 g/株;②当年 12 月至翌年 4 月不施肥;③滴灌追肥的每月施肥量分 3 次滴灌,基肥沿树冠滴水线挖沟埋施;④果园地点:广西崇左市江州区,植株砧木为香橙,种植密度 2.5 m×3.5 m,定植 6 年。

表 4-14 盛产期柑橘园年周期施肥方案(三)

(品种:红江橙;目标产量 3 500 kg/667 m^2;面积 1.0hm^2) g/株

肥料种类/施肥时期	复合肥	尿素	磷肥	硫酸钾	有机肥		中微量元素肥	备注
					畜禽粪	花生麸		
采果肥(1 月)	0.5	0	1.5	0.5	25	2	0.25	基肥
花前肥(2 月下旬)	0.5	0.25	0	0.5	0	0	0	露白前施肥
谢花保果肥(4 月中旬)	0	0	0	0.5	0	0	0	谢花时施肥
壮果促梢肥(7 月中旬)	0.5	0.75	0	0.5	0	2	0	叶色浓绿植株不施尿素
二次壮果肥(9 月中旬)	0.3	0	0	0.2	0	0	0	树势弱挂果多植株才施本次肥料
合计	1.8	1.0	1.5	2.2	25	0	0.25	

注:①所有肥料施肥均挖施肥沟埋施;②化肥成分及含量,复合肥 $N-P_2O-K_2O$=12%-12%-17%,硫酸钾肥 K_2O≥52%,磷肥 P_2O≥18%,中微量元素肥,氧化钙 20%、氧化镁 13%、氧化硼 3%、氧化锌 3%、氧化铁 0.3%、氧化铜 0.1%、钼酸铵 0.1%;③种植密度 80 株/667 m^2,树龄 6~9 年。

(二)荔枝施肥

1. 幼树施肥

如果不实行水肥一体化管理的荔枝园,定植后第1～3年在土壤施用平衡型氮磷钾复合肥基础上,加大尿素等氮肥施用量,40～50 d施肥1次,全年施肥7～8次或按"一梢两肥"施肥,新梢萌发前施肥一次,新梢转为绿色后施肥一次,每次每株施复合肥($N-P_2O_5-K_2O \geqslant 15\%-15\%-15\%$)50～200 g、尿素50～150 g,树冠较大的施肥量稍大,树冠较小的施肥量稍少一些,施肥以环状沟施肥或树盘撒施翻土埋肥为宜,扩大施肥面积利于根系吸收。结合病虫害防治,每次使用的农药溶液中按浓度0.2%～0.3%加入叶面肥溶解搅拌均匀后喷雾进行叶面追肥。如果实行水肥一体化管理的新植荔枝园,每个月通过滴灌滴肥方式追肥2次,施肥量以上述每年每株荔枝幼树施肥总量平均计算,在每年的3—10月每间隔10 d滴肥1次,每次滴复合肥($N-P_2O_5-K_2O \geqslant 15\%-15\%-15\%$)50～60 g/株、尿素50 g/株。

2. 结果树施肥

广西钦州灵山县龙武农场桂味荔枝树龄30年结果树施肥,目标产量75～125 kg/株,每年土壤施肥3次,攻梢肥在收果后10～20 d第1次施肥,恢复树势,促发新梢,施平衡型复合肥($N-P_2O_5-K_2O \geqslant 15\%-15\%-15\%$)或高氮型复合肥(如$N-P_2O_5-K_2O=22\%-15\%-15\%$)2.0～3.0 kg/株,第2次施肥在花芽定型后施基肥和花前肥,利于花穗生长健壮,减少落花落果量,基肥主要施有机肥和磷肥,荔枝园施基肥不宜在10—12月,否则易诱发冬梢,通常在春节前后7～10 d施肥,挖沟埋施生物有机肥7.5～10 kg/株或发酵腐熟的鸡类等厩肥15～25 kg/株,同时施用高钾型复合肥(如$N-P_2O_5-K_2O=13\%-5\%-27\%$)1.0～1.5 kg/株、钙镁磷肥1.5～2.5 kg/株、石灰粉1.5～2.0 kg/株;第3次施花后肥,在谢花后15～20 d施肥,撒施硫酸钾1.0 kg/株、平衡型复合肥($N-P_2O_5-K_2O \geqslant 15\%-15\%-15\%$)0.5～1.0 kg/株。深圳市《南山荔枝生产技术规程》(深圳市农业地方标准DB 440300/T 39—2010)提出荔枝结果树土壤施肥的参考施肥量,全年每生产50 kg果实建议施入纯氮(N)1.0～1.5 kg,花前肥、壮果肥、采果肥分别占25%、25%、50%;纯磷(P_2O_5)0.3～0.4kg,花前肥、壮果肥、采果肥分别占30%、50%、20%;纯(K_2O)0.6～1.0 kg,花前肥、壮果肥、采果肥分别占30%、45%、25%,花前肥另外施用硫酸镁0.2 kg/株、硼砂0.05 kg/株。广西荔枝主产区成年荔枝结果树丰产园施肥经验,每生产100 kg果实建议施入纯氮(N)1.6～1.9 kg,纯磷(P_2O_5)0.8～1.0 kg,纯钾(K_2O)1.8～2.0 kg,以$N:P_2O_5:K_2O=1:(0.3\sim0.5):(1\sim1.5)$为宜。除了氮、磷、钾3种大量元素肥料外,要使荔枝生长结果良好,每年也要注重钙、镁、硫等中量元素及硼、锌、铁、铜等微量元素的补充。进行病虫害防治每次喷雾农药时在药液中加入磷酸二氢钾、硼砂、硫酸镁、钼酸铵等全水溶叶面肥进行叶面追肥。如果实施水肥一体化管理的荔枝园,施用肥料量比土壤干施肥料量可减少40%～50%,按照确定的每年追肥量,在花前、花后及采果前后结合灌溉每个时期分多次滴灌或微喷灌追肥,各种化肥以选购全水溶肥料为宜。

(三)香蕉施肥

香蕉是高钾作物,生长结果良好对钾元素需求量比其他作物多,自身吸收钾元素的量比氮元素和磷元素的量都大,此外也需要供足钙、镁等中微量元素。根据广西金穗公司的资料,滴灌施肥的蕉园,一代蕉对氮(N)需求量为345.0 g/株(利用率42%)、磷(P_2O_5)需求量为133.7 g/株

(利用率13%)、钾(K_2O)需求量为773.9 g/株(利用率53%)、钙(CaO)需求量为42.9 g/株、镁(MgO)需求量为21.6 g/株。中国热带农业科学院黄丽娜等的试验资料表明,宝岛蕉整个生育期氮磷钾养分(N、P_2O_5、K_2O)适宜比例为1∶(0.22～0.51)∶(4.59～5.76),有利丰产,整个生育期应多施氮肥和钾肥,少施磷肥;并且现蕾前施肥培育健壮的蕉株,果实发育阶段施肥有助于提高产量。缺钙和缺镁的蕉园产量和质量下降,花芽分化期至幼果期香蕉需要钙、镁元素的量最多,是补施钙肥和镁肥的重点时期。缺钙香蕉成熟的蕉指易裂果。《无公害食品　香蕉生产技术规程》(广西地方标准DB 45/T 218—2005)推荐的施肥量:氮(N)518～823 g/株、磷(P_2O_5)186～297 g/株、钾(K_2O)750～1 185 g/株,在香蕉生长发育的营养生长期、花芽分化期、果实发育期氮(N)施用量分别为45%、40%、15%,磷(P_2O_5)施用量为60%、40%、0,钾(K_2O)施用量为25%、40%、35%;推荐的氮(N)、磷(P_2O_5)、钾(K_2O)施肥比例为1∶(0.2～0.5)∶(1.5～2.5)。

香蕉园实施水肥一体化管理,根据园地土壤状况和香蕉需肥特性,制定合理的施肥方案(表4-15至表4-17),通过管道随水施入根际土壤的肥料能补充蕉株所需的营养,虽然每次施

表4-15　香蕉新植园营养提供推荐方案

(方案提供企业:广西南宁昇华农业科技有限公司)　　g/株

定植后时间	氮(N)	磷(P_2O_5)	钾(K_2O)	钙(CaO)	镁(MgO)	硫(S)	备注
第1个月	5	6	10	1	1	2	灌溉10次,分3次滴肥
第2个月	8	10	16	2	2	4	灌溉10次,分4次滴肥
第3个月	10	13	20	3	3	6	灌溉15次,分4次滴肥
第4个月	9	12	18	3	3	6	灌溉15次,分3次滴肥
第5个月	6	8	12	2	2	4	灌溉10次,分2次滴肥
第6个月	10	13	20	3	3	6	灌溉20次,分4次滴肥
第7个月	15	15	30	4	4	8	灌溉25次,分4次滴肥
第8个月	18	18	36	4	4	8	灌溉25次,分5次滴肥
第9个月	25	25	75	4	4	8	灌溉25次,分6次滴肥
第10个月	25	20	75	0	0	21	灌溉20次,分6次滴肥
第11个月	20	10	80	0	0	10	灌溉20次,分6次滴肥
第12个月	15	8	60	0	0	0	灌溉20次,分5次滴肥
第13个月	10	5	40	0	0	0	灌溉25次,分5次滴肥
第14个月	0	0	0	0	0	0	灌溉25次,分0次滴肥
全生育期合计	176	163	492	26	26	83	

注:①该蕉园定植时间为2019年9月10日,该蕉园全生育期为14个月;②蕉园总面积为66.7 hm^2,园区所在地广西崇左市;③目标产量45 000 kg/hm^2;④水肥一体化管理滴灌施肥使用的化肥为全水溶性肥;⑤每年追肥另加花生麸等有机肥2 250 kg/hm^2,堆沤腐熟后浸泡用过滤液滴灌。

肥量少，但每4～5 d滴灌水肥一次，每次滴灌20～30 L/株，能满足果树生长结果需要的营养，所以蕉园实施水肥一体化管理可不再挖施肥沟埋施干的肥料。但滴灌的水肥主要是化肥，有机肥成分少，为提高香蕉果实的品质，最好将溶解性差和含杂质多的肥料如磷肥、有机肥、缓释肥等作基肥，进行土壤施肥，新蕉园在定植前、宿根蕉园在每年12月至翌年4月结合蕉园的中耕松土、除草和培土、施基肥，每年1次即可。基肥每年施入有机质≥30%生物有机肥5～10 kg/株为宜。

表4-16　香蕉宿根蕉园营养提供推荐方案(一)

(方案提供企业：广西南宁昇华农业科技有限公司)　g/株

母树收蕉后的时间	氮(N)	磷(P_2O_5)	钾(K_2O)	钙(CaO)	镁(MgO)	硫(S)	备注
第1个月	0	0	0	0	0	0	灌溉30次，分0次滴肥
第2个月	9	12	18	3	3	6	灌溉30次，分3次滴肥
第3个月	6	8	12	2	2	4	灌溉30次，分2次滴肥
第4个月	10	13	20	3	3	6	灌溉30次，分3次滴肥
第5个月	15	15	30	4	4	8	灌溉30次，分4次滴肥
第6个月	18	18	36	4	4	8	灌溉30次，分5次滴肥
第7个月	25	25	75	4	4	8	灌溉25次，分6次滴肥
第8个月	25	20	75	0	0	21	灌溉25次，分6次滴肥
第9个月	20	10	80	0	0	10	灌溉20次，分6次滴肥
第10个月	15	8	60	0	0	0	灌溉25次，分5次滴肥
第11个月	10	5	40	0	0	0	灌溉25次，分5次滴肥
全生育期合计	153	134	446	20	20	71	

注：①园区所在地广西崇左市，该蕉园全生育期为11个月；②目标产量52 500 kg/hm²；③水肥一体化管理滴灌施肥使用的化肥为全水溶性肥；④每年追肥另加花生麸等有机肥2 250 kg/hm²，堆沤腐熟后浸泡用过滤液滴灌。

(四)火龙果施肥

1. 幼龄树追肥

火龙果种植后1～2年的幼龄树施肥以氮肥为主，薄肥勤施，促进植株生长。火龙果施肥宜用畦面撒施法，忌开沟深施，以免伤根。撒施肥料要远离主干50 cm以外，防止肥料伤根。新植的火龙果苗新芽高度约10 cm时按1.0～1.5 kg/株施入0.3%尿素加0.1%硫酸钾混合液等水肥，每间隔10～15 d施肥1次，每月追施2～3次。种植第1年除了前述水肥外需土壤施肥4～5次，每次施尿素和三元复合肥各0.1 kg/株。火龙果生产中提倡使用滴灌施肥，滴灌施肥的复合肥($N-P_2O_5-K_2O=15\%-15\%-15\%$)施肥量每次4～5 kg/667 m^2，防止浓度过大烧根。

表 4-17 香蕉宿根蕉园营养提供推荐方案(二)

(方案提供企业:广西美呈农业科技有限公司,2019) g/株

月份	全水溶性复合肥	普通复合肥	有机肥(羊粪)	花生麸菌肥	硼酸
上年 12	0	500	4 000	0	0
1	0	0	0	0	0
2	0	0	0	0	0
3	0	0	0	0	0
4	40	0	0	300	0
5	40	400	0	300	10
6	150	0	0	300	0
7	40	250	0	0	0
8	40	0	0	0	0
9	40	0	0	0	0
10	0	0	0	0	0
全生育期合计	350	1 150	4 000	900	10

注:①全水溶性复合肥各元素比例为 $N:P_2O_5:K_2O:MgO=11:4:36:3$,硼酸 $H_3BO_3 \geqslant 99.5\%$,采取滴灌施肥;②普通复合肥各元素比例为 $N:P_2O_5:K_2O:MgO=15:15:15:2$,春季结合培土干施,夏季采取挖浅沟干施;③干花生麸粉用粉碎机粉碎成为粉末状,置于配肥池加水加生物菌增氧发酵 20~30 d,加水稀释后抽出灌淋蕉根;④园区所在地广西龙州县,目标产量 45 000~52 500 kg/hm^2,采收香蕉的时间为 10 月;⑤该施肥方案应用面积为 261.9 hm^2,植株数量为 550 000 株;全生育期肥料投入成本为 10.40 元/株。

2. 结果树施肥

没有实行水肥一体化管理的火龙果园,每年 3 月、7 月、10 月各进行土壤施肥 1 次,按每株施肥量为有机肥 2 kg、复合肥 0.2 kg 进行施肥。火龙果园水肥一体化管理,4 月至 11 月下旬每间隔 7~10 d 滴灌追肥 1 次,每次滴灌用肥量是全水溶多元复合肥($N-P_2O_5-K_2O+TE \geqslant 15\%-15\%-15\%$)4~6 kg/hm^2。火龙果根外追肥相对其他果树效果不明显,一般不进行根外追肥。广西南宁市蓝天农业有限公司的金都 1 号和无刺黄龙的火龙果丰产园,目标产量为每年 4 000~4 500/667 m^2,有机肥为加入生物菌堆沤腐熟鸡粪,每年 3 000 kg/667 m^2,3 月和 11 月分两次施入,如果畦面土壤疏松,基肥直接铺在畦面,如果畦面板结,人工翻入 20 cm 深的土层,追肥实行水肥一体化管理,采取滴灌追肥,连续 7 d 以上每日平均气温>20℃才滴灌追肥,开花结果期每间隔 10 d 滴灌追肥全水溶三元复合肥 1 次,夏、秋、冬 3 个季节施高钾肥($N-P_2O_5-K_2O=15\%-6\%-30\%$),春季施平衡型肥($N-P_2O_5-K_2O=15\%-15\%-15\%$),每次施肥量平均为 4 kg/667 m^2;每月追肥含钙、镁、锌、硼、铁元素的中量元素全水溶肥 1 次,每次施肥量平均为 10 kg/667 m^2;每月追肥矿物源黄腐酸钾肥 1 次,每次施肥量平均为 1.0 kg/667 m^2;每月追肥氨基酸液体肥 1 次,每次施肥量平均为 1.0 kg/667 m^2;每月施腐熟花生麸过滤液 2 次,间隔 15 d,每次施肥量平均为 25 kg/667 m^2。

(五)葡萄施肥

以广西真诚农业有限公司阳光玫瑰葡萄种植技术规程的施肥时间及施肥量为例。

1. 种植第 1 年

2—4 月种植的阳光玫瑰，4—6 月种植成活的幼苗见卷须后开始滴灌追肥，每次施肥量为尿素 0.5 kg/667 m^2＋平衡复合肥 2 kg/667 m^2＋腐殖酸液体肥（根据厂家说明使用，下同），间隔 5 d 滴灌追肥一次；苗高 80 cm 时起，增加追肥量，每次施用平衡型复合肥 2.5 kg/667 m^2＋腐殖酸液体肥，间隔 5 d 滴灌追肥一次。7—10 月间隔 5 d 滴灌追肥一次，每次追肥量为平衡型复合肥 2.5 kg/667 m^2＋腐殖酸液体肥。11 月每间隔 7～8 d 滴灌追肥一次，共 3～4 次，每次施全水溶性磷钾肥 2.5 kg/667 m^2、中微量元素肥 0.5 kg/667m^2。叶片转黄后开始施基肥，施用腐熟有机肥 1 000 kg/667 m^2。

2. 种植第 2 年以后

1—2 月，人工催芽后滴灌追肥 1 次，施用尿素 1.5～2.5 kg/667 m^2＋磷酸二氢钾 1.5 kg/667 m^2＋黄腐酸钾 1.0 kg/667 m^2；2—3 月每次滴灌追肥平衡型复合肥 2.5 kg/667 m^2＋硝酸铵钙 2.5 kg/667 m^2，间隔 5 d 滴灌追肥一次。3—4 月，每次滴灌追肥高氮高磷型复合肥 2.5 kg/667 m^2＋腐殖酸肥，间隔 5 d 滴灌追肥一次，可适当加施中微量元素肥；开花前 7～8 d 停止追肥。5—6 月，保果后每次追施高氮高钾复合肥 5 kg/667 m^2＋腐殖酸肥，间隔 5 d 滴灌追肥一次；膨果后，按照 5 kg/667 m^2 施肥量追施硝酸铵钙一次；每次追施平衡复合肥 5 kg/667 m^2＋腐殖酸肥（可用高磷肥轮换），间隔 5 d 滴灌追肥一次。7—8 月，滴灌追肥硝酸铵钙 5 kg/667 m^2＋腐殖酸肥 1 次；间隔 5 d 滴灌追肥一次，每次使用高磷高钾复合肥 5 kg/667 m^2＋腐殖酸肥＋微量元素肥 1.0 kg/667 m^2，大多数叶片老化退绿严重的果园需及时补充镁肥。9—10 月，保持种植畦土壤湿润，此段时间不追肥。11—12 月，间隔 7～8 d 滴灌追肥一次，共 3～4 次，每次施全水溶的磷钾肥 2.5 kg/667 m^2＋中微量元素肥 0.5 kg/667 m^2，叶片转黄后开沟施基肥，施用腐熟有机肥 1 000 kg/667 m^2。

（六）草莓施肥

草莓对各营养元素吸收，总体上对磷的吸收量较少，氮吸收量中等，钾吸收量最多，据蒋桂华等（2019）的资料，每生产 2 000 kg 的草莓，需要氮 8.4 kg、磷 3.9 kg、钾 13.6 kg、钙 3.1 kg、镁 3.8 kg。草莓根系浅，耐肥性差，施肥原则应是少量多次，施肥方式应是有机肥＋速效肥＋叶面肥相结合，因此草莓园最好采用滴灌系统进行水肥一体化管理。以广西“八桂田园”——广西现代农业技术展示中心的草莓种植技术规程为例。

“八桂田园”草莓种植，每年 9 月下旬至 10 月上旬定植。9 月整地作畦时施基肥，生物有机肥 1 000 kg/667 m^2、复合肥（N15％－P15％－K15％）5 kg/667 m^2、控释型复合肥（N18％－P10％－K18％＋MgO1.5％＋TE）8 kg/667 m^2、尿素 5 kg/667 m^2。定植后 20 d 开始追肥，间隔 7～10 d 追肥 1 次。花果期叶面喷雾硼砂、硫酸锌、硫酸镁混合液 2～3 次，叶面追肥肥液浓度为 0.2％。施用肥料种类和施肥量：草莓无土栽培专用全水溶肥 2 kg/667 m^2、腐殖酸液态冲施肥 2 kg/667 m^2。

高架基质栽培草莓目前生产上主要使用营养液实施水肥一体化管理，可选购 15－5－30＋TE 等含钙、镁、铁等中微量元素的中氮、低磷、高钾的全水溶性复合肥，并不时追施富含氨基酸或腐殖酸水溶肥。滴灌追肥必须是低浓度，定植成活至显蕾开花时配制营养液 EC 值 0.5～0.6 dS/m，每天平均每株滴灌 160 mL 水肥，开花结果期营养液 EC 值 0.8～1.0 dS/m，每天平均每株滴灌 110～120 mL 水肥。如果基质的 EC 值高于 0.5 dS/m 时可以加大清水滴灌量降低 EC 值,见表 4-18。

表 4-18　营养液主要营养成分与浓度(蒋桂华等,2019)　　mg/L

元素	全 N	P_2O_5	K_2O	CaO	MgO	S	Fe	B_2O_2	MnO	Zn	Cu	Mu
浓度	125	60	201	148	32	27	1.5	0.4	0.7	0.11	0.02	0.03

三、果园水分管理

果树经济栽培不能完全靠自然降雨来满足其生长结果对水分的需求,果园如无充足的自然地上水源供水,必须建设水井,抽取地下水作灌溉用水。果园管理必须在果树不同生长发育期进行合理水分管理,才能生长结果良好,丰产优质。雨季必须防止果园长时间积水导致根系生长受阻甚至烂根,如果大雨造成果园积水必须及时排出。果树萌芽期、开花期、新梢生长期、果实生长发育全过程都需要水分持续稳定供给,如缺水干旱,萌芽期的果树无法萌芽,新梢生长短小,果实体积膨大生长受阻导致单果体积小而减产,果实品质下降。施肥时如果土壤干旱,则肥料难以分解,无法及时供给果树生长需要的养分。但荔枝、柑橘、龙眼、杧果等许多常绿果树在其花芽分化期,控制水分供给,使其根际土壤干旱,有利花芽分化。果实生长后期如果水分供给不均匀,就可能出现裂果率大的现象。以下为华南地区部分大宗主栽果树年周期水分管理要求。

1. 柑橘水分管理

柑橘是常绿果树,年周期枝叶生长量大,结果树挂果量大且挂果时间长,早熟品种挂果时长约 100 d,中晚熟品种挂果时长 210～350 d,因此一年四季需要均匀的水分供给,才能生长结果良好。每年 3—6 月是柑橘萌芽开花和幼果生长期,园土的田间最大持水量在 60%～80% 为宜,如果干旱缺水将阻碍萌芽和开花,落花落果量大,坐果率低,开花期如果天气干旱空气过于干燥,可用喷雾设备给树冠喷雾清水降温提高空气湿度,利于花粉萌发和受精。砂糖橘、沃柑等中迟熟品种第二次生理落果期结束后,6 月中下旬至 9 月柑橘果实进入迅速膨大期,如果少雨干旱,水分供给不足,果实增大受到阻碍,秋季干旱会抑制秋梢及时萌发和影响秋梢生长质量,因此柑橘园需要供足水分。每年 5—8 月是华南地区雨季,经常出现连日大雨甚至暴雨天气,要及时排除果园积水,避免根际土壤长时间积水导致幼根死亡。柑橘园树盘覆盖地膜或干草,行株间生草覆盖也能保持土壤水分。秋冬季果园供水要均匀,避免久旱后突然大量供水,否则裂果量大。11 月至翌年 2 月迟熟品种果实生长后期及花芽分化期可适当控制灌水,利于花芽分化和果汁糖分提升。

2. 荔枝水分管理

荔枝园在春季花芽形态分化期至抽生花穗和开花期(1—3 月)、夏季果实生长发育期(4—6 月)、秋季秋梢萌发生长期(8—10 月)天气干旱时都要及时灌水,保持荔枝园土壤湿润,促进荔枝的枝叶和果实生长发育。雨季应注意排水防止园地积水。荔枝花芽形态分化之前需要控水,促进花芽分化,进入花芽形态分化期时,如果因为之前长时间干旱,导致结果母枝顶芽不能按时萌动无法长出花原基(即俗称“白点”),要给荔枝结果树灌溉淋水,催醒结果母枝的顶芽。

3. 香蕉水分管理

香蕉植株的地下球茎和地上的假茎、叶鞘等器官比其他作物的器官含水量大很多,香蕉生长结果需大量水分，水分不足叶片生长速度慢、叶片小，且寿命短、极易下垂干裂；花芽分化期和开花结果期缺水，蕉株花芽分化不良，果梳少、果指短小，果品低产劣质。自然条件下要求月降水量150 mm以上才适宜香蕉生长结果，但根际土壤长期浸水会导致烂根，叶片黄化，植株枯萎。采前7～10 d宜停止灌水。晴天条件下香蕉园每天土壤水分蒸发量为3.3～3.5 t/667m^2，旱季极端干旱天气条件下，每天土壤水分蒸发量可高达5.0 t/667 m^2，通过滴灌补充水分可以按此指标确定灌溉时间长短。平地蕉园如果雨季时土壤含水量大、地下水位提升过高，则要用挖掘机在蕉园中按一定距离，挖深度和宽度各1～1.2 m的简易深沟，沟的长度视实际情况而定，使蕉园土壤中的水分浸漏到深沟，降低土壤田间持水量，提高土壤透气性，利于香蕉根系生长。

4. 火龙果水分管理

火龙果怕水涝，果园田间忌积水，建园时要作畦，修建畦沟，利于雨天果园排水，暴雨天气注意及时排水，防止果园积水导致根系死亡。土壤含水量在60%～80%最利于火龙果生长，火龙果园保持畦面土壤湿润为宜。我国各火龙果主产区的火龙果每年开花结果8批次以上，各批次花果连续不断，果实生长期只有30～45 d，单果体积大，生长期短，生长快速，肥水需求量大，要丰产优质，花果生长期都需要供给充足水分，花果期5～7 d灌溉1次，满足果实生长膨大需要的水分。因为火龙果枝条没有叶片，不像荔枝、柑橘等木本果树有自然的叶幕遮挡树盘的地面，夏秋季的火龙果种植畦水分蒸发量大，土壤易干旱，缺水导致火龙果因高温干旱被迫休眠，影响开花结果，生产上通常用树皮等有机物覆盖畦面，减少畦面水分蒸发。

5. 葡萄水分管理

葡萄耐旱、忌湿、喜干燥，葡萄园的地下水位至少1.0 m以下，过高的地下水位使土壤湿度大，不利根系正常生长，中国南方地区春夏季空气湿度大，葡萄易发生病害。根据葡萄生长发育不同时期的需水特点进行灌溉。葡萄萌芽前灌透水；开花前7～10 d灌水1次，但开花前3 d开始至保果结束时注意控水，在浆果生长期至着色时，要保持根际土壤湿润；着色后，除特别干旱天气外，一般不灌水；果实采收后，结合施肥灌水，促进枝叶生长，平地葡萄园建深沟排水，利于降低地下水位。冬春要修整葡萄园内的排水沟，为雨季顺畅排水作准备，保证雨后园内无积水，利于葡萄根系正常生长和吸收肥水，使树体生长健壮。地面覆盖地膜的葡萄园，滴灌需用的滴管铺在地膜下面。

四、果园水肥一体化管理

果园水肥一体化管理是指果树追肥和灌溉相结合，通过果园固定灌溉管道给果树追肥、浇水的水肥管理方法。主要工作方式是通过灌溉系统施肥，加压将肥料溶液注入灌溉管道，通过管道滴头将肥料溶液滴入作物根际土壤，作物吸收水分同时吸收养分，避免了机械挖沟施肥。水肥一体化滴灌的肥料完全溶于水，滴于植物根际土壤，减少肥料随径流流失量，提高肥料利用率。陆树华、李先琨等进行滴灌施肥对比试验，滴灌施肥的火龙果产量折算达26 812.5 kg/hm^2，比常规土壤施肥的产量16 031.3 kg/hm^{2}提高67.2%。周祥、陈爱晶等2016年在江苏盐城的试验研究表明，大棚草莓应用水肥一体化滴灌追肥技术，提高氮肥的利用率，氮肥用量比常规施肥减少20%，滴灌施肥能增加产量、改善品质、降低水和肥成本投入。邱继水等在香蕉上研究发现，采用水肥一体化技术比人工淋灌撒肥处理极显著加快了香蕉抽生新叶的速度，缩短了生育期，增粗了假茎，单株产量增产12.1%～17.6%。彭良志、淳长品等 2003—2007 年在重庆忠县的特罗维它甜橙上的试验结果表明，氮肥和钾肥全部采用滴灌施肥，磷肥每 2 年挖沟土施 1 次，在树体生长和结果方面达到或超过每年撒施 10 次肥料的效果，且增产效果显著，处理累计产量比对照增加 29.4%～36.5%(表 4-19)。

表 4-19　滴灌施肥对特罗维它甜橙株产量的影响(彭良志等，2011)

处理	2003	2004	2005	2006	2007	5 年累计株产（2003—2007 年）
DF－1	15.5a	26.1b	31.5a	16.5c	41.4b	131.0a
DF－2	13.4a	22.8b	20.0b	24.0a	47.1a	127.3a
DF－3	10.3b	32.2a	31.0a	21.2b	39.6b	134.3a
对照	7.1c	13.1c	18.6b	19.5b	40.1b	98.4b

注：同一行数据后的 a、b、c 为 0.05 差异显著水平。

果园水肥一体化系统以滴灌、微喷等为主，系统由水源、首部枢纽、输水管道和灌水器等 4 个部分组成。水源有河流、水库、蓄水池等；首部枢纽包括电机、加压水泵、过滤器、施肥器、控制设备、测量设备、保护装置等；输水管道包括主管、支管、毛管及管道控制阀门；灌水器包括滴头喷头或滴灌带。果园水肥一体化管理体现了节能减排的生态理念，施肥都不用人工或机械挖施肥沟和回填，管理工作效率高，面积为 40～60 hm^2 的果园灌溉施肥或单独灌溉只需 1 人操作就能在 4～5 h 完成，劳动强度小，工作轻松省人力；节水省肥，肥水利用率高，能给每株果树均匀供肥，每次少量肥料、多次滴灌的施肥方法，肥料利用率高，比施干肥要省肥 1/3～1/2，因只对果树的根部灌溉，水分不流失，水利用率 90%以上，水和肥同时到达根部，易被根系吸收，肥效快速，水肥交互作用也发挥了水肥最大作用；因为通过管道滴头可控制灌水量，且水滴缓缓浸入根际土壤中，不会使园地的土壤流失和表土板结；因为管道的滴头或微喷头的水流出量很少且力弱，不会使施入肥料的流失造成环境污染，水分也不流失到无效区域而造成水分浪费，达到节水和环保效果。果园水肥一体化管理的灌溉和施肥在昼夜均可追肥和灌溉，还能使用电脑端控制软件进行操作管理，也能借助互联网使用智能手机 APP 进行远程操作管理。果园水肥一体化管理设施设备相关内容见本书果园建设技术的“水肥一体化管理设施”相关内容(图 4-28)。果园水肥一体化管理使用化肥以全水溶性肥料为宜，对水质要求较高且必须进行 1～2 级过滤，防止水和肥料的杂质导致管道的滴头堵塞，出水量不足甚至不出水。通过滴管滴完肥水后要继续滴清水约 30 min，冲洗管道和滴头内残留的肥料，防止堵塞。

图 4-28　果树种植行的微喷管道、喷头(左)和滴灌带(右)(图示为同一畦面铺设 3 条滴灌带)

【课程思政】

精打细算用好水资源，从严从细管好水资源

俗话说，有收无收在于水，多收少收在于肥。由此可见水对粮食、果树等作物生产的重要性。当前人类生存和社会发展所需的淡水资源短缺，人类能够安全饮用的淡水资源不足，水资源紧张局势正加剧世界范围内的冲突。全球仍有22亿人无法享有安全管理的饮用水服务，35亿人缺乏安全管理的卫生设施。因此，联合国提出的"到2030年人人都能获得安全和可负担饮用水"的目标还远未实现。据统计，2002年至2021年期间，全球超过14亿人受干旱影响。2022年，全球大约半数人口至少在部分时间内经历严重缺水，四分之一人口面临"极高"的用水压力。水资源短缺的首要影响是导致生活条件恶化，影响粮食安全和加剧健康风险[1]。

据2023年5月中共中央、国务院印发的《国家水网建设规划纲要》，我国基本水情一直是夏汛冬枯、北缺南丰，水资源时空分布极不均衡；全国人均、亩均水资源占有量分别仅为世界平均水平的1/4和1/2；全国仍有3%国控断面地表水水质为Ⅴ类、劣Ⅴ类，全国地下水超采区面积28万km^2，年均超采量158亿m^3。我国的河湖水域空间保护、生态流量水量保障、水质维护改善、生物多样性保护等面临严峻挑战[2]。

近年来，我国全面贯彻落实"节水优先、空间均衡、系统治理、两手发力"的治水思路，深入实施国家节水行动，强化水资源刚性约束，持续推进农业节水增效、工业节水减排、城镇节水降损，用水效率大幅提升，有效保障了我国供水安全、粮食安全、生态安全，为全面建设社会主义现代化国家提供有力的水安全保障。据2024年6月水利部发布的《2023年中国水资源公报》，2023年全国水资源总量为25 782.5亿m^3，比多年平均值偏少6.6%，但与2022年相比，我国用水总量减少91.7亿m^3，其中，生活用水量增加4.1亿m^3，工业用水量增加1.8亿m^3，农业用水量减少108.9亿m^3，人工生态环境补水量增加11.3亿m^3[3]。2014年以来，我国国内生产总值增长近一倍的情况下，用水总量总体稳定在6 100亿m^3以内，万元国内生产总值用水量、万元工业增加值用水量分别下降41.7%、55.1%，农田灌溉水有效利用系数从0.530提高到0.576[4]。

水是地球万物之母、生命之源，也是人类生存之本、文明之源。每年3月22日是联合国设立的"世界水日"，3月22—28日是"中国水周"。"世界水日"和"中国水周"的设立就是为了唤起公众的节水意识，"精打细算用好水资源，从严从细管好水资源"，加强水资源保护。我们要树立"滴水在指尖、节水在心间"的节约意识，强化节水意识，以节约用水为荣，以浪费用水为耻，并转化为自觉行动，争当节水环保能手，履行节约用水责任，为人类社会可持续健康发展作出应有贡献。

来源：[1]《联合国报告：水资源危机威胁世界和平》. 新华网 http://www.xinhuanet.com/world/20240322/646cece896db452387a1dfca92f728f2/c.html

[2]《中共中央　国务院印发〈国家水网建设规划纲要〉》. 中华人民共和国中央人民政府网 https://www.gov.cn/zhengce/202305/content_6876214.htm

[3]《2023年〈中国水资源公报〉发布》. 中华人民共和国中央人民政府网 https://www.gov.cn/lianbo/bumen/202406/content_6957291.htm，2024年6月14日

[4]《李国英：为以中国式现代化全面推进强国建设、民族复兴伟业提供有力的水安全保

障》，中华人民共和国中央人民政府网 https://www.gov.cn/lianbo/bumen/202403/content_6940873.htm

【思政元素】

当前全球人类生存和社会发展所需的淡水资源短缺，人类能够安全饮用的淡水资源不足，我国深入实施的国家节水行动，提升了用水效率，有效保障了我国供水安全、粮食安全、生态安全。在生产和生活中，人人都要保护生态环境，树立节水意识，养成节约用水的良好习惯，农业生产要积极推广应用、探索和创新农业生产节水技术，减少水资源浪费。

项目五　果树树体和花果管理技术

【学习目标】

了解果树整形修剪、保花保果、疏花疏果的必要性。了解树体结构和常见果树树形及特点，掌握修剪方法和作用，掌握结果树修剪步骤、原则和方法，了解和掌握柑橘、荔枝、葡萄、火龙果等 4 种代表性果树的幼树整形和结果树修剪技术；了解和掌握柑橘、荔枝、香蕉、葡萄、草莓等 5 种代表性果树的花果管理技术；了解果实成熟判断的标准和方法，了解柑橘、荔枝、香蕉、火龙果等 4 种代表性果树果实采收及采后处理技术。

任务一　果树整形修剪

果树枝叶的自然生长难实现丰产、稳产、优质生产目标，经济栽培的果树必须通过人工的整形修剪，培养利于丰产、稳产、果品优质的树冠。果树整形是指通过修剪的手段配置和调整植株的骨干枝，将树冠培养成所需要的透光通风良好、果品易丰产优质的树形。果树修剪指的是清除扰乱果树树形的枝条，调节果树生长和结果矛盾的剪枝。果树整形与修剪优劣影响着果树枝叶生长质量、果实产量和品质，是果树栽培管理的一项重要工作，是以提高果树产量、品质和效益为目的的树体管理技术，但成年果树树冠精细化修剪虽然效果好，但耗时长、修剪工作强度大、成本高，因此果树树形选择培养、枝叶修剪除了要考虑树种和品种生长结果特性、树体生长和结果状况、种植密度，同时还要考虑其是否方便日常机械喷施肥药、花果管理、果实采收、果园规模、生产成本费用控制。

一、整形修剪目的和作用

果树整形修剪的目的主要如下：合理配置树冠的主枝等骨干枝的位置和数量，使树体结构牢固，枝条数量适宜，分布合理（图 5-1）；使结果树树冠内部和下部通风透光良好（图 5-2 至图 5-4），有利于树冠内外、上下立体结果（图 5-3、图 5-5 和图 5-6），提高产量和品质；调节果树生殖生长与营养生长的矛盾，使枝叶生长和开花结果相对平衡，利于果树丰产稳产，收获优质的果品；控制树冠大小和高度，使树冠大小高度适宜（图 5-7 至图 5-9），便于日常管理劳作；剪除病虫危害枝条，减少病源减轻病虫危害程度；更新衰弱枝条和树冠，使枝条和果树恢复结果能力。

图 5-1　培养 3 主枝成年柑橘树

图 5-2 枝条数量适宜透光通风的番荔枝园(南宁,2024 年 1 月)

图 5-3 枝条分布合理、光照良好的阳光玫瑰葡萄植株(南宁,2022 年 4 月)

图 5-4 培养分层树形的梨初结果树(南宁,2022 年 4 月)

图 5-5 培养成垂帘树形的百香果植株

图 5-6 立体结果的半圆头树形的沃柑初结果树

图 5-7 树龄 15 年龙眼结果树矮化树冠(南宁,2023 年 7 月)

图 5-8 树龄 25 年妃子笑荔枝扁平的矮化树冠(钦州灵山,2024 年)

图 5-9 树龄超 20 年的杨桃结果树高度控制约 2.0 m

二、树体基本结构

果树地上部的树体结构由主干、主枝、副主枝、枝组构成(图 5-1 和图 5-10)。主干、主枝、副主枝又常称为 0 级枝、1 级枝、2 级枝,副主枝的侧枝也称为 3 级枝,依此类推。通常骨干枝是指主枝、副主枝、副主枝大的侧生枝。枝组一般是指由同一个基枝长出的 3 个以上枝梢组成的枝条组合(图 5-10),如果枝组有枝条开花结果的,该枝组称为结果枝组。当年没有开花结果枝条称为营养枝。当年开花结果枝条称为结果枝。抽生结果枝的枝条称为结果母枝。主干直立延长生长且处于树冠中心的大枝条称为中心干。主枝分生角度是指主枝与主干直立延长枝即中心干之间的夹角(图 5-11),分生角度 40°～70°均可,角度越大主枝越开张、负重越大,生长势弱,果树花芽易形成,易开花结果,果树投产早。

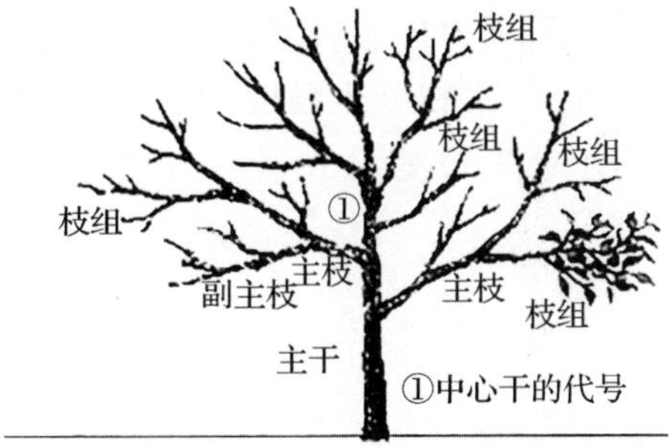

图 5-10　木本果树树体结构示意图

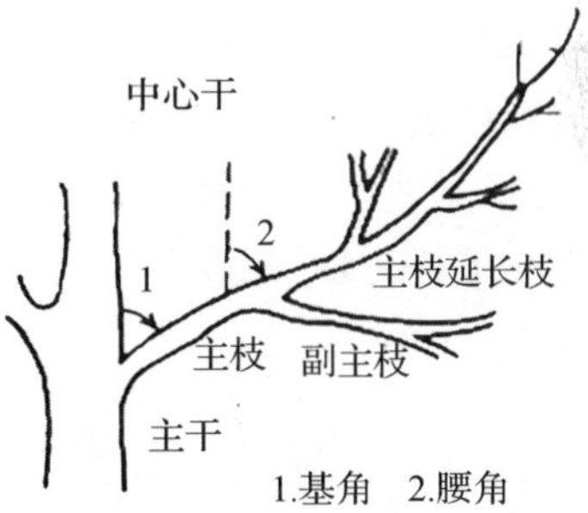

图 5-11　主枝分生角度示意图

三、常见的几种树形及培养

木本果树成年结果树常见的树形有自然圆头形、主枝开心形、主干形、变则主干形和疏散分层形。

1. 自然圆头树形

对幼树定干,培养健壮主干,促进主干分生枝条培养主枝 3～5 个,主枝引向不同方向延长生长,在各方位分布相对均匀。每个主枝培养副主枝 3～5 个,副主枝培养 3～4 个侧枝成为结果枝组,树形 2～3 年即成形(图 5-12)。柑橘、龙眼、荔枝等常绿果树多培养成该树形(图 5-13),成年树冠修剪不到位,树冠内部和下部光照不良,导致树冠无效空间大,浪费结果空间,需要通过修剪将光引到树冠内部和中下部。

图 5-12　自然圆头树形树冠示意图和实图

(左图设中心干,中图不设中心干,右图为 3 年树龄自然圆头树形沃柑结果树)

图 5-13 培养成自然圆头树形的柑橘(左)、荔枝(中)和杧果(右)初结果树

2. 主枝开心树形

培养主干,促进主干分生枝条培养主枝 2～4 个,将主枝培养枝拉枝固定 1～2 年,加大主枝分生角度至 40°～80°(图 5-14 和图 5-15),每个主枝培养副主枝 3～5 个,副主枝培养 3～4 个侧枝成为结果枝组。该树形的成型树冠光照条件好,主枝分生角度大,生长势中等,易开花结果,但树冠上下立体空间的枝条数量相对少,结果面积相对较小,不易丰产。此树形常用于桃、李、梨等落叶果树树形(图 5-16)。

图 5-14 开心形的树冠示意图

(4 主枝)

图 5-15 开心形的树冠示意图

(3 主枝,左为侧面图,右为俯视图)

图 5-16 桃树双主枝"Y"开心树形(左:冬季休眠期,右:春季开花期)

3. 主枝分层主干形

幼树定干高度 0.8～1.0 m,定干后剪口下侧芽萌发侧枝,培养第一层主枝,将生长健壮的 1 条枝扶直并固定作主干延长枝培养,使其直立生长老熟后再短截,促进剪口下萌发侧枝培养第二层主枝,同样方法培养主干延长枝和第三、四、五层主枝。经过 4～5 年培养,形成主枝轮生在主干及中心干的树形(图 5-17)。该树形培养成形树冠需要时间长。常绿果树的橙类、柚类树形可培养成此树形,梨、苹果也常培养成该树形。

4. 变则主干形

果树培养成主枝分层主干形的树冠多年后，在第 3～4 层主枝上部锯断中心干（俗称“落头”）后形成的树形（图 5-18 和图 5-19）。

图 5-17　主枝分层主干形

图 5-18　主枝分层的变则主干形树冠

（左为树冠整体，右为主枝在主干分布特写图）

5. 疏散分层形

定干高度 0.8～1.0 m，设中心干，培养两层主枝，第一层主枝 3～4 个，上层主枝 2～3 个，两层主枝距离 1.0～1.2 m，成年树冠高度控制在 3 m 以下（图 5-20）。

图 5-19　变则主干形

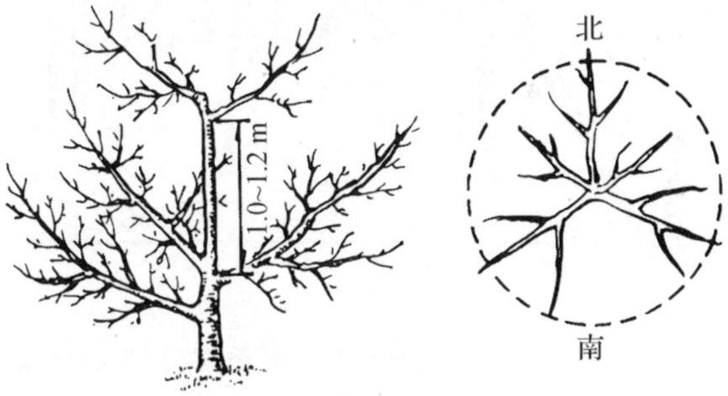

图 5-20　疏散分层树形

葡萄、百香果等藤蔓果树则在种植架上整形（图 5-5 和图 5-6），如葡萄主枝双臂树形（图 5-21）、“T”树形（图 5-22）、“Y”树形、“X”树形和“H”树形（图 5-23），百香果采用垂帘树形（图 5-24）。

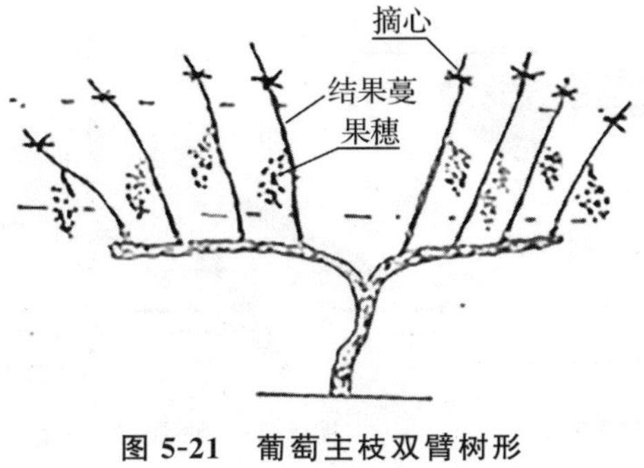

图 5-21　葡萄主枝双臂树形

图 5-22　葡萄“T”树形

（主干顶部的两主枝呈“一”字分布）

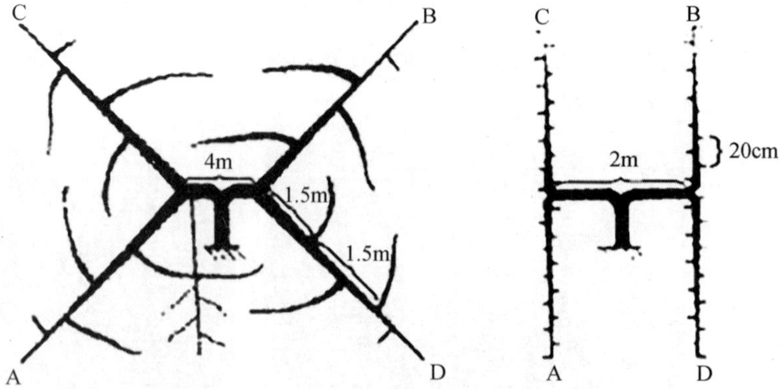

图 5-23 葡萄棚架的主枝“X”形(左)和“H”形(右)分布的树形示意图

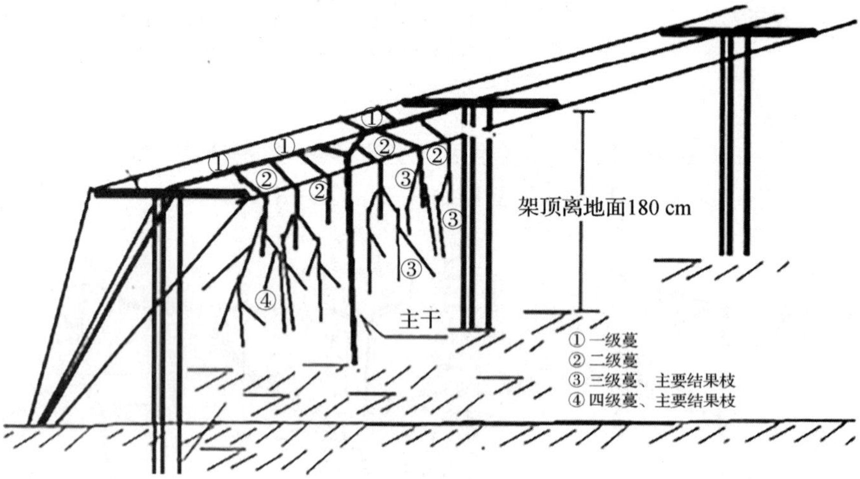

图 5-24 百香果“T”形种植架的垂帘树形

四、修剪工具

果树修剪工具常用修枝剪(图 5-25)、手锯(图 5-26)、环剥刀(图 5-27)、人字梯。有充电蓄电式的电动枝剪和手锯,应用于果树修剪工作,减轻了操作者修剪操作的劳动强度。果树修剪使用电动修枝剪、电动手锯时须戴护目镜。

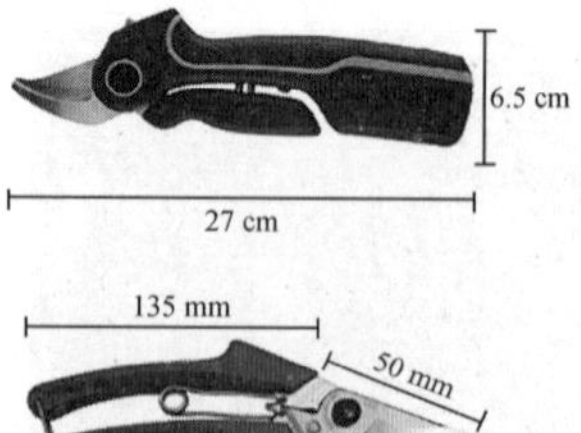

图 5-25 电动枝剪(上)和枝剪(下)

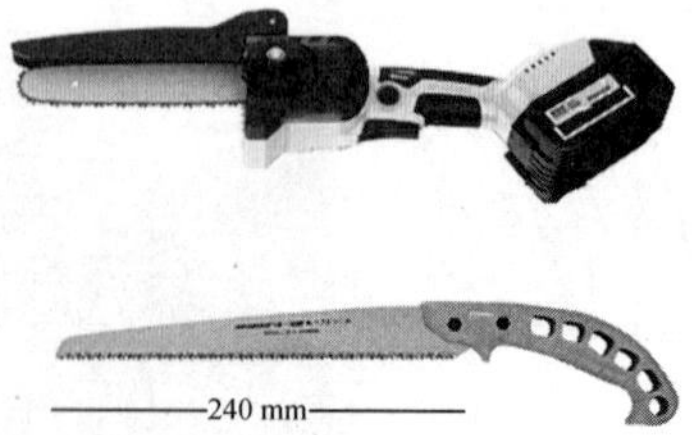

图 5-26 电动手锯(上)和手锯(下)

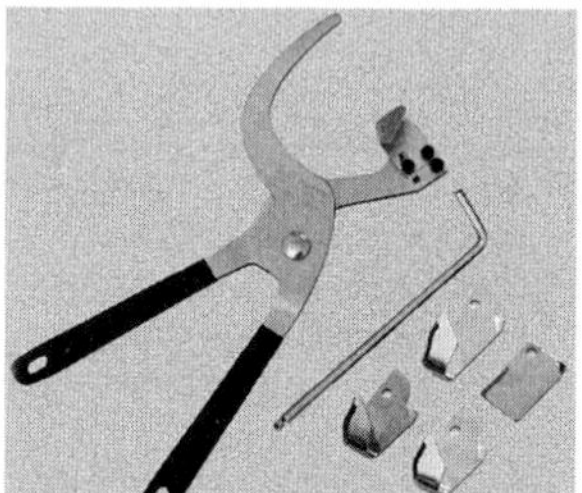

图 5-27 环剥刀(可调配宽度不同的刀片)

五、修剪时期

果树修剪时期分为生长期修剪和冬春季修剪，但不同种类果树重点修剪时期不同，如柑橘的沃柑、砂糖橘等迟熟品种修剪主要时期在采果后的1—3月(图5-28)，杧果、龙眼、荔枝、黄皮等果树采果后修剪是在6—8月采果结束后10～15 d，这些果树促进花芽分化的环剥则在11—12月进行；葡萄生长期修剪主要是在3—5月，在华南地区如果当年生产冬造葡萄，则在8月上旬进行采果后修剪，冬季休眠期修剪在1月大寒节气前后完成(图5-29左)，李、桃等落叶果树冬季休眠期修剪与葡萄修剪时间相似，生长期修剪主要在每年7—8月。如果树开花期花枝超量，则要剪除部分花枝，避免营养分散导致营养不足使落花落果量大，坐果率低。树势旺盛的果树在其开花期和幼果期，为保花保果而对果树主枝进行环剥、环割或环扎。

图5-28　沃柑树冠采果后修剪之前(左)和修剪之后(右)(2024年4月2日，南宁)

图5-29　阳光玫瑰葡萄冬季休眠期修剪在1月中下旬完成(左)及5月中旬结果情形(右)(2024年，南宁)

六、修剪方法和作用

果树常用修剪方法有短截(图5-30)、疏剪(图5-31)、回缩(图5-32至图5-34)、环剥(图5-35)、环割、环扎(图5-36)、疏芽(图5-37)、摘心、长放、曲枝(图5-38)、扭梢(图5-39)和断根，其中短截按轻重程度分为轻短截、中短截、重短截和极重短截(图5-40)。各种修剪方法概念、作用和修剪对象见表5-1。果树整形修剪是多种修剪方法综合运用，实际操作比较复杂，但少数果树如台湾青枣每年春季3月采果结束后，对所有主枝均统一保留约30 cm回缩锯断即可，5月上旬从萌发新枝中选择2～4个主枝培养枝，培养当年新树冠；葡萄冬季休眠修剪方法简单，选留的结果母枝，短截后剪口以下留芽2～3个(短梢修剪，图5-41)或4～7个(中梢修剪，图5-42)。

图 5-30 当年结果枝或营养枝短截修剪(龙眼,左为修剪前,右为修剪后)

图 5-31 疏剪枝条的剪口

图 5-32 回缩修剪大枝示意图

图 5-33 当年 3 月下旬回缩主枝的青枣

图 5-34 当年 3 月回缩主枝 6 月长出的主枝培养枝

图 5-35 柑橘环剥保果(4 月)

图 5-36 柑橘主干环扎促花(11 月)

图 5-37 疏芽定枝(左为疏芽前,右为疏芽后)

图 5-38　枝条挂重物曲枝

图 5-39　扭梢

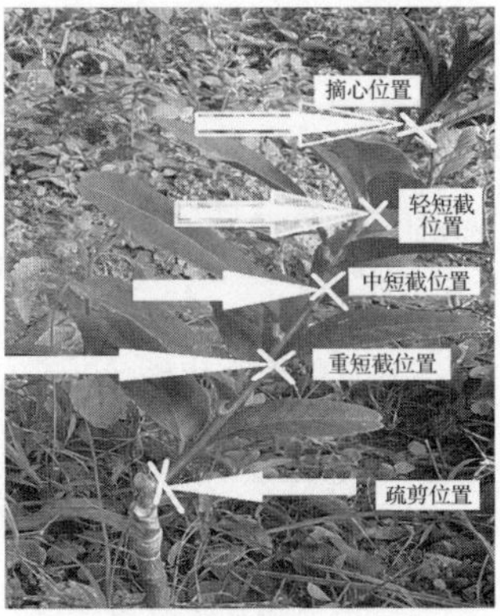

图 5-40　枝条摘心、短截和疏剪位置示意图

图 5-41　葡萄短梢修剪结果母枝

图 5-42　葡萄中梢修剪结果母枝

表 5-1　果树修剪方法及作用

修剪方法	定义	主要作用	修剪对象	备注
短截	剪去1～2年生枝条的一部分	缩短枝条，促发分枝；更新复壮枝条；改变枝条延长生长方向	1～2年生老熟枝条	根据短截的轻重程度不同，分轻短截、中短截、重短截和极重短截
疏剪	不留残桩地从基部把枝条剪除	减少枝条数量，减少养分消耗，提高留用枝条质量，改善光照	过密枝、病枝、枯枝、细弱枝、重叠枝	
回缩	截短多年生老枝条或大枝	促进多年生枝条或大枝潜伏芽萌发新梢，培养新的健壮骨干枝	多年生枝条或大枝	
环剥	剥除大枝的一圈皮层	暂时中断有机物质上下运输，使环剥口以上的枝条积累较多的有机养分；阻碍矿质营养和水分向上运输；抑制根系生长和吸收；抑制营养生长，有利花芽分化和保花保果	生长旺盛的大枝和植株	①韧皮部是植物有机物质营养上下运输主要通道。②剥口过宽，长时间中断或阻碍营养运输，树势衰退。③不同树种或不同树势的植株剥口不同。④在大枝光滑处环剥

续表5-1

修剪方法	定义	主要作用	修剪对象	备注
环割	在枝干环割一圈,割断韧皮部	作用与环剥相似;刺激伤口以下潜伏芽萌发新枝	生长旺盛的大枝和植株	伤口愈合比环剥需要时间短
环扎	在枝干上用铁丝环扎一圈	作用同环剥	生长旺盛的幼树、青壮树的骨干枝	使铁丝陷进枝干皮层稍现水迹,但不能导致皮裂
抹芽	用手将幼嫩枝条从基部抹除	减少枝条数量,节约养分,提高留用枝的质量,促进留用新枝老熟健壮	有限空间内枝条密度大的、长度 2～5cm 幼嫩、未木质化的枝条	包括除萌和疏梢
摘心	用手摘除幼嫩、未木质化枝条的顶端	削弱顶端优势,促进枝条老熟、生长充实;促进分枝	长度 20～30cm 幼嫩、未木质化的枝条	
长放	对一年生长枝不剪	使长枝营养分散,生长减弱,促进中、短果枝的抽生	中庸枝、斜生枝、平生枝条	也称缓放、甩放
曲枝	将枝条向水平或下垂方向弯曲,加大分枝角度,改变生长方向	削弱枝条的顶端优势;开张骨干枝角度,改善光照条件;抑制营养生长,促进生殖生长	直立或近于直立的旺枝	常用绳子拉枝或挂重物方法改变枝条分生角度
扭梢	在枝梢基部扭转一定的角度,使新梢木质部和韧皮部受伤而不折断,呈扭曲状态	增加受扭曲枝梢的有机营养的积累,有利花芽形成	直立或近于直立的半木质化旺枝	
断根	沿着树冠滴水线挖深沟,切断吸收根	一定时期内减少根系吸收肥水量,减缓营养生长,促进花芽分化	生长旺盛的常绿果树	

七、结果树修剪步骤、原则和方法

1. 修剪步骤

结果树修剪操作前,认真对树冠上下、内外进行整体观察,判断树势强弱;观察要修剪植株周边其他植株是否对该植株的生长结果有影响,然后在心里粗略作针对性的修剪方案(图 5-43),确定修剪量大小和修剪主要方法。修剪时,修剪顺序是先树冠中上部和外部、后树冠内膛和下部,先大枝后小枝;先修剪枯枝、病虫害枝、纤弱枝、荫蔽枝、位置不合理交叉枝,后修剪结果枝及结果母枝。

图 5-43　柑橘成年结果树采果后修剪的设想方案示意图

2. 修剪原则

改善树冠光照条件，结果树树冠之间保留有约 0.8～1.5 m 的空间，修剪病虫害枝条，控制树冠大小和高度，疏剪枯枝、病虫害枝和无用的徒长枝，短截衰弱枝组和有利用价值的徒长枝。生长势中等且树冠透风透光的树冠修剪量宜轻，利于保持翌年营养生长和花果生长的相对平衡。枝叶生长强旺的植株树冠修剪量宜重，但以疏剪为主，并需对其主枝进行环割、环扎或环剥处理，通过损伤处理抑制营养生长，利于次年开花结果。树势衰退的树冠则宜进行重修剪，结合肥水管理，更新复壮树冠。修剪的剪口和锯口要求平滑。

郑朝耀(2017)总结归纳湖南永州的柑橘结果树修剪经验，可以作结果树修剪实践的参考。其修剪的思路：剪上不剪下，剪外不剪内，剪强不剪弱，剪吊不剪翘。修剪后树冠的结构：上空下不空，外空内不空，小空大不空。修剪时优先修剪树冠中上部遮光枝条和树冠周边外围的枝条，树冠中下部和内部的绿叶枝一般不剪；疏剪生长势强旺的枝条，保留生长势中等的枝条，更新修剪生长势弱的下垂吊枝，保留能上翘生长的枝条，因翘枝还能开花结果。树冠结构的上部和外部要有较多的小空洞，利于光照到树冠中下部和内部，树冠中下部和内部忌大空，应该培养一些能结果的健壮枝条，达到树冠上下内外立体结果效果。而树冠枝条的分布培养应做到“大枝少，小枝多，从属分明，错落有序”。

3. 修剪方法

以柑橘结果树采果后修剪为例。①需要回缩的枝条：树冠顶部高于 2.5 m 大枝要回缩至高度在 2.5 m 以下；回缩修剪衰退的大枝或枝组到有健壮分枝处；树冠之间交叉枝要回缩，使各树冠之间有 0.8～1.5 m 的空间。②需要短截的枝条：短截树冠内部和下部因结果而下垂的枝条，树冠露空过大的可短截空间旁边的枝条，促发侧新枝填补空间，剪口芽方向留向空缺处，以利于长出的枝梢填空；空间大、枝少的地方，如旁边有徒长枝则可进行短截，抑制其营养生长，培养成结果枝组。③需要疏剪的枝条：直立大枝疏剪(图 5-44)，保留主枝数量 3～4 个(图 5-45)，多余的主枝疏剪；树势强旺的植株要疏剪强枝，长势中等的植株疏剪直立枝，缓和树势，防止树冠出现上强下弱的现象；树冠外围枝叶过密植株，疏剪树冠顶部直径 2～3 cm 的 2～3 年生大枝 2～4 枝，使光照能照至树冠中下部及内膛，改善光照条件，使树冠内膛和中下部长出健壮新梢成为良好结果母枝，利于树冠立体结果；

果树修剪方法操作示范
(短截、疏剪、环剥)

分枝较多的结果枝群可疏剪部分弱枝。无利用价值的徒长枝则要疏剪;枯枝、病虫害枝和细弱枝条都要疏剪。④需要环剥环割环扎的枝条:旺树可环割其各主枝 2～3 圈,强旺大枝则在其光滑处环割 2～3 圈,如果是环剥,则环剥刀口选择 1～2 mm 即可,控制其营养生长势。

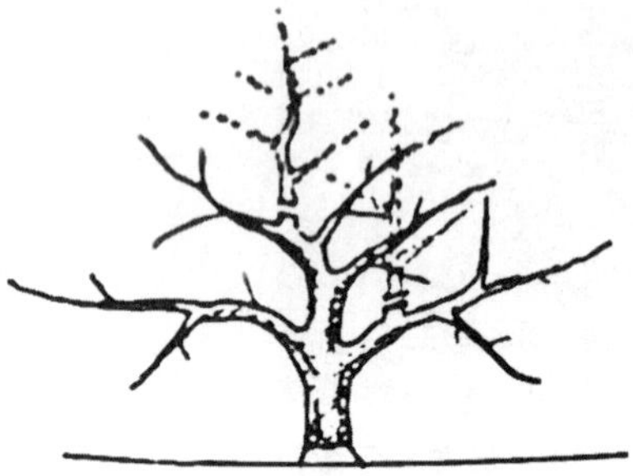

图 5-44　疏剪直立大枝

图 5-45　疏除过多主枝

八、主栽果树整形修剪

(一)柑橘整形修剪

1. 幼树整形

柑橘幼树在合理的肥水管理基础上,通过合理整形修剪,大多可以在苗木种植后第 3 年试产,第 4 年起丰产,但沃柑等少数品种生长相对较快,第 2 年可试产,第 3 年可丰产。柑橘种植第 1 年生长量小,除了病叶外,所有的叶片尽量保留利用而不修剪,增加光合作用叶面积,生产更多光合产物,利于枝叶生长。柑橘幼树通过人工调控进行整形,培养既利于早结丰产又利于骨干枝分布均匀、生长平衡匀称的树冠。定干高度通常为 50～70 cm,利用主干(称为 0 级枝)长出分枝和延长枝培养方向分布均匀主枝(称为 1 级枝)3～4 条,主枝数量最好不超过 4 条,采用拉枝固定的措施,使主枝和主干之间的分生角度保持 45°～60°,当主枝培养枝生长长度约 30 cm 时保留约 25 cm 短截或摘心,促进枝条生长壮实,促使主枝萌发侧枝培养副主枝(称为 2 级枝),每个主枝培养副主枝 2～3 条,如每个枝条短截后生长的侧生枝数量超过 3 条的则去弱留强疏剪,只保留 2～3 条,副主枝和主枝的分生角度以 40°～50°为宜。按照同样方法培养植株的第 3、4、5 级枝。除沃柑外,其他柑橘苗种植后第 2 年如果有枝条开花结果,应将花抹除,避免长花消耗营养影响树冠扩大。柑橘树形通常培养成自然圆头树形、开心树形,也可以培养为变则主干形或主枝分层主干形。

2. 结果树修剪

除了柚类,其他的柑橘初结果树通常是指苗木定植第 3～4 年的结果树,柚类初结果树一般指定植第 5～6 年结果树。初结果树除了其开花结果之外,还需要扩大树冠,枝叶营养生长旺盛,树冠修剪量不能大,除疏剪或短截病虫害的枝条外,所有老熟枝叶尽量保留,新梢以进行疏梢定枝和摘心为主,春夏秋梢的每一批新梢长度 5～6 cm 疏梢定枝,去弱留壮,树冠顶部每个基枝留新梢 3～4 枝,树冠中下部每个基枝留新梢 2～3 枝,9—10 月进入花芽分化期,通过拉枝的方法使部分大枝斜生或平直或下垂,削弱枝条生长势,促进花芽分化;计划在翌年开花结果的直立大枝可环割或环剥或环扎,促进花芽分化。苗木定植第 5～6 年后,柑橘树进入盛果期,枝叶营养生长和开花结果相对平衡,树冠扩展量极小,较易形成花芽,但通常因顶部和外围枝叶茂密，光照难进入树冠内部，导致树冠内膛空虚、枝条数量少，柑橘树进入盛果期后修剪主要是保证树冠透光，将阳光引至树冠内部和中下部，利于树体内部和中下部生长枝条开花结果，实现柑橘结果树的树冠内外和上下立体结果，密植的柑橘园树冠之间交叉枝要回缩修剪，确保树冠之间间距≥1.0 m，同时控制树冠高度≤3.0 m，树高最好是 2.0～2.5 m，利于果园和树冠通风透光，方便日常喷药喷肥、修剪和采果。修剪时期主要在采果后和夏季。当前规模化种植柑橘园的成年结果树修剪不再进行精细修剪，通常进行大枝修剪。因枝叶过密导致树冠内部或下部光照不良的柑橘结果树，在 6 月下旬至 7 月上旬或采果结束时疏剪树冠外围及顶部直径 2～3 cm 大枝 2～4 枝，给树冠创造"小窗口"2～4 个，利于树冠透光通风。树冠中下部和内部枝条不修剪。修剪时优先疏除弱枝和病虫为害枝条，果量过多的树冠在夏季 6—7 月可疏剪部分挂果枝条，选留部分无果的健壮枝条作营养枝。成年柑橘结果树修剪思路是"剪上不剪下，前外不剪内，剪强不剪弱"，树冠形状和结构"上空下不空，外空内不空"，树冠外围和上部有多一些小空洞，利于光照到树冠中下部和内部，使树冠中下部长枝结果。树冠郁闭的柑橘结果树采果后修剪，剪除的枝叶量占树冠修剪前枝叶总量的 20%～30%。

(二)荔枝整形修剪

1. 幼树整形

荔枝的树形可培养成自然圆头树形(图 5-46)、开心树形(图 5-47)、扁平树形(图 5-48)。定干高度 50～70 cm，利用主干(称为 0 级枝)长出分枝和延长枝培养方向分布均匀主枝(称为 1 级枝)3～4 条(图 5-49)，主枝数量最好不超过 4 条，通过拉枝固定的措施，使主枝和主干之间

图 5-46　自然圆头形树冠的无核荔枝结果树

图 5-47　开心树形的妃子笑荔枝结果树

图 5-48　矮化栽培的妃子笑
荔枝单主干扁平树冠(树龄约 20 年)

图 5-49　单主干的 3 主枝
妃子笑荔枝结果树

的分生角度保持45°～60°,当主枝培养枝生长长度约30 cm时保留约25 cm短截或摘心,促进枝条生长壮实,促发主枝萌发侧枝培养副主枝(称为2级枝),每个主枝培养副主枝2～3条,如每根枝条短截后生长的侧生枝数量超过3条的则去弱留强疏剪,只保留2～3条,副主枝和主枝的分生角度以40°～50°为宜。按照同样方法培养植株的第3、4、5、6级枝。荔枝苗种植后第2年可能会有少量枝条抽生花穗,应将抽生花穗剪除,避免生长花穗消耗营养影响树冠扩大。

2. 幼龄结果树修剪

荔枝幼龄结果树通常是指苗木定植后第4～10年的结果树。此时期的荔枝树枝叶营养生长占主导地位,任其自然生长,营养积累少,不易形成花芽,生产上通过控制氮肥、增施钾肥和磷肥,培养2～3次秋梢,及通过初冬环剥主枝结合生长调节剂使用,控制冬梢生长促进花芽分化。幼龄结果树修剪量小,谢花后疏剪生长势弱的落花落果枝,生长势强旺的落花落果枝则留复叶2～4张短截,促发夏梢,长出的新梢要疏芽定枝,每个基枝只保留新梢1～2条。采果后及时追肥恢复树势,追肥12～15 d后对当年营养枝、结果母枝进行短截,促使剪口以下侧芽萌发秋梢,每根枝条的剪口以下萌发秋梢只保留1～2条(图5-50),少量健壮的基枝可留新梢3条,过多的疏除,可在新梢长度约10 cm新叶展开时疏芽,去弱留壮进行定梢。丛状生长的枝条要疏剪其中部分枝条。自然圆头形大树冠内部和下部如果光照不良,疏剪该树冠顶部和外围不同位置直径约3 cm大枝3～4条,将光照引入树冠内部和下部。各树冠的交叉枝要回缩修剪,各树冠之间间距以1.0 m以上为宜,使果园通风透光,光照良好。

3. 成年结果树修剪

荔枝成年结果树通常是指苗木定植后第10～30年的结果树。此时期的荔枝树枝叶营养生长和开花结果相对平衡,树冠扩展量极小,较易形成花芽,但通常树冠内膛空虚、枝条数量少,如果树形是常见矮树冠自然圆头形,树高限制在3.5 m以下,只要不影响周边植株生长,冠幅可任其扩展。培养1～3次秋梢,每年11月螺旋环剥主枝(图5-51和图5-52)结合生长调节剂使用预防冬梢萌发,促进花芽分化。荔枝成年结果树以采后修剪为主,以广西钦州市的桂味、鸡嘴荔等迟熟品种为例,通常年份每年都培养2批秋梢,第1次修剪安排在7月上中旬,疏剪为主,短截为辅,按去弱留壮原则疏剪过密枝、重叠枝、交叉枝,疏剪落花落果枝、细弱枝、病虫害枝,短截当年结果枝条则在芽点密集节位(俗称"龙头桠")及其以下2～4张复叶处剪断。自然圆头形大树冠内部和下部如果光照不良,疏剪该树冠顶部和外围不同方位直径约3cm

图5-50 采后修剪长出的结果母枝(每剪口留2条)

图5-51 每年11月环剥主干或主枝促花的剥口痕迹

大枝 3～4 条，将光照引入树冠内部和下部，树冠内部的枝条少剪或不剪，如需要短截的则保留枝桩约 10 cm，促发新梢，培养树冠内膛结果母枝，利于树冠立体结果，树冠内膛枝一般难长出第 2 次秋梢，利于花芽分化和翌年开花结果。短截的枝条的剪口以下萌发秋梢只保留 1～2 条，生长势弱的基枝只选留新梢 1 条，在新梢长度约 10 cm 新叶展开时疏芽，去弱留壮进行定梢。通常采后修剪 15～20 d 后新梢萌发生长。第 1 批秋梢老熟后，如果树冠枝叶依然过密，可进行第 2 次修剪，此次修剪以疏剪为主，极少短截，疏剪细弱枝和部分密生枝。树势弱的荔枝园如果计划只培养 1 次秋梢，采果后修剪要等到大多数末级枝条顶芽饱满即将萌发时才修剪。妃子笑等早熟品种如计划培养 2 批秋梢的，采后第 1 次修剪通常比迟熟品种提早 10～15 d，修剪时间在 6 月下旬，如果培养 3 批秋梢则采后第 1 次修剪时间安排在 6 月中旬。各树冠的交叉枝要回缩修剪，以各树冠之间间距保留 1.0 m 以上为宜，使果园通风透光，光照良好。

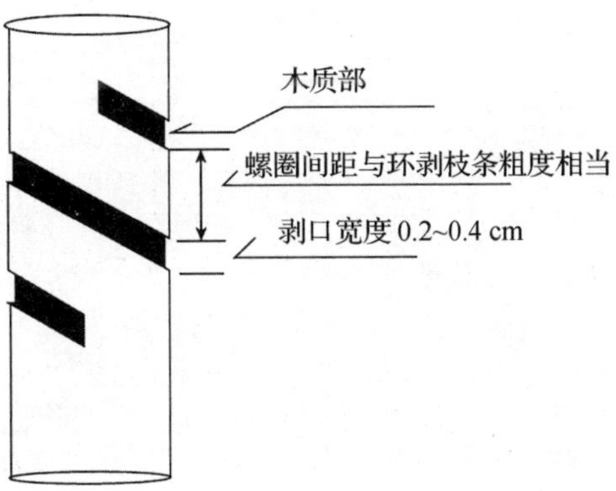

图 5-52　荔枝主枝或主干螺旋环剥

(三)葡萄整形修剪

1. 树形培养

华南地区葡萄栽培树形培养主要是双十字“Y”形（图 5-53）和棚架的主蔓双臂水平形（图 5-54 至图 5-56）的整形方法。

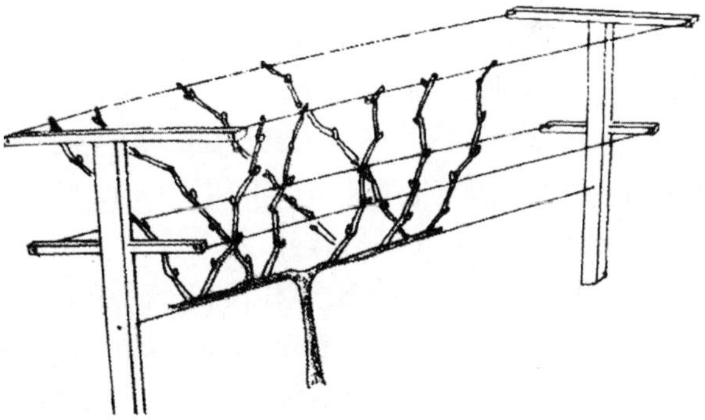

图 5-53　葡萄双十字“Y”形的树形(左为实景图，右为示意图)

图 5-54　葡萄单主干主蔓双臂水平形幼树期状态(左为生长期，右为冬季修剪后)

图 5-55　葡萄单主干主蔓双臂水平形(左为冬季修剪后,右为主蔓结果枝挂果状,南宁,2024)

图 5-56　葡萄主蔓双臂水平形冬季修剪后结果母枝分布状(左为俯视图,右为植株整体修剪状,南宁,2024)

(1)双十字“Y”树形的整形和修剪　定植小苗发芽后选留 1 个新梢培养主干,主干培养枝生长 0.8～1.0 m 时摘心促发侧蔓,主干上方 2 个侧蔓培养成 2 个主蔓,下部其他侧蔓留 1 张叶摘心。冬剪时,2 个主蔓分别留 6～8 芽修剪,横绑于葡萄架第一层的钢线或镀锌铁线;第二年发芽后去除过密芽、双芽、弱芽,让所留下的芽体长成当年的结果枝(图 5-53)。当这些新梢生长至 12～13 叶时,在果穗以上留 10～12 叶摘心,结果枝长出副梢全抹除。落叶休眠后对当年结果枝进行中梢或短梢修剪,培养作下一年的结果母枝。

(2)主蔓水平树形的整形和修剪　定植后从抽生的新梢选留 1 个新梢培养主干,主干长有 8～9 叶时留 6 叶剪梢,促进长粗,每次延长梢均留 6 叶剪梢,摘除生长的副梢。等到主干长到接近棚架时,短截促发侧枝,选留 2 个健壮新枝作为主蔓培养枝,平绑在棚架的架面(图 5-54),主蔓长有 8～9 叶时留 5～6 叶短截,促进其长粗。第二年春季这些芽体萌发长成结果枝或营养枝(图 5-55 右),主蔓承重绞索线可低于棚架约 0.5 m,当结果枝或营养枝分布在棚架上就呈鸟翅“V”形分布状(图 5-57)。落叶休眠后对强壮的当年结果枝或营养枝中梢或短梢修剪,留作翌年的结果母枝,细弱枝条全部疏剪(图 5-55 左)。

葡萄结果母枝的短梢修剪是指对葡萄一年生枝蔓保留 1～3 个芽眼的短截修剪(图 5-58);中梢修剪是指对葡萄一年生枝蔓保留 4～8 个芽眼的短截修剪(图 5-59)。葡萄是中梢修剪还是短梢修剪视品种和生产经验或技术规程而定。

2. 生长期整形修剪

(1)选芽抹芽　冬芽萌发后,主干萌发芽体全部抹除,冬芽萌发并有 3～4 叶展开时能见到小花穗,此时按去弱留强和每根结果母枝留结果枝 1～2 枝的原则,抹除各节位芽体的副芽、弱芽，位置不合理的芽体也要抹除，枝蔓稀疏的架面保留双芽增加枝蔓数量。

图 5-57 葡萄主蔓双臂水平树形的主蔓上结果枝呈鸟翅“V”形分布状(左为形态图，右为俯视图)

图 5-58 葡萄的结果母枝短梢修剪

图 5-59 葡萄的结果母枝中梢修剪

(2)定梢绑蔓 按去弱留强原则定梢，双十字“Y”形架和单篱架最下端的线上每间隔 20 cm 留一条结果枝(图 5-60)；棚架 1 m^2 定梢 6～8 条。生长势强的植株通常只留结果枝不留营养枝，选留无花序的营养枝一般选留靠近主干附近生长势中等的枝蔓。葡萄所有的枝蔓需要绳线绑缚固定在架面上，如枝蔓生长势强旺，在架面上稍为倾斜绑缚，削弱直立生长势。整个生长期所有枝梢长出的卷须全部摘除。

图 5-60 葡萄枝蔓绑蔓在种植架面

(3)枝蔓摘心　枝蔓摘心是指将正在生长的枝蔓顶端连同数片幼叶一起摘除。不同品种的葡萄生长势有差别,枝蔓摘心前所留的叶片数量也不同,如巨峰、夏黑两个品种的结果枝主梢留10～12片叶摘心,顶端留1～2条副梢,该1～2条副梢都留2～3叶反复摘心,也可以采取“7叶剪梢+8叶摘心”方法,即结果枝长叶8～9叶时留7叶剪梢,当顶端延长梢长有9叶时留8叶摘心,使结果枝保留总数为15张叶片;营养枝留4～5片叶反复摘心控制其生长势。如红地球、阳光玫瑰、夏黑、巨峰等品种的结果枝在第1花穗以上有7～8叶时留5～6叶第一次摘心打顶,当延长梢长到8叶时进行第二次摘心打顶,当延长梢再长6叶时进行第三次摘心打顶,然后反复打顶摘心不再让其延长,使结果枝保持总叶数在20叶左右;营养枝在长出8叶时第一次摘心打顶,营养枝的延长梢长到8叶时进行第二次摘心,然后反复打顶摘心不再让其延长,使营养枝保持16～18叶。采用“Y”形架的葡萄枝蔓经第二次打顶后可以把长势旺的枝梢往下挂,控制新梢旺长,有利于果穗生长。

(4)副梢处理　结果枝花序以下的副梢要全部抹除,花序以上的副梢可全部抹除,也可在主梢留足叶片后在主梢的顶端留1～2条副梢,但需对所留的副梢不断摘心,每个副梢只留1～2叶。

(5)摘除老叶　当果实开始转色后可以摘除各结果枝果穗以下老叶,减少养分消耗,利于通风透光。

(6)旺树环割　生长势过于强旺的植株可对主蔓进行环割或环剥,用环割刀环割1～2圈,如要环剥则选用刀口宽度为1～2 mm的环剥刀,环剥一圈即可。生长势中等偏弱的植株不宜环割或环剥。环剥主干也能促进葡萄提早成熟,如阳光玫瑰在开花后60～70 d按环剥口宽度为主干直径1/8～1/5环剥主干,可促进早熟约10 d。

(四)火龙果整形修剪

1. 幼苗期整形修剪

幼苗期应剪除所有侧芽,仅保留1条向上生长的健壮枝,以利于集中养分向上生长,实现火龙果快速上架,并根据植株生长情况及时用布条或绳子将幼蔓绑缚在水泥柱或竹竿上,让枝蔓向上直立生长。当枝蔓长至接近支架平行高度时,剪除顶芽,促使火龙果刺座芽的萌发,产生分枝(图5-61),选留3～5条生长健壮和角度分布较好的新芽,作为火龙果植株的一级分枝,当一级分枝长到35 cm左右时再剪除顶芽促其刺座萌发新枝,保留3～5个芽条,让其下垂生长,利其早开花结果。

图5-61　火龙果主干长至架顶短截后长出分枝

2. 结果树整形修剪

种植第 3 年后的火龙果植株，每一植株培养 8～10 个分枝作结果枝和营养枝，结果枝条使用期 2～3 年，全年一般安排 2/3 的分枝作为结果枝，其余 1/3 分枝抹除花蕾，适当短截，促发健壮枝条作为后备结果枝。冬春季如果不进行人工补光促花的火龙果园，12 月最后一批果收完后进行冬季修剪，疏剪长势弱和衰老结果枝、垂地枝、隐蔽枝、病虫害严重的枝条，枝条少的架面，短截部分枝条促发健壮新枝，培养结果枝条，增加架面上结果枝，为防止地面病虫害传播到枝条和果实上，对过长和过低枝条进行短截，保持所有枝条尾端离地面 30 cm 以上。枝条在架面上尽量摆放整齐(图 5-62)，凌乱枝条可适当疏剪，也可重短截枝条，促发新枝培养新的结果枝。每年进入开花结果期后火龙果长出的新芽，除了选留作营养枝的少数新芽外，分枝和主干生长的不定芽都要疏剪，减少养分消耗，保障选留的枝条生长得到充足营养，利于开花结果。如果发生冻害，冻害的枝条要及时短截或疏剪。修剪枝蔓要集中处理，可堆积发酵填埋作有机肥。雨天忌修剪，避免剪口感染病害。

图 5-62　枝条摆置整齐的火龙果架面

果树自然圆头树形培养

柑橘结果树采果后修剪

杨桃采果后修剪

李树整形修剪(开心树形)

杧果采果后修剪

葡萄冬季休眠期整形修剪(南宁)

葡萄花穗修整

百香果整形修剪(垂帘树形)

草莓植株管理

青枣采果后修剪

任务二　果树花果管理

果树生产目的是收获稳产、丰产、优质、安全的果实，创造良好经济效益。果树栽培管理过程中，在开花之后，除合理土肥水管理、病虫害防治外，还要保花保果提高坐果率，疏花疏果控制花果数量，改善果实色泽及光洁度，做好采收和采后处理工作。

一、保花保果

1. 保花保果方法

果树要有较高坐果率，选择坐果率高的品种，加强土肥水管理，使树体健壮；做好防治病虫害的工作，减少病虫害。幼果期控制新梢萌发和生长，如环割、环剥或环扎生长势旺的植株和控制春梢和夏梢（图 5-63）；花期前后使用生长调节剂、中微量叶面肥、高磷高钾叶面肥混合液喷雾树冠（图 5-64）。

图 5-63 主枝环剥保果（无核沃柑，2024 年 4 月）

图 5-64 果树保花保果常用叶面肥和生长调节剂

2. 人工授粉

部分果树如沙田柚、番荔枝、火龙果（图 5-65）、有刺黄龙果、无刺黄龙果需要人工授粉才能确保有效的坐果率。

二、疏花疏果

果树开花结果会消耗树体营养，如果花果量大，会大量消耗树体上一季贮藏的养分和当年吸收及生产的养分，当养分不足时，果实生长发育受阻，单果体积和单果重小，果实品质不良，果品等级低。因此当年花果量大的果树要通过疏花疏果，控制花果数量，集中肥水供给选留的果实。不同果树种类和品种，疏果留果数量不同，不同生产者技术规程的疏花疏果留果数量也不同，如广西南宁“八桂田园”的台湾青枣疏果规程，通常是每间隔 2～3 节留 1 果（图 5-66）；

图 5-65　火龙果人工授粉（左为采集花粉，右为在柱头上点涂花粉）

杨桃疏果规程是每穗小果留 1 果，每一小枝留 1～2 果，枝条上果实间距约为 15 cm，疏果时间是杨桃果实体积呈鸡蛋大小时；广西真诚农业公司阳光玫瑰葡萄果穗疏果留果是 50～70 粒/穗，每 1 结果枝留 1 个果穗（图 5-67），巨峰葡萄疏果留果是 40～45 粒/穗（图 5-68）；广西美呈农业公司香蕉果穗要求，每梳蕉有 18～26 个果指，少于 14 个果指的一般整梳蕉切除，果梳的果指多于 26 个的则疏除其过多的果指。而龙眼、荔枝、杧果花穗开花前可截短长花穗（图 5-69），减少花量，节省养分。果树疏花疏果目前都普遍采取人工操作的方法，少用化学药剂处理方法。

图 5-66　青枣结果枝疏果（左为疏果前，右为疏果后）

图 5-67　疏果和控制果粒数量的葡萄果穗（品种：阳光玫瑰，南宁）

图 5-68 巨峰葡萄疏果控果的果穗(左图果粒数约 40 粒,右图人工疏果)

图 5-69 荔枝花穗截短前后(左为截剪之前,右为截剪之后,品种:妃子笑)

三、果实套袋

果树果实套袋生产常见的有单果或果穗较大的果树如柚类、葡萄、杨桃、香蕉、番荔枝(图 5-70)、番石榴等。果实套袋能减少果实的病虫害和机械伤造成果面的疤痕,改善果实外表色泽(图 5-71),提高果实外观质量,还能减少喷施的农药与果面接触,减少果实农残含量,确保果品安全卫生。果袋材料有塑料袋、纸袋、无纺布袋,有单层的,有双层或多层,有半透光,有全遮光。不同果树果实套袋选择果袋型号和材料不一样。

图 5-70 果实套袋的番荔枝园(2024,南宁)

图 5-71 杨桃套袋改善果实光泽(南宁,2018)

四、主栽果树花果管理

(一)柑橘花果管理

1. 叶面追肥结合使用生长调节剂

开花前后叶面喷雾0.2%～0.3%磷酸二氢钾和0.1%～0.2%硼酸混合水溶液，也可以喷雾含钾、磷、硼、镁、锌、钙、锰、铁、铜等中微量元素叶面肥水溶液，能提高柑橘的坐果率。在叶面追肥时，在溶液中同时加入生长调节剂，柑橘常用的保果生长调节剂有赤霉素、芸苔素和细胞分裂素(6-苄基腺嘌呤)，也可选用“赤·吲乙·芸苔”等商品保花保果药剂，如果选用有效成分含量为20%赤霉素粉剂，稀释液浓度为15 000～30 000倍；如果使用3%赤霉素乳油，稀释液浓度为1 000～2 000倍；使用有效成分0.01%的芸苔素内酯，稀释液浓度为2 000～3 000倍；使用总有效成分为0.136%的“赤·吲乙·芸苔”，稀释液浓度为20 000～25 000倍。在柑橘结果树的花蕾期、谢花约70%时、花谢后约15 d各对树冠喷雾1次含磷、钾、硼、镁、锌等营养元素叶面肥及赤霉素或芸苔素和细胞分裂素稀释混合溶液，通常能保花保果，显著提高坐果率。但赤霉素等生长调节剂使用次数过多或浓度过高，会使柑橘果皮发生表皮粗厚的现象。

2. 环剥和环割主枝或主干

主干或主枝环剥和环割能暂时截断环剥口以上叶片光合作用制造的养分向根部输送，暂时抑制根系生长，使养分集中供应给幼果生长发育需要，从而达到保果的作用。柑橘谢花后至第二次生理落果结束前，采取主干或主枝环剥和环割等措施有效抑制夏梢萌发和生长，缓和梢果矛盾，则有利于坐果。如果柑橘主枝或副主枝等大枝条直径粗度4～5 cm，环剥口宽度是0.2 cm，在环剥之后的第40～50 d伤口愈合。在花谢后12～15 d，在主干等枝干闭环环剥1圈，环剥口宽度0.1～0.2 cm；也可以在谢花后12～15 d、25～30 d、40～45 d分别环割1次，对生长势中等偏旺的砂糖橘等柑橘结果树坐果率提高有明显作用。环剥后当天用杀菌剂稀释液涂抹伤口为宜。树势弱的植株不宜环剥或环割。

3. 花期遇高温干旱天气喷水

柑橘开花期如果天气高温干旱(日均温度≥24℃，最高温度≥30℃)，每天10:00以前和16:00以后对树冠喷水降温，创造湿润的空气环境，利于花粉萌发。花期喷水增大湿度工作可以通过植保无人机完成(图5-72)。

图5-72　植保无人机花期干旱天气喷水增湿

4. 花期摇花

沃柑等柑橘盛花期和谢花期如果是无风的阴雨天，可使用农业植保无人机飞过每行树冠上方，因为转动的螺旋桨产生的风力能摇动树冠，摇掉树上的雨水和凋谢的花瓣，减少因雨水沤花造成烂花的数量，也减少灰霉病等病害的发生。无人机飞行时离树冠的高度通常约5 m，飞行速度设为1.5～2.0 m/s，如果柑橘园植株行距为4.0 m，无人机飞过的面积为1.0～1.5 hm^2/h。如果人工摇动树冠则费时费力，操作也不方便。

5. 疏花疏果

盛果期的柑橘结果树尤其是挂果期长迟熟品种，挂果量太大易导致树体早衰退，因此要疏花疏果，控制挂果量，使开花结果和枝叶生长相对平衡，产量较高至中等水平的柑橘结果树，砂糖橘叶果比以(15～25)∶1为宜，沃柑适宜的叶果比为(30～40)∶1，脐橙适宜叶果比(50～60)∶1，柚类适宜叶果比(150～200)∶1。砂糖橘、沃柑等结果量过多的柑橘树7—8月萌发秋梢少，在放秋梢前约15 d短截部分挂果枝条，剪口粗度0.3～0.5 cm，直径约3 m、高度约2.5 m的树冠剪口数量40～50个，减少树冠的挂果量。采果后修剪可适当疏剪部分弱的结果枝组，花蕾期花量过多，按疏密留稀原则，抹除各结果母枝部分花序，树冠内外的花序则疏外留内，减少花量，第二次生理落果结束后至9月中下旬疏果2～3次，疏除病虫果、畸形果、机械损伤果和过多、过密、个小及发育不良的果实，减少养分过度消耗，也能提高果品等级。沃柑、茂谷柑等中型果的柑橘品种商品果的果实横径≥6.5 cm或单果重≥150 g、果皮光滑无伤病痕迹才能畅销和售价高；砂糖橘通常是果实横径为4.0～5.0 cm和3.0～4.0 cm时畅销售价高，果实横径≥5.0 cm或≤3.0 cm、外观和风味差，价格低且难销售。

6. 果实套袋

沃柑、砂糖橘等中小果型品种的生产一般不套袋，但大果型如沙田柚、三红蜜柚、不知火等品种果实生产一般都套袋护果。套袋在疏果定果后进行，套袋前2～3 d喷杀虫剂和杀菌剂稀释液，沙田柚等柚类在5月中下旬套袋，使用1～2层的防水纸专用果袋，不知火等迟熟品种套袋常用1层防水纸专用果袋，套袋时间可在8—10月进行，套袋可减少果实蝇等病虫害为害和机械伤造成的伤痕，果实外皮光滑，着色均匀，外观品质提高。

图5-73 冬季覆盖树冠防寒的金柑园 (桂林阳朔)

7. 冬季覆盖树冠防寒

广西桂林、贺州等冬季较寒冷的柑橘产区，对砂糖橘、沃柑、金柑(图5-73)等在1—2月才采果销售的柑橘品种，可在12月低温来临前，给树冠覆盖透明的塑料膜或防寒布，防寒防雨水，延长采摘期，确保果品品质，减少采前落果量。单株覆盖或成行覆盖均可，用竹竿立柱盖膜，覆盖的塑料膜或防寒布以离树冠枝叶有一定空间为宜，树冠中下部需要透风。

(二)荔枝花果管理

1. 人工疏花和控制花穗长度

荔枝花穗长度在15～20 cm，花量适中，生长健壮，营养充足，坐果率高。妃子笑、三月红、黑叶等长花穗的品种可在开花前人工疏花，短截花穗主花轴，选留4～6条分布均匀的侧花穗，控制花穗长度为10～15 cm，大果品种无核荔枝和紫娘喜只需选留侧花穗2～3条即可。荔枝树冠大多花穗长度约10 cm时，用"龙眼丰产素"可湿性粉剂(稀释350倍)或5%烯效唑(稀释1 000～1 500倍)给树冠和花穗喷雾，对控制荔枝花穗长度有效，使长花穗变为短花穗，提高雌花比例，但使用化学药剂控制花穗长度效果受天气、药液浓度制约，大面积实施前必须提前1～2年使用少量植株做试验，探索适宜药液浓度和气温条件。

2. 叶面追肥和应用生长调节剂

开花前后叶面喷雾 0.2%～0.3%磷酸二氢钾和 0.1%～0.2%硼酸混合水溶液，也可以喷雾含钾、磷、硼、镁、锌、钙、锰、铁、铜等中微量元素叶面肥水溶液，能提高荔枝的坐果率。荔枝常用的保果生长调节剂有赤霉素、28-表高芸苔素和细胞分裂素(6-苄基腺嘌呤)，在花谢后幼果分单时(亦称为并粒期，即荔枝各雌花或两性花子房的两室外形分化为一大一小的时期)，喷赤霉酸可溶粉剂(20%)20 000 倍+28-表高芸苔素内酯(0.01%)1 500 倍混合溶液 1 次，10～15 d 后喷 28-表高芸苔素内酯(0.01%)1 500 倍+细胞分裂素(2%)1 200 倍混合溶液 1 次，也可选用"龙眼丰产素"和"赤・吲乙・芸苔"等商品保花保果药剂，常在雌花开花后其柱头变为褐色时喷保果药液。如广西新光农场荔枝保花保果，在谢花后 7～10 d 和果实分大小时各喷浓度为 40 mg/L 的细胞分裂素稀释液一次；谢花后 15～30 d，喷有效浓度为 40 mg/L 的赤霉素稀释液 2 次，间隔约 15 d。花穗抽生时，如果大量花穗带有小叶，可用有效成分为 40%乙烯利粉剂稀释 2 500～3 000 倍(即浓度 120～160 mg/L)杀灭小叶，在花穗上小叶未开张前喷药。

3. 花期蜜蜂传粉

荔枝是典型的虫媒花，开花期主要传粉媒介是蜜蜂及其他的昆虫，开花期的荔枝园每公顷放养 15～20 箱蜜蜂帮助授粉，保护传粉昆虫，荔枝园开花前 15 d 至花谢后撤走蜜蜂前不能喷杀虫剂等农药。

4. 环剥

荔枝雌花谢后 7～10 d，在枝干直径约 10 cm 处闭口环剥 1 圈，树势旺盛的植株在雌花开放时就环剥，环剥口宽度 0.2 cm。

5. 高温干旱时喷水增湿

荔枝的盛花期如果天气高温干旱(日均温度≥24℃，最高温度≥30℃)，每天 10:00 以前和 16:00 以后对树冠喷水降温，创造湿润的空气环境，利于花粉萌发。可使用植保无人机花期干旱天气喷水增湿。

6. 雨天摇树

荔枝开花期如遇阴雨天气，人工摇动树冠或空飞植保无人机，摇掉树上花穗的水珠，利于传粉，防止沤花烂穗。

(三)香蕉花果管理

1. 校蕾

香蕉抽蕾后如发现阻挡和妨碍花穗下垂的叶片或叶柄，要及时把花穗拨到叶柄侧边(图 5-74)，防止果穗畸形，甚至花轴折断，这就是通常所称的校蕾。生产上需要校蕾的香蕉植株不多。

2. 断蕾

依据预留的果梳数量断蕾，通常每株香蕉留 6～9 梳果(根据植株生长健壮程度和肥水状况决定留蕉梳的数量)，距所留的最后一梳果指约 15 cm 处把花序末端部分割除，也可在所留最后一梳果指之后的下一梳果指延后约 10 cm 处切断，蕉梳只留 1～2 个果指(图 5-75)，其他果指全切除。

3."垫把"

当蕉穗各果梳向上弯曲生长、各果梳之间即将相互接触时用市售专用于隔离香蕉果梳的牛皮纸片或珍珠棉片将上下果梳隔离(图 5-75 右),即俗称"垫把"。垫把用的牛皮纸片或珍珠棉片规格一般为 30 cm×50 cm。

图 5-74 需要校蕾的香蕉植株

图 5-75 果穗断蕾(左)和垫把(右)

4. 抹花疏果

香蕉抹花是指用手将各果指的蕉花全部抹除,减少果指外皮擦伤,提高果指的洁净度,使香蕉外观质量更好,提高香蕉果品销售价格。一个果穗各果梳生长发育有迟早之分,通常要分 2～3 批次抹花,抹花在果梳的果指水平张开、果指顶部的蕉花呈灰色或有约 2/3 变黑时进行(图 5-76 左)。抹花前用纸片或珍珠棉片遮盖下方果梳,避免伤口流出的汁液滴下污染下方的果指。疏果一般结合抹花工作同时进行,每梳蕉以 16～24 个果指为宜,以 18～26 果指/梳为佳,疏除果穗上的反梳、发育不良的果指、特大果指、过小果指,割除每梳果两边的单果,使果梳上的果指整齐均匀。疏果的伤口要用吸水纸蘸吸流出的汁液。

图 5-76 果指抹花前(左)和抹花后(右)的香蕉果梳

5. 果穗套袋

香蕉果穗套袋可减少病虫害和果实机械损伤,冬季防寒保暖,夏秋季免受日灼,改善果指外观品质,也有提高产量的效果。断蕾 10～15 d 后套袋,目前通常给果穗先套上香蕉果穗专用的白色珍珠棉果袋,再外套厚度 0.02～0.03 mm 的浅蓝色 PE 薄膜香蕉专用果袋,进行双层套袋(图 5-77 左、右),套袋前蕉梳要垫把、断蕾、抹花、疏果和喷杀虫杀菌农药。白色珍珠棉果袋(打有直径约 2 cm 小孔 6～9 个)将整个果穗围裹,防止采收时果指擦伤。果穗上口紧扎于果轴基部，果袋要开放下端，降低果袋内空气湿度，减少病害发生。果袋长度一般约 1.4 m，套袋时要使果袋与果穗之间保持有 1 cm 以上的距离，不能紧贴果梳，靠近路边的蕉穗在珍珠棉果袋和蓝色塑料袋之间加一个纸袋，防日灼（图 5-77 中）。套袋时可在袋面标记套袋日期，利于确定成熟期。冬季气温较低的地区可套三层袋，最里层为纸袋或无纺布袋。气温过低时果袋下端可扎紧，天气回暖时再及时敞开，利于湿气散发。

图 5-77　香蕉果穗套袋使用的材料示意图

（四）葡萄花果管理

1. 保花保果

葡萄要减少落花落果除了要合理施肥和平衡施肥及做好病虫防治外，还可使用赤霉素等保果。如巨峰、阳光玫瑰、夏黑等葡萄常用赤霉素保果，在单个花穗约 80%小花开放时和开花后 10 d 使用，溶液浓度为 10～20 mg/L，用配制好的溶液完全浸泡花穗或果穗 2～3 s，花穗或果穗提离药液后用手指轻弹果梗，抖掉多余的药液。赤霉素保果处理能减少落果，使花序伸长，拉长果穗，扩大果粒之间的空间，利于果实生长均匀饱满。但赤霉素溶液浓度不能高于 30 mg/L，否则可能使葡萄花序太长，花梗扭曲，果梗硬化。葡萄保果也可以选用赤霉素、芸苔素和吲哚丁酸混合溶液，还可以选用赤霉素和氯吡脲混合溶液（25 mg/L 赤霉素＋10 mg/L 氯吡脲）。在花序开花前叶面追肥 0.2%硼肥溶液 1 次、间隔 7 d 后再叶面追肥同样浓度硼肥溶液 1 次，也能减少葡萄的落果。

2. 疏花疏果

葡萄的结果枝径粗在 0.8cm 以上的留花穗 1 个，通常一个结果枝上仅留一花穗，如美人指品种按每 667 m^2 留花穗 2 800～3 000 穗的标准进行疏穗，成熟时产量一般为 1 200～1 300 kg/667 m^2。开花前 7 d，根据花穗的大小，疏去花穗基部 1～4 侧穗，剪去穗尖（约占穗长 1/4），穗尖有 2～3 个分叉时，只留 1 个，剪去其他分叉（图 5-78）。果粒长大如大豆粒大小时开始疏果，疏去小果、病果，使果粒四周间隙均匀，保证果实成熟时紧凑，既不稀疏也不过密，果粒较大。巨峰和妮娜皇后每穗果留 40～45 果粒，夏黑每穗果留

图 5-78　葡萄花穗修整

70～80 果粒,红地球每穗果留约 60 果粒,阳光玫瑰每穗果留约 60 果粒为宜,果穗肩部适当多留果粒,利于形成紧凑的果穗。

3. 果穗套袋

葡萄套袋能明显减少病虫害、减少农残含量、改善果实外观品质。葡萄疏果结束后喷一次广谱性的杀菌剂和广谱性的杀虫剂混合液,药液干后当天随即采用白色、绿色或黄色纸质果袋或无纺布水果专用袋进行套袋护果。果袋长度 40～45 cm、宽度 30 cm,纸袋底有漏水口,上袋口用细铁丝扎紧,绑在果穗的果梗上,等到果实成熟采收前 7～10 d 拆摘袋子,也可采收时才拆袋。

(五)草莓花果管理

草莓同一批幼果只选留体积大果形正的果实 3～5 果/株,摘掉其余的果实,集中养分,供应给选留的果实,培育大果,疏果在果实呈小手指头大小时进行。华南地区各地 1 月下旬至 12 月上旬以后昼夜气温下降明显,如广西南宁市 12 月至翌年 2 月,日均最高气温 17～19℃、日均最低气温 11～12℃,不时下雨,不利于草莓苗生长和开花,因此搭建避雨棚覆盖塑料膜进行避雨栽培,可以避寒、避雨、避尘,减少雨水传播病害,给草莓生长结果、生产管理及果实采摘创造良好环境。草莓栽培放养蜂类授粉,是减少畸形果和提高坐果率增产的有效措施,放养中蜂、意蜂均可,不能混养两种蜂,放养蜂类密度通常平均 10～15 只/667m^2,如果草莓园要喷农药防治病虫害,必须把蜂箱移走,7～8 d 后才能移回。

任务三　果实采收及采后管理

果实适期采收对品质、贮藏和销售有重大影响,不同果树种类和不同品种的果实成熟采收期不同,采收技术不同,但所有果品在销往市场之前,通常都需进行采后销前处理。

一、采收成熟度

果实成熟度分为可采收成熟度、食用成熟度、生理成熟度。可采收成熟度指该果实大小基本定形,如香蕉、杧果都是在未达到可食用成熟度时采收,香蕉在果指饱满但还见棱角时即可采收,饱满度是判断香蕉采收标准的重要依据,在果实长到 7.0～7.5 成的饱满度时就可采收,饱满度的描述详见表 5-2;杧果远销鲜果采收要求果肩圆满,果蒂凹陷,果实皮色呈暗绿色或深绿色且有果粉覆盖,将随机抽样调查 20～30 个果实放入水中,有约 50%下沉或半浮沉;火龙果果实在 8 成熟时即可采摘,成熟度判断标准见表 5-3;远销的草莓多数在果面着色约 80%时采收。食用成熟度是指果实已表现出该品种应有的色香味阶段的成熟度,如沃柑、砂糖橘等多数柑橘品种成熟时果皮转橙色或黄色,汁液多,味道浓甜,酸味少,广西壮族自治区地方标准《沃柑采收及保鲜贮运技术规程》(DB 45/T 2272—2021)对沃柑采摘成熟度规定:果实外观呈橙黄色或橙红色面积≥80%,可溶性固形物含量≥13%,其他要求见表 5-4;《荔浦砂糖橘生产技术规程》(T/GXAS 573—2023)对砂糖橘采收指标要求:12 月中下旬起,果皮橘红色或橙黄色,果实可溶性固形物含量≥13.0%,酸含量≤0.5%时;桂味、白糖罂、仙进奉等大多数品种的荔枝果实可食用成熟度表现为果皮为红色,但妃子笑荔枝在果皮底色转黄、果肩转为红色即可采收;红皮火龙果可食用成熟度是果色全红且富有光泽时采摘。生理成熟度是指果实种子充分成熟时的成熟度,如板栗、核桃生理成熟的果实的种子粒大,种仁饱满。

表 5-2　香蕉饱满度标准(DB 46/T 594—2023)

饱满度	成熟季节	挂果期/d	饱满度及果棱变化
7 成	冬蕉	95～105	果指基本饱满,棱角明显,果面凹至平,果色浓绿
	春蕉	85～95	
	夏蕉	75～85	
	秋蕉	70～80	
8 成	冬蕉	105～120	果指饱满,果棱角不明显,果色淡绿
	春蕉	90～105	
	夏蕉	80～90	
	秋蕉	75～85	
9 成	冬蕉	120～130	果指饱满,基本无棱角,果色黄绿
	春蕉	105～115	
	夏蕉	90～100	
	秋蕉	80～90	

表 5-3　火龙果成熟度判断标准(DB 46/T 597—2023)

成熟度	果皮颜色	果萼颜色	风味
充分成熟	着色完全	黄化萎蔫	蜜甜
9 成熟	着色基本完全	黄色	甜,无生青味
8 成熟	着色较充分,不带绿	黄绿色	微酸甜,略有生青味
8 成熟以下	着色明显,略带绿	绿色	酸甜,生青味明显

注:果萼是指除燕窝果外的品种的果实萼片,燕窝果的果萼退化为刺。

表 5-4　沃柑采摘成熟度要求(DB 45/T 2272—2021)

<table>
<tr><th>项目</th><th>指标</th><th>检验方法</th><th>取样方法</th></tr>
<tr><td>外观</td><td>橙红色或橙黄色,色泽光亮,扁圆近球形,端正,无明显畸形</td><td>目测法</td><td rowspan="5">在果园随机选取 5 株沃柑果树,于每株树冠中上部的东、南、西、北四个方向各采 1 个果实,共计 20 个果实供分析</td></tr>
<tr><td>着色面积/%</td><td>≥80</td><td rowspan="2">按 GB/T 12947 的要求执行</td></tr>
<tr><td>可溶性固形物含量/(g/100 g)</td><td>≥13.0</td></tr>
<tr><td>总糖/(g/100 g)</td><td>≥10.0</td><td>使用测糖仪检测或按 GB/T 8210 的要求执行</td></tr>
<tr><td>总酸/(g/100 g)</td><td>≤0.5</td><td>按 GB/T 12947 的要求执行</td></tr>
</table>

二、采收方式和方法

1. 人工采收

指的是通过人工采收果实的采收方法。我国大多数果树的果品都是作鲜果销售,如柑橘、荔枝、龙眼、葡萄、杧果、香蕉等的采果都用人工采收。人工采收的果实碰伤、擦伤、摔伤等机械伤少,利于果品贮藏,但人工成本费用大。

2. 机械采收

指的是利用机械辅助采收果实的方法,林果机械收获机理主要有接触式、气力振动式、撞击振动式、机械振动式等,其中应用较广的是机械振动式收获装备。如核桃等坚果及果汁原料果采收机(图 5-79),拖拉机附带夹握主干的器械,开动振动器,将树冠的果实振落,振落的果实有专用的收集装备;葡萄、蓝莓等可使用采收机采收果实(图 5-80)。鲍玉冬、李志鹏等 2014 年在哈尔滨进行振动式蓝莓采摘机对果实收获的影响试验,适宜振动频率下机械采摘的工作效率为 7.17 kg/min,是人工采摘效率的 10 倍,青果脱落率约为 5.6%,果实损伤率约为 8.0%,树枝总体损伤率约为 30%。振动采收只适于坚果类和作加工原料的水果,因为机械损伤果实量大。而果园采收辅助作业平台(图 5-81)在一些标准化建设的果园中已经较广泛应用于水果采收。林果采收机械化、自动化、智能化、高效化是目前林果产业发展的主流趋势,其应用前景十分广阔。

图 5-79　果实振动采收机(https://www.sohu.com/a/680376257_120687494)

图 5-80　浆果采收机应用于蓝莓采收

(http://www.big-am.com/albumdetail_580594.html)

图 5-81　果园自走式采摘平台

(https://www.agriexpo.cn/prod/knecht-gmbh/product-188627-130707.html)

三、主栽果树采收及采后处理

(一)柑橘采收及采后处理

柑橘果实采收及采后处理(沃柑)

柑橘采果有带叶1张以上采摘的,也有不带叶剪平果柄采摘的,如果需要通过柑橘智能自动分选生产线进行分级,采收柑橘果实必须按一果两剪方法将果柄剪平果蒂。柑橘采收是否带叶、是否剪平果柄、是否分级等要求,通常由果品采购商与种植者事先商定。柑橘智能分级生产线大多是按果实单果重分级(图5-82),也有部分高档智能分选线安装有可溶性固形物含量扫描设备(图5-83),按扫描果实的可溶性固形物含量高低分级,同时也能根据果面病虫害和机械伤形成的疤痕面积大小分级。分级后柑橘果品按采购商要求的装箱标准和规格装箱包装,冷链运输的果品或暂时不销售的果品存放于冷藏仓库(图5-84)。

图5-82　柑橘采后处理的果实分选生产线(广西桂洁农业公司,南宁,2024)

图5-83　柑橘分选生产线的可溶性固形物含量扫描检测设备

图 5-84　分选后的柑橘存放于冷藏仓库

(二)荔枝采收及采后处理

桂味、白糖罂、仙进奉等大多数品种的荔枝果实可食用成熟度表现为果皮为红色,但妃子笑荔枝在果皮底色转黄、果肩转为红色即可采收,果皮 1/3～2/3 为红色的 80%成熟度风味最佳,甜中带点酸味,九成熟及以上果肉味变淡,带纤维感,不化渣。荔枝成熟采收前 10 d 停止灌水。采收在阴天或晴天上午为宜,尽量避免烈日中午、雨天或雨后采果,采收时在结果母枝与果穗交界处节间密集处即俗称“葫芦节”或“龙头丫”,将整枝果穗剪断或折断采收,运到工场对果穗上的烂果、裂果、病虫果、机械伤果、未成熟果及过长的枝叶进行剪除、整理。妃子笑荔枝也有分批单果采收。荔枝在常温条件下极不耐贮藏,采收后于常温下 24 h 就果皮变色,由鲜红色变褐色,果肉化水变味,荔枝采收后需要冷藏或冷链运输。当地快递销售的荔枝通常是用泡沫保温箱包装(5 kg/箱),箱内加袋装冰块后密封保温运输。荔枝如果需要去枝叶分选包装,可按海南省《农产品全产业链生产规范荔枝》(DB 46/T 595—2023)规定的果实规格分选,以千克的果实粒数作为划分规格指标,荔枝分为大(L)、中(M)、小(S)3 个规格(表 5-5)。

表 5-5　主要品种荔枝果实规格(DB 46/T 595—2023)　　粒/kg

品种	大型果(L)	中型果(M)	小型果(S)
妃子笑	＜35	≥35,＜40	≥40,＜50
白糖罂	＜40	≥40,＜48	≥48,＜54
紫娘喜	＜17	≥17,＜22	≥22,＜26
无核荔	＜26	≥26,＜32	≥32,＜40
桂早荔	＜40	≥40,＜48	≥48,＜55

注:表中未能列入的其他品种,可根据品种特性参照近似品种的有关指标。

(三)香蕉采收及采后处理

1. 确定成熟度

果穗成熟度判断以果穗中部果指的饱满度为标准,现在通常以蕉株抽蕾后的发育天数结合果指饱满度确定采收期。蕉株 5—8 月抽蕾后 75～100 d 可采收,不同品种、不同的土肥水条件、不同产地有差异;10—12 月抽蕾后 140～160 d 才能采收,断蕾时可用不同颜色的线绑在蕉穗尾部,作不同断蕾时间的标记。果指棱角越钝果皮色泽越淡的其成熟度越高,果指饱满但还见棱角的成熟度约 8 成(图 5-85),果身饱满棱角不明显的成熟度约 9 成;远销香蕉采收成熟度为 7～8 成,本地销售的采收成熟度为 9 成。

图 5-85　果指饱满但还见棱角的香蕉果穗成熟度(左)和落梳后的蕉梳(右)

2. 采收方法

2～3 人为 1 组,一人先用利刀在假径的中上部砍切一刀,使植株缓慢倾斜,另 1～2 人用软物托住缓慢倒下的果穗,持刀人再将果轴割下,果轴长度要留 15～20 cm,两人合作将果穗保护性转移,放置果穗要垫有棉毡、海绵等软物。采收的果穗要避免挤伤、擦伤和碰撞。有条件的大型蕉园可采用索道悬挂式(图 5-86)无着地采收方式,一般 2 人 1 组,1 人先砍倒假茎,让植株缓慢倒下,另 1 人肩披软垫,托起果穗,再由拿刀人砍断果轴,然后将果穗吊在铁索上,通过索道牵引至加工包装场地,从采收到包装,果穗不着地,机械损伤少,能保持香蕉靓丽的外观。

图 5-86　采后悬挂在运输牵引索道的香蕉果穗

3. 落梳和分级

香蕉无伤采收后集中于采后商品化处理场地,悬挂或竖立果穗,除净果指残存花器,悬挂或竖立果穗状态下不带果轴落梳,用锋利弧形刀从蕉梳与果穗轴连接处切下,切下果梳不着地,然后按标准对果梳分级,把合格的果梳放入清洗池内清洗(图 5-87)。

4. 清洗和风干

用清水冲喷清洗蕉梳果面,将清洗洁净的果梳从清洗池捞起放在包装流水线上,使用吹风机吹干果梳表面的水分(图 5-88)。

图 5-87　果梳清洗

图 5-88　果梳包装前的风干

5. 包装

将清洗并风干后合格的蕉梳放入内装有塑料薄膜袋的包装箱,各蕉梳之间用珍珠棉片隔离(图 5-89 左),称重足量后真空封装塑料袋,最后封盖包装箱(图 5-89 右)。包装箱装入的香蕉重量一般 10 kg/箱,也有 12.5 kg/箱。香蕉远程运输目前以冷链运输为主。

香蕉采收及采后处理

图 8-89　装入包装纸箱的香蕉果梳(左)和塑料袋真空封装的香蕉(右)

(四)火龙果采收及采后处理

火龙果在谢花后 30～40 d 成熟,成熟的火龙果应及时采收,远销的红皮火龙果适宜采摘期是在果色转为暗红色时采摘,本地销售的火龙果等到果色全红有光泽时采摘。采收在晴天上午无露水后进行,避免高温时段采收,否则果品耐贮性降低。用圆头果剪采果,避免刺伤果实。用果剪从果柄处上下各剪 1 刀,剪断并附带部分肉茎,搬运要注意避免碰撞和挤压损伤,影响外观,采后果实避免暴晒。火龙果需要采后处理,按大小分级(图 5-90),部分果实需要清洗(图 5-91),然后包装和装箱,远销果需要在冷风式冷藏库进行低温冷藏,冷藏库的温度为 4～8℃,湿度 85%～95%,火龙果的保质期在 20～25 d。然后装入冷藏运输车运到销售地。采收的火龙果通常按单果重分级,特级果≥500 g/果、一级果≥400 g/果、二级果 300～400 g/果、三级果 200～300 g/果,按等级定价销售,也可按海南省地方标准《农产品全产业链生产规范火龙果》(DB 46/T 597—2023)火龙果等级规格指标(表 5-6)实行。选果使用火龙果果实自动分选生产线进行,设置好机器,将果品送上分级传送带即可。

图 5-90 火龙果的分级和分拣

图 5-91 火龙果的清洗

表 5-6 火龙果等级规格指标(DB 46/T 597—2023)

项目	特等品	一等品	二等品
果形	果形正常,大小均匀	果形正常,大小较均匀,无畸形果	果形正常,大小较均匀,无畸形果
色泽	果皮完整结实,表皮鲜艳光滑,色泽均匀,肥厚新鲜	表皮鲜艳光滑,色泽较均匀,肥厚新鲜	果皮变软,肉质叶状鳞片黄化、萎蔫,果皮和肉质叶状鳞片光泽不明显
果面缺陷	果顶腔无裂口,无缺陷	允许果顶腔有皱缩或轻微裂口,果面缺陷面积≤3%,且不能影响果肉;一般缺陷果≤3%	允许果顶腔有皱缩或轻微裂口,果面缺陷面积≤3%,且不能影响果肉:一般缺陷果和严重缺陷果合计≤8%,其中严重缺陷果≤3%

火龙果采收及采后处理

【课程思政】

红苹果压弯枝头 乡亲们喜在心头

老百姓的“菜篮子”“米袋子”“果盘子”,习近平总书记一直记挂在心[1]。果树产业是我国农业重要种植产业之一,创造了良好经济效益、社会效益和生态效益。习近平总书记在陕西、山东、广东、广西、宁夏考察时,走进了当地的特色果树种植园,察看果树长势,同老乡们亲切交流,询问果树产量、品质、销路、价格等情况。

2022 年 10 月 26 日下午,习近平总书记一下火车,就乘车前往延安市安塞区高桥镇南沟村。正值金秋,山上苹果园硕果累累,一片丰收景象。习近平走进果园,向现场采摘的果农了解当年苹果收成,同老乡们亲切交流。习近平详细询问苹果种植技术、采摘方法、品种质量、销售价格、村民收入以及如何发展苹果种植和其他产业等,老乡们一一回答。习近平十分关心灌溉和用水问题,老乡们告诉总书记,他们通过筑水坝、搞滴灌和精细化管理,有效解决了用水和灌溉问题。习近平称赞说,这就是农业现代化,你们找到了合适的产业发展方向。习近平同老乡们拉起家常,回忆当年他在陕北的知青岁月。习近平对老乡们说,我在陕北生活了7年,当年看到老乡们生活很艰苦,心里就想着怎么样让大家生活好起来。这次来延安,看到一派硕果累累的丰收景象,交通条件大为改善,发生了翻天覆地的变化。过去陕北老乡们修梯田、种庄稼,面朝黄土背朝天,抡起老锄头干活,广种薄收,十分辛苦,如今山坡上退耕还林种上了苹果,老乡们有工作、有稳定收入,孩子有好的教育,老人都有医保,生活越来越好。从陕北的变化就可以看到中国的变化。习近平指出,"两个一百年"奋斗目标的第一个百年目标已经实现,绝对贫困问题解决,老乡们过上了好日子,但还要继续努力往前走,让生活越来越美好。陕北的气候、光照、纬度、海拔等非常适宜发展苹果种植,加上滴灌技术、矮化种植技术、选果生产线等不断发展,就地卖出,销路不愁,大力发展苹果种植业可谓天时地利人和,这是最好的、最合适的产业,大有前途。习近平强调,中国共产党是人民的党,是为人民服务的党,共产党当家就是要为老百姓办事,把老百姓的事情办好。空谈误国,实干兴邦。要认真学习贯彻党的二十大精神,全面推进乡村振兴,把富民政策一项一项落实好,加快推进农业农村现代化,让老乡们生活越来越红火[2]。

2023年9月24日,习近平总书记来到位于山东枣庄市峄城区的冠世榴园石榴种质资源库,察看石榴树种,了解当地石榴种植历史、种质资源收集保存和产业发展情况,并来到石榴种植园中向老乡们询问当年石榴种植、收获和收入情况。他指出,人们生活水平在提高,优质特产市场需求在增长,石榴产业有发展潜力。要做好品牌、提升品质,延长产业链,增强产业市场竞争力和综合效益,带动更多乡亲共同致富。祝乡亲们生活像石榴果一样红红火火[3]。

2023年4月11日,习近平总书记来到广东省茂名市,走进高州市根子镇柏桥村。他先后察看荔枝种植园、农业合作社,对乡亲们靠发展荔枝特色产业推动乡村振兴表示肯定。习近平指出,这里是"荔枝之乡",发展荔枝种植有特色有优势,是促进共同富裕、推动乡村振兴的有效举措,农村特色产业前景广阔[4]。

2021年4月25日至27日,习近平总书记在广西考察,于25日上午到桂林市全州县才湾镇毛竹山村,习近平走进葡萄种植园,察看葡萄长势。农技人员正在指导村民为葡萄绑蔓、定梢,看到总书记来了,乡亲们纷纷围拢过来。习近平详细询问葡萄产量、品质、销路、价格等情况。他强调,全面推进乡村振兴,要立足特色资源,坚持科技兴农,因地制宜发展乡村旅游、休闲农业等新产业新业态,贯通产加销,融合农文旅,推动乡村产业发展壮大,让农民更多分享产业增值收益。离开村子时,乡亲们高声向总书记问好。习近平向大家挥手致意。他深情地说,让人民生活幸福是"国之大者"[5]。

2020年6月8日至10日,习近平总书记在宁夏考察,6月9日下午在银川市西夏区葡萄种植基地,同正在作业的工人和技术人员交流,了解葡萄种植技术、产品销路和收入情况。习近平强调,随着人民生活水平不断提高,葡萄酒产业大有前景。宁夏要把发展葡萄酒产业同加强黄河滩区治理、加强生态恢复结合起来,提高技术水平,增加文化内涵,加强宣传推介,打造自己的知名品牌,提高附加值和综合效益[6]。

来源:[1]热解读|新春"云拜年"总书记这一提醒意味深长. 央视网 https://news.cctv.

com/2023/01/19/ARTIIIV6KP277eRzlvxwyXzp230119. shtml

[2]《习近平在陕西延安和河南安阳考察时强调　全面推进乡村振兴　为实现农业农村现代化而不懈奋斗》. 新华网 http://www. news. cn/politics/2022-10/28/c_1129086274. htm

[3]《习近平在浙江考察时强调　始终干在实处走在前列勇立潮头　奋力谱写中国式现代化浙江新篇章　返京途中在山东枣庄考察》. 新华网 http://www. news. cn/politics/leaders/2023-09/25/c_1129884094. htm

[4]《习近平:农村特色产业前景广阔》. 新华网 http://www. news. cn/politics/leaders/2023-04/12/c_1129515257. htm

[5]《习近平在广西考察:解放思想深化改革凝心聚力担当实干　建设新时代中国特色社会主义壮美广西》. 中华人民共和国中央人民政府网 https://www. gov. cn/xinwen/2021-04/27/content_5603266. htm

[6]《习近平在宁夏考察》. 中华人民共和国中央人民政府网 https://www. gov. cn/xinwen/2020-06/10/content_5518467. htm

【思政元素】

习近平总书记关注我国各地果树产业的发展。园艺技术等农业专业技术人员要厚植爱农情怀,练就兴农本领,胸怀国家和百姓,努力学习园艺技术知识和职业技能,助力果树产业发展,在推进乡村振兴、实现农业农村现代化进程中发光发热、建功立业。

技能实训

实训任务一　果苗枝接

【学习目标】

序号	技能点分解	技能要求
1	接穗选择	选作接穗的枝条为一年生或当年生枝，粗壮成熟，芽体饱满
2	砧木选择	选作砧木的果苗要健壮
3	嫁接部位选择	砧木嫁接部位要老熟，距离地面高度 8～25 cm，嫁接处径粗 0.6 cm 以上
4	接穗和砧木的切削	砧木和接穗切削方法正确，切面伤口平滑，接穗和砧木嫁接部位的径粗及切面伤口大小规格相近或稍小
5	接穗插入	砧木和接穗切面伤口的形成层对准、紧贴，形成层接触的面积尽可能大，如果接穗和砧木切面大小不一致，要使砧木和接穗的形成层一侧对准
6	绑扎及密封	用塑料薄膜带把接穗和砧木绑紧，包扎密封进行保湿
7	嫁接速度	12 min 内要求完成 4 个接芽的枝接

【任务重点】

接穗选择和接芽削取。

【任务难点】

接穗与砧木切面切削、接合、包扎及绑紧技术。

【操作流程】

1. 选择接穗

选用的枝条为一年生或当年生枝，粗壮成熟，无病虫害，芽体要饱满新鲜，保留叶柄去掉叶片，少量嫁接用的枝条随采随接，大量用于嫁接的枝条要放在荫凉处用湿布或湿沙掩盖保湿。

2. 选择砧木

砧木枝接部位在其距离地面高度 8～25 cm、径粗 0.6 cm 以上，枝条老熟，笔直光滑（技图 1A），利于切削的伤口平滑。

3. 削取接芽

削取单个芽体的接穗，在接穗所选芽体以下 1～1.5 cm 处向前削成约 45°角的斜面，在芽体的背面稍带白色的木质部平削成长度约 2 cm 的切面，然后在芽体上方 1～1.5 cm 处剪断，剪取芽体饱满、长度 2.5～3.0 cm 的接穗(技图 1B)，切面要平滑，不起毛。

4. 剪砧

在适于嫁接部位约 45°角斜剪断砧木(技图 1C)，剪断嫁接处上部枝叶，如果在嫁接处以下选留叶片 1～2 张，利于果苗的光合作用和蒸腾作用。

5. 切削砧木

在剪口斜面下方或上方稍带木质部纵切约 2cm，切面要平滑，不起毛，切断切离的皮层 1/3～1/2(技图 1D)，余下的皮层用于支撑和固定将要嫁接的接穗。

6. 接芽插入

把接穗插入砧木切伤面(技图 1E)，使两者的切伤面形成层对准，如果砧木粗度大于接穗，则把接穗伤面与砧木伤面其中的一侧对准即可，但通常不许砧木粗度小于接穗径粗。

7. 绑扎及密封

用塑料薄膜带包扎绑紧嫁接的接穗，并用塑料膜全密封接穗(技图 1F)，保持湿度。但在芽眼处只能盖过一层塑料薄膜。

A.选择适于切接的砧木苗　B.切削接芽　C.在适宜的高度剪砧

D.切削砧木　E.插入接穗　F.包扎绑紧密封接穗

技图 1　果苗枝接(切接)

【注意事项】

(1)嫁接训练之初，操作时非持嫁接刀的手要戴棉线手套护手，防止操作失误，嫁接刀伤手。

(2)嫁接刀使用前要磨好,使其十分锋利,利于切削接穗和砧木,如刀钝不利,切取的切面不平滑、易起毛,接穗和砧木的切面无法充分紧贴,不利嫁接愈合。

(3)用塑料薄膜带绑扎嫁接接穗一定要足够紧,否则不利于嫁接成活。

(4)全密封接芽时,如果在芽眼处盖过两层以上塑料薄膜,嫁接成活后芽体无法自行破膜而出,需要人为挑破薄膜才能使芽体伸展而出。

(5)除柑橘等少数果树外,其他果树尤其是荔枝、龙眼、柿子等单宁含量高的树种削切的接芽要尽快在最短时间内完成嫁接,否则因接芽和砧木两者的伤口很快氧化风干,嫁接成活率低。

(6)过小的砧木待长大至符合嫁接的规格后再嫁接,因为砧木嫁接部位过小不便枝接,也不利于枝接的成活。

【技能训练】

选择适合进行枝接的苗木和接穗进行切接(或改良切接、劈接、舌接、单芽枝腹接之一)操作训练。

【评分表】

序号	考核项目	考核内容及要求	配分	评分标准	扣分	得分
1	接穗芽体选择	接穗芽体要新鲜饱满	7	(1)接穗芽体瘦小的扣2～5分 (2)选用无芽体的枝段扣7分		
2	砧木选择	选择生长健壮、粗度适宜的砧木	8	(1)砧木细弱不符合嫁接规格的扣2～5分 (2)砧木粗度远小于接穗的扣8分		
3	嫁接部位的选择	在砧木离地面8～25 cm选择光滑处作嫁接部位	10	嫁接部位离地面小于5 cm或高于地面25 cm扣3～5分		
4	接穗和砧木的切削	砧木和接穗切削方法正确,切面平滑	25	(1)接穗和砧木切面大小规格不适宜扣2～10分 (2)接穗和砧木切面不光滑扣5～15分 (3)接穗和砧木切面过深或过浅扣5～8分 (4)确定切面深度过浅、不可能嫁接成活的扣25分		
5	接穗插入	要求形成层对齐,如果接芽砧木切面大小不一致,要使砧木和接穗的形成层一侧对齐	10	(1)接穗和砧木切面形成层只有部分对齐扣2～5分 (2)接穗和砧木切面形成层完全不对齐的扣10分		
6	包扎及绑紧	用塑料薄膜包扎密封良好,接芽和砧木绑扎紧密	20	(1)塑料薄膜包扎不密封扣5分 (2)接芽的芽眼覆膜两层以上扣5分 (3)绑扎不紧扣10～15分 (4)不绑扎或绑扎过松使嫁接不可能成活的扣20分		

续表

序号	考核项目	考核内容及要求	配分	评分标准	扣分	得分
7	速度	12 min 内要求完成 4 个接穗嫁接	20	12 min 内每少嫁接一个芽体扣 5 分，扣完 20 分即止		
				12 min 完成操作全部考核内容，视完成质量优劣扣 0～10 分		
合计			100			
	实训指导教师签字： 年 月 日					

实训任务二　果苗芽接

【学习目标】

序号	技能点分解	技能要求
1	接穗芽体选择	作接穗的枝条为一年生或当年生枝，粗壮成熟，芽体饱满
2	砧木选择	选作砧木的果苗要健壮
3	嫁接部位的选择	砧木嫁接部位要老熟，笔直光滑，距离地面高度 8～25 cm
4	削取接芽	接芽切削深浅适度，芽片完整、大小合适、切面平滑
5	砧木嫁接部位伤口切削	切削的伤口大小与作接穗的芽片大小相仿或略大，深度则刚达砧木木质部或稍削掉少许木质部为宜
6	接芽的插入	把接芽贴在砧木切伤口，两者形成层接触的面积尽可能大
7	包扎及绑紧	用塑料薄膜带密封包扎绑紧接芽
8	嫁接速度	12 min 内要求完成 6 个接芽的芽接

【任务重点】

选择接穗、选择芽片，削取芽片。

【任务难点】

芽片与砧木接合、包扎及绑紧。

【操作流程】

1. 剪取供作接穗的枝条

选用一年生或当年生枝，粗壮成熟，芽体要饱满新鲜，保留叶柄去掉叶片。

2. 选择符合嫁接要求的砧木

砧木要求在其距离地面高度 8～25 cm、径粗 0.6 cm 以上，且嫁接部位老熟，笔直光滑，无芽眼。

3. 剪砧

确定嫁接部位高度后，在高于嫁接部位保留叶片 1～2 张(技图 2E)，然后把砧木顶部剪除，抑制顶端生长优势。也可不剪砧木，保留嫁接部位以上的枝叶。

4. 削取接芽

在接穗所选芽体的上方约 1 cm 之处朝芽方向稍带木质部平直前削到芽下方约 1 cm，然后 45°斜切，取出芽片，芽片长度约 2 cm，宽度至少 0.5 cm，芽片完整，切面平滑，芽体无损伤(技图 2A)。

5. 切削砧木嫁接部位伤口

稍带木质部纵切一个切伤面，长度约 2 cm，大小与芽片大致相当或比芽片稍大，同时切断其切开的皮层 2/3(技图 2B)，切削的切伤面平滑。

6. 接芽的放入

将芽片插放至砧木的切伤面(技图 2C)，两者形成层接触的面积尽可能大，如果砧木的切伤口过大，要确保芽片形成层与砧木的伤口一侧的形成层对准贴紧。

7. 包扎及绑紧

用塑料薄膜带包扎绑紧嫁接的芽片，如果全密封接芽，在芽眼处只能盖过一层塑料薄膜(技图 2D)。

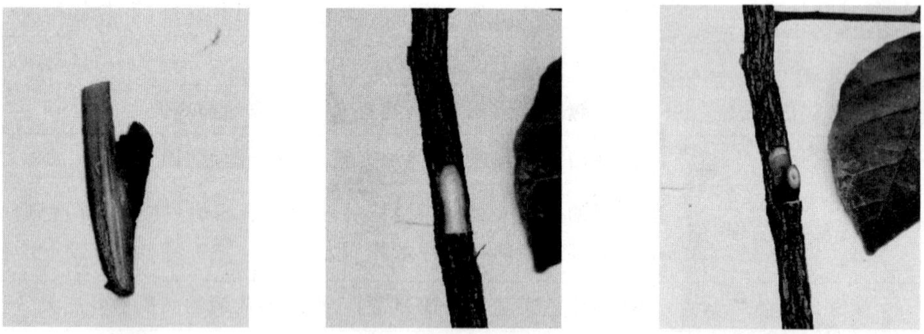

A.切削接芽　　B.切削砧木嫁接部位伤口　　C.嵌入芽片

D.绑扎密封芽片和伤口　　E.嫁接和剪砧后的苗木　　F.新梢老熟后需切断包扎的薄膜带

技图 2　果苗芽接

8. 按时完成任务

12 min 内完成 6 个接芽的嫁接。

【注意事项】

(1)枝条具有棱角或沟纹的树种,或皮层难于剥离的砧木如果要使用芽接法嫁接宜选用嵌芽接法。

(2)"T"字形芽接、方块形芽接、环状芽接等 3 种芽接法通常在 4—10 月进行为宜,因为此阶段的植物生长活跃,皮层和木质部之间容易分离,从接穗剥取芽片容易,操作快速。

(3)用塑料薄膜带绑扎嫁接的芽片一定要足够紧,否则不利于嫁接成活。

(4)全密封接芽时,如果在芽眼处盖过两层以上塑料薄膜,嫁接成活后芽体无法自行破膜而出,需要人为挑破薄膜才能使芽体伸展而出。

(5)除柑橘等少数果树外,其他果树尤其是荔枝、龙眼、柿子等单宁含量高的树种削切的接芽要尽快在最短时间内完成嫁接,否则因接芽和砧木两者的伤口很快氧化风干,嫁接成活率低。

(6)嫁接训练之初,操作时非持嫁接刀的手要戴棉线手套护手,防止操作失误使刀伤手。

(7)作接穗的枝条如果是少量嫁接用的随采随接,大量嫁接用的枝条要放在荫凉处用湿布或湿沙覆盖保湿暂存。

(8)嫁接成活后果苗,当接穗芽体长出新梢长度约 25 cm 时在嫁接口上方约 2 cm 处剪断嫁接口以上砧木的枝段,并用刀切断嫁接部位的塑料膜(附图 2F),防止薄膜带限制苗木正常生长。

【技能训练】

选择适合进行芽接的苗木进行嵌芽接(或"T"字形芽接、方块形芽接)等芽接方法的训练。

【评分表】

序号	考核项目	考核内容及要求	配分	评分标准	扣分	得分
1	接穗芽体选择	接穗芽体要新鲜饱满	7	(1)接穗芽体瘦小的扣 2～5 分 (2)接穗无芽体的扣 7 分		
2	砧木选择	选择生长健壮、嫁接部位粗度适宜的砧木	8	砧木细弱的扣 2～5 分		
3	嫁接部位的选择	在砧木离地面 8～25 cm 选择光滑处作嫁接部位	10	嫁接部位离地面小于 5 cm 或高于地面 25 cm 扣 3～5 分		
4	接芽和砧木的切削	砧木和接芽切削方法正确,深浅适度	20	(1)接芽和砧木切口大小规格不适宜扣 2～10 分 (2)接芽和砧木切口过深或过浅扣 2～5 分 (3)接穗和砧木切面不光滑扣 5～10 分 (4)切面深度过浅,判定不可能嫁接成活的扣 20 分		
5	接芽的放入	形成层对准紧贴	15	接芽和砧木形成层未能对准紧贴的扣 2～10 分		

续表

序号	考核项目	考核内容及要求	配分	评分标准	扣分	得分
6	包扎及绑紧	用塑料薄膜带包扎,绑紧程度足够	20	(1)塑料薄膜带包扎不密封芽体的扣5分 (2)接芽的芽眼覆膜两层以上扣5分 (3)绑扎不紧扣10～15分 (4)不绑扎或绑扎过松使嫁接不可能成活的扣20分		
7	速度	12 min内完成10个接芽的嫁接	20	12 min内每少嫁接一个芽体扣4分,扣完20分即止		
				12 min完成操作全部考核内容,视完成质量优劣扣0～10分		
合　计			100			
	实训指导教师签字：　　年　月　日					

实训任务三　果园规划和设计

【学习目标】

序号	技能点分解	技能要求
1	树种、品种选择	(1)能根据立地气候、土壤等条件进行树种、苗木及授粉树的选配 (2)能合理规划株行距
2	小区规划	能熟练地进行果园小区规划
3	道路设计	能根据果园面积和地貌进行道路的设计
4	排灌系统设计	能根据果园面积和地貌进行排灌系统设计
5	防护林带设计	能根据果园面积和地貌进行防护林带设计
6	建筑物设置	能根据果园规模进行建筑物设置
7	速度	40 min内完成操作

【任务重点】

进行小区、道路、排灌系统、防护林带、配套建筑物的综合规划设计。

【任务难点】

根据立地环境气候条件选择适宜的树种、品种、苗木。

【操作流程】

1. 树种和品种选择

根据指定果园的立地条件（气候、土壤等），列出适宜栽培的果树种类和品种，并规划株行距。

2. 果园规划设计

能根据果园面积和地貌进行设计，在图纸上进行规划，并据比例尺标注。

（1）作业区划分　作业区面积占果园面积 80%～85%，以 0.5～3.0 hm^2 为一小区，长短边比例为 2∶1，长边以东西方向为主，并与所标注盛行风向垂直。

（2）道路规划　道路系统占果园面积 3%～5%，由干路、支路和小路组成。干路贯穿全园，并与公路相接，路宽 6～8 m。支路在果园各小区，路宽 4～6 m。小路为田间作业用道，路宽 2 m。

（3）排灌系统设计　常规灌溉系统的主干灌溉系统分布于主干道路的两侧，分支灌溉系统分列在支路的两侧。如果采用喷灌、滴灌等先进的灌溉系统，列出各种管线的规格要求、计算主要管线的用量。排水系统主要由园外或贯穿园内的排水干沟、区间的排水支沟和小区内的排水沟组成。各级排水沟相互连接，干沟的末端有出水口，便于将水顺利排出园外。小区内的排水小沟深度 50～80 cm，排水支沟深 100 cm，排水干沟深 120～150 cm。

（4）附属建筑物设计　占果园总面积 3%～5%，包括果园管理用房、果品贮藏库、包装场、晒场、农药肥料贮藏库、堆肥场及农机具室、蓄水池等，在图纸上标出具体位置和面积。

（5）防护林带设计　防护林带一般占果园总面积 5%～10%，南方可选用桉树、樟树、杉木等。林带宽度 10～20 m，株行距，乔木为 1.5 m×2 m，灌木为 0.5 m×2 m，树龄大时可适当间伐。林带与果树的距离为 10～20 m。

3. 授粉树选配

根据建园选择的树种、主栽品种和砧木类型，选择相应的授粉树。自花授粉结实的品种不配种授粉树。

【注意事项】

（1）山地果园和丘陵地果园要做梯田、撩壕等水土保持工程的规划设计。

（2）观光采摘性果园除注意果园规划的一般事项外，还要做好果园景观的整体规划设计，适当增加果树种类和品种，采用不同的栽培模式，做到“四季有花，周年有果”，满足不同季节的观光和采果需求。

【技能训练】

根据果园建设的背景、目的，结合气候和环境条件调查，通过实地踏查、测绘等工作，详细进行果园的规划设计，尤其注意树种、品种的选择和株行距的规划。

【评分表】

序号	考核项目	考核内容及要求	配分	评分标准	扣分	得分
1	树种、品种选择	能根据立地气候、土壤等条件进行树种、品种选择及授粉树的选配	30	(1)树种选择不正确扣 30 分 (2)品种选择不正确扣 10 分 (3)株行距规划不正确扣 10 分		
2	小区规划	能熟练地进行果园小区规划	10	规划不合要求扣 5～10 分		
3	道路设计	能根据果园面积和地貌进行道路的设计,并进行标注	10	(1)设计不合理的扣 5～10 分 (2)不标注的扣 4 分 (3)标注不全的扣 1～3 分		
4	排灌系统设计	能根据果园面积和地貌进行排灌系统设计,并进行标注	10	(1)设计不合理的扣 5～10 分 (2)不标注的扣 4 分 (3)标注不全的扣 1～3 分		
5	防护林带设计	能根据果园面积和地貌进行防护林带设计,并进行标注	10	(1)设计不合理的扣 5～10 分 (2)不标注的扣 4 分 (3)标注不全的扣 1～3 分		
6	建筑物设置	能根据果园规模进行建筑物设置,并进行标注	10	(1)设计不合理的扣 5～10 分 (2)不标注的扣 4 分 (3)标注不全的扣 1～3 分		
7	速度	40 min 内完成操作	20	每超时 1 min 扣 5 分,最多超时 4 min		
				40 min 完成操作全部考核内容,视完成质量优劣扣 0～20 分		
合计			100			
	实训指导教师签字:　　　年　　月　　日					

实训任务四　果树苗木定植

【学习目标】

序号	技能点分解	技能要求
1	定植坑(沟)施基肥和改土	口述定植坑(沟)施基肥和改土的措施
2	柑橘等乔木类树种容器培育苗木定植	定植深度适宜,盖土,做树盘,淋适量定根水

续表

序号	技能点分解	技能要求
3	柑橘等乔木类树种裸根苗木定植	定植深度适宜,盖土,提苗,做树盘,淋适量定根水
4	草莓苗定植	定植深度适宜,盖土,淋适量定根水
5	速度	10 min 内完成考核操作

【任务重点】

苗木栽植操作,深度适宜,做树盘,淋适量定根水。

【任务难点】

确定适宜定植深度,裸根苗木根系舒展,并与土壤紧密接触;根系带土团的苗不能弄散土团;草莓苗种植不能埋心,但根系不能露出土面。

【操作流程】

1. 定植坑(沟)施基肥和改土(口述)

定植坑(沟)施有机肥,用肥量合理,施用方法得当。

2. 开挖定植穴

位置合理,开挖深度、宽度、长度规格为 0.3 m×0.5 m×0.5 m 的定植坑,草莓苗种植不用开挖定植穴。

3. 栽植

种植裸根苗木,将苗木放入定植穴,使根系舒展,前后左右校正位置,使苗木保持直立,继续回填剩余土,随填随轻踏并提苗 2 次,使根系与土密接,踏实后埋土至苗木根颈处;如果种植容器苗,剥除容器,不弄散根系土团,小心将苗植入定植穴,将土回埋到根颈处,不提苗不踩实,栽后整好树盘;草莓苗种植"深不埋心,浅不露根"。果苗种植后立即灌足定根水。

【注意事项】

(1)挖定植穴时,防止错位偏斜。应根据定植穴大小,确定定植穴(沟)的边界,然后再开挖。

(2)定植裸根苗木,填土后要充分踏实并提苗,使根系与土壤紧密接触,又能保持舒展。

(3)栽植时,苗木深度要适当,避免栽植过深造成发苗迟缓。

(4)在果园空地按照株行距要求,使用机械或人工开挖定植坑(沟),施好基肥进行改土,回填,定植坑上方制好树盘,为苗木种植做好准备。

【技能训练】

各类果树苗木合理定植。

【评分表】

序号	考核项目	考核内容及要求	配分	评分标准	扣分	得分
1	确定定植点(口答)	合理株行距	10	确定的株行距不合理扣 5～10 分		

续表

序号	考核项目	考核内容及要求	配分	评分标准	扣分	得分
2	开挖定植坑(口答)	挖掘大小规格适宜的定植坑	10	挖掘规格不合理扣 5～10 分		
3	土壤处理(口答)	土壤改良	10	(1)不施基肥扣 10 分 (2)基肥施用量不合理的扣 5 分 (3)基肥肥料种类选择不合理的扣 5 分		
2	定植苗木	定植苗木技术	60	定植穴深浅不合理扣 2～5 分		
				(1)裸根苗木根系不舒展扣 10 分 (2)种植容器苗不剥除容器(可降解容器除外)扣 10 分 (3)草莓苗种植深度不合理的扣 5～10 分		
				苗木未扶正扣 5 分		
				裸根苗木栽植未提苗扣 5 分		
				定植过深或过浅扣 2～5 分		
				(1)裸根苗木栽植埋土未踏实扣 5 分 (2)种植容器苗弄散根部土团的或种后踩苗的扣 5 分		
				定植后未浇水扣 5 分		
3	速度	10 min 内完成考核操作	10	每超时 1 min 扣 5 分,扣完 10 分即止,并停止考核		
				10 min 完成操作全部考核内容,视完成质量优劣扣 0～10 分		
合　计			100			
	实训指导教师签字：　　年　月　日					

实训任务五　果树生长势判断和土壤追肥

【学习目标】

序号	技能点分解	技能要求
1	判断果树生长势	能正确判断果树生长势,为合理施肥提供参考依据

续表

序号	技能点分解	技能要求
2	选择肥料种类	能根据果树生长势，确定需施用的肥料种类，满足果树正常生长结果的需要
3	确定施肥量	能根据果树植株大小和生长势，确定所选用的各种肥料的合理施肥量，做到施入肥料足量但不浪费
4	确定施肥位置和深度	能确定施肥位置在树盘范围内或大树的树冠滴水线附近，有机肥和磷肥要深施，化肥要用土覆盖严实，防止雨水冲刷，挖施肥沟不能伤果树的大根
5	均匀施肥	按确定的施肥量量取所用的肥料，均匀施入施肥沟，肥料和土壤混匀，挖的施肥沟要回土填平
6	按时完成操作	25 min 完成要求操作的全部内容，操作质量优良

【任务重点】

确定合适的肥料种类和合理的施肥量。

【任务难点】

判断果树生长势。

【操作流程】

1. 判断果树生长势

对指定的果树进行观察，观察其生长结果状况，判断果树生长势的强弱和挂果量大小。

2. 选择肥料种类

根据提供的肥料种类和果树物候期，视枝叶生长势强弱和挂果量多少决定施肥要用的肥料种类。

3. 确定施肥量

根据树势强弱、树冠大小、花果量大小，确定要用的各种肥料的量。

4. 确定施肥位置和深度

追施速效化肥，树盘撒施和树冠滴水线内外侧挖环状沟或在树冠两侧滴水线处挖对面条沟，施肥深度 10～15 cm。

5. 均匀施肥

挖沟施肥，施肥沟内肥料要与土壤混匀，回土填平施肥沟。树盘内撒施肥料要均匀，中耕松土，翻土盖肥。

【注意事项】

(1)追肥方法不限，可以采用树盘撒施、放射状沟施、环状沟施、对面条沟施肥。

(2)施肥松土挖土要尽量少伤大根，如挖伤根系，则要用枝剪剪平受伤的根系，利于伤口愈合，促发新根。

(3)必须了解特定果树生长结果特性和特定物候期需肥特性，才能相对合理地平衡施肥，施足肥量，充分发挥肥效，又不至于过量施肥导致生产成本增加、污染环境，过量施肥例如过量施氮肥会使枝叶生长过旺，营养失调，不利于花芽分化，花果期落花落果量加大。

【技能训练】

判断果树树势强弱，根据树势合理追肥，在果树树冠两侧挖对面条沟或沿树冠滴水线挖环状沟追肥，也可在树盘结合中耕松土追肥。

【评分表】

序号	考核项目	考核内容及要求	配分	评分标准	扣分	得分
1	果树生长势判断(口试)	正确判断指定的果树植株生长结果情况和树势强弱	15	(1)判断结果有欠缺扣5～10分 (2)判断错误扣15分		
2	肥料种类的选择	依据果树需求，确定追肥肥料种类	15	(1)肥料选择不当扣5～10分 (2)肥料选择错误扣15分		
3	施肥量的确定	施肥量合理	15	(1)施肥量不合理扣5～10分 (2)相对应该用的肥量偏差大的扣15分		
4	追肥的位置和施肥沟的规格	追肥的位置和施肥沟的规格是否合理	20	(1)施肥位置不当扣5～10分 (2)施肥沟规格不合理扣5～10分		
5	施肥	施肥技术是否正确合理	20	(1)施肥不均匀扣5～10分 (2)肥料盖土不严实扣5～10分 (3)施肥沟不回土填平扣20分		
6	速度	25 min内完成考核操作	15	25 min完成全部考核内容，视完成质量优劣扣0～15分		
				每超时1 min扣3分，扣完15分即止		
合　计			100			
	实训指导教师签字：　　年　月　日					

实训任务六　果园水肥一体化管理

【学习目标】

序号	技能点分解	技能要求
1	了解设施和设备	直观了解系统主要由如下部分构成：水源、加压系统、过滤系统、施肥系统、输水主管道、滴灌管道，可实行互联网＋智能化操作
2	确定合理数量	确定指定面积果园当次灌溉追肥需要的肥料合理数量
3	操作运行指定的水肥一体化管理设备	能正确操作运行指定的水肥一体化管理设备，完成本次灌溉追肥

【任务重点】

识别水肥一体化管理系统的必需设施及设备，能操作运行设备，完成对果园的灌溉追肥。

【任务难点】

判断果树生长势，操作运行水肥一体化管理设备。

【操作流程】

1. 判断果树生长势

判断果树生长势的强弱，制定合理的施肥方案。

2. 选择肥料种类和用量

合理选择肥料种类，确定合理的肥料用量。

3. 运行设备

按水肥一体化系统运行的操作流程，启动机器。灌溉追肥结束后按规程关闭系统。

【注意事项】

(1)确定适宜的肥料种类和合理的施肥量，施肥量不能超大。
(2)严格按照水肥一体化系统运行的操作流程启动设备和关闭设备。

【技能训练】

选择适宜的肥料种类和合理的施肥量，运行水肥一体化管理系统对果园进行灌溉追肥。

【评分表】

序号	考核项目	考核内容及要求	配分	评分标准	扣分	得分
1	水肥一体化的意义(口试)	了解水肥一体化的意义	20	(1)回答不全面扣 5～15 分 (2)回答错误扣 20 分		
2	确定追肥的肥料种类	适宜追肥的肥料种类	15	肥料种类选择不合理扣 10～15 分		
3	确定施肥量	适宜追肥施肥量	15	施肥量不合理扣 5～15 分		

续表

序号	考核项目	考核内容及要求	配分	评分标准	扣分	得分
4	认识水肥一体化系统主要设备	认识水肥一体化系统主要设备及各自功能	30	(1)各设施和设备名称及功能,回答错误1个扣5分 (2)回答基本正确,但不全面,扣5～20分		
5	运行系统	使用系统灌溉追肥演示操作	20	(1)操作不规范扣5～15分 (2)操作错误,扣20分		
合　计			100			

实训任务七　生长调节剂溶液的配制

【学习目标】

序号	技能点分解	技能要求
1	根据果树管理要求选择所需的生长调节剂	能够根据果树栽培管理要求选择所需的生长调节剂
2	计算与称量	能根据使用浓度准确计算调节剂的使用量,并熟练准确称量
3	溶解生长调节剂	正确选用溶剂,溶解生长调节剂
4	配制溶液	加水(或稀释剂)稀释至所需浓度
5	速度	15 min 完成操作

【任务重点】

能按照指定的浓度,正确进行生长调节剂溶液的配制。

【任务难点】

根据指定的溶液浓度正确计算和称量生长调节剂的用量。

【操作流程】

1. 植物生长调节剂在果树上的选用

保花保果选用赤霉素、多效唑、芸苔素,促进插条长根选用吲哚乙酸、吲哚丁酸、萘乙酸,控梢促花选用多效唑、乙烯利。

2. 用药量的计算

使用溶液计算公式:

$$N_1V_1=N_2V_2$$

式中,N_1—高浓度溶液的浓度;V_1—高浓度溶液的容积;N_2—低浓度溶液的浓度;V_2—低浓度溶液的容积。计算出V_1,即所需高浓度溶液的用量。

3. 称量生长调节剂

固态制剂用天平称取所需剂量，液态制剂用量筒量取。

4. 溶解稀释

把称量好的生长调节剂放入容器中，根据调节剂类型加入酒精或其他促进溶解的溶剂，易溶解于水的直接用少量清水溶解，完全溶解后，再加水稀释定容至指定的容积，配成母液。

5. 稀释母液至可使用浓度

将先前配制的母液加适量的清水稀释至可使用指定的浓度。

【注意事项】

(1)果树种类、品种、生长势和环境条件差异较大，对植物生长调节剂不同浓度的反应也不同，大量应用前须做预备试验，以免发生药害或效果不显著。

(2)生长调节剂必须随用随配，以免失效。

(3)有的植物生长调节剂可以与一些农药混合使用，如萘乙酸可与波尔多液及石硫合剂混用，而有的遇酸或碱分解失效，如赤霉素与碱性药液混合后可能失效。

【技能训练】

根据指定浓度的生长调节剂溶液，正确计算需要的水用量、药用量，按量称量水和药，进行母液配制、定容稀释。

【评分表】

序号	考核项目	考核内容及要求	配分	评分标准	扣分	得分
1	所配制溶液的作用和使用方法(口试)	植物生长调节剂药液作用和使用方法	15	(1)叙述不全或有部分错误扣5～10分 (2)叙述全部错误扣15分		
2	根据指定的药液浓度计算出药剂用量	正确计算药剂用量	15	(1)计算药剂的用量错误但偏差不大仍可安全使用的扣5～10分 (2)计算药剂的用量错误且如按此数量配制的溶液浓度无法使用的扣15分		
3	量取药剂	根据计算结果数值正确称取药剂	20	(1)称取药剂的用量错误但偏差不大，仍可安全使用的扣10分 (2)称取药剂的数量错误且如按此数量配制的溶液浓度无法使用的扣20分		
4	溶解药剂	溶解药剂	20	(1)药剂溶解方法错误的扣20分 (2)药剂溶解不完全扣5～15分		
5	指定浓度溶液的配制	正确配制相应浓度药液	15	(1)加水数量有偏差但偏差不大，溶液仍可安全和有效使用的扣10分 (2)加水数量错误，溶液再无法安全和有效使用的扣15分		

续表

序号	考核项目	考核内容及要求	配分	评分标准	扣分	得分
6	速度	15 min 完成操作	15	每超时 1 min 扣 5 分,扣完 15 分即止		
合计			100			
	实训指导教师签字:　　　年　　月　　日					

实训任务八　柑橘采果后修剪

【学习目标】

序号	技能点分解	技能要求
1	制定柑橘结果树冬季修剪方案	针对指定的柑橘结果树,制定合理的修剪方案
2	基本修剪方法的操作	能正确进行轻短截、中短截、重短截、疏剪、回缩、环剥、环割、环扎等各种修剪方法的展示操作
3	能综合使用各种修剪方法对果树进行修剪和整形	能综合运用疏剪、轻短截、中短截、重短截、回缩等多种修剪方法对果树的各类枝条进行合理修剪,使树体通风透光,结构合理
4	操作速度	25 min 内完成,最多不能超时 3 min

【任务重点】

了解各类枝条的修剪处理办法,并能综合应用于柑橘结果树的采后修剪。

【任务难点】

根据树势,应用多种方法对果树合理有效地修剪和整形,促进果树次年枝叶生长和开花结果相对平衡,树冠光照良好。

【操作流程】

1. 因树制定修剪方案

针对指定的果树,制定合理的修剪方案。生长势强旺或生长势偏弱的植株修剪量大,但前者以疏枝为主,后者以回缩大枝为主,生长势中等的植株修剪量宜小,树冠顶部过高的直立大枝要回缩,控制树冠高度在 2.5 m 左右,树冠郁闭通风和光照不良的树冠,视树冠大小回缩或疏剪顶部和中上部直径 2～3 cm 的大枝 2～4 支,改善树冠光照条件,疏剪枯枝、病虫害枝和无用的徒长枝,短截衰弱枝组和有利用价值的徒长枝。

2. 基本修剪方法的操作

正确进行轻短截、中短截、重短截、疏剪、回缩、环剥、环割、环扎等各种修剪方法的展示操作,边操作边说明。

3. 根据树势合理修剪和整形

根据修剪对象的树体生长情况和制定的修剪方案,综合运用疏剪、短截、回缩、环剥、环割、环扎等方法对果树进行合理有效地修剪。整株树忌修剪量过小,否则没有达到修剪效果;整树修剪量也不宜过重,否则影响次年挂果量。

(1)需要回缩的枝条　树冠顶部高于 2.5 m 大枝要回缩至高度在 2.5 m 以下。回缩修剪衰退的大枝或枝组到有健壮分枝处。树冠之间交叉枝要回缩,使各树冠之间有 0.8～1.0 m 的空间。

(2)需要短截的枝条　短截树冠内部和下部因结果而下垂的枝条,树冠露空过大的可短截空间旁边的枝条,促发侧新枝填补空间,剪口芽留向空缺处,以利于长出的枝梢填空。可利用的徒长枝可进行短截,抑制其营养生长,培养成结果枝组。

(3)需要疏剪的枝条　树势强旺的植株要疏剪强枝,长势中等的植株疏剪直立枝,缓和树势,防止树冠出现上强下弱的现象。树冠外围枝叶过密植株,疏剪树冠顶部直径 2～3 cm 的 2～3 年生大枝 2～4 枝,开"天窗"2～4 个,使光照能照至树冠中下部及内膛,改善光照条件,使树冠内膛和中下部长出健壮新梢成为良好结果母枝,利于树冠立体结果。疏剪树冠内部和下部纤弱枝。分枝较多的结果枝群可疏剪其弱枝。无利用价值的徒长枝则要疏剪。枯枝、病虫害枝和细弱枝条都要疏剪。

(4)需要环剥环割环扎的枝条　旺树可环割、环扎其各主枝 2～3 圈,强旺大枝则在其光滑处环割、环扎 2～3 圈,控制其营养生长势。柑橘树一般不环剥各骨干枝,否则导致树势衰退。

【注意事项】

(1)修剪训练操作时,双手要戴棉线手套护手,防止操作失误伤手。

(2)修剪果树最好穿着劳保服装,脚穿轻便的防滑鞋。爬上树体修剪要注意安全,脚立足点要稳实,树冠外围高处的修剪要借助人字梯提高立足点。

(3)修剪操作前,要认真对树冠上下、内外进行整体观察,对树冠枝叶生长有整体了解,修剪顺序是先树冠中上部和外部、后树冠内膛和下部,先大枝后小枝。

(4)柑橘成年结果树的树高通常控制在 2.5 m 以下,目的是便于树冠修剪和花果管理。

(5)冬季采果后是柑橘周年重点修剪时期,修剪剪除的枝叶量约为全树的约 30%为宜。

(6)对径粗超过 2 cm 的枝条,回缩修剪要使用手锯锯断,使断口平整。

(7)生长势中等且树冠透风透光的树冠修剪量宜轻,利于保持翌年营养生长和花果生长的相对平衡。枝叶生长强旺的植株树冠修剪量宜重,但以疏剪为主,并需对其主枝进行环割、环扎或环剥处理,通过损伤处理抑制营养生长,利于次年开花结果。树势衰退的树冠则宜进行重修剪,利于更新复壮。

【技能训练】

对柑橘成年结果树进行采果后综合修剪,促进植株翌年丰产优质,减少病虫害,并根据枝条生长情况正确进行轻短截、中短截、重短截、疏剪、回缩、环剥、环割、环扎等各种修剪基本方法的示范操作。

【评分表】

序号	考核项目	考核内容及要求	配分	评分标准	扣分	得分
1	基本修剪方法操作	轻短截枝条的正确操作	2	(1)错误修剪扣2分 (2)无法修剪扣2分 (3)修剪欠合理扣1分		
		中短截枝条的正确操作	2	(1)错误修剪扣2分 (2)无法修剪扣2分 (3)修剪欠合理扣1分		
		重短截枝条的正确操作	2	(1)错误修剪扣2分 (2)无法修剪扣2分 (3)修剪欠合理扣1分		
		疏剪枝条的正确操作	2	(1)错误修剪扣2分 (2)无法修剪扣2分 (3)修剪欠合理扣1分		
		回缩修剪大枝的正确操作	4	(1)错误修剪扣4分 (2)无法修剪扣4分 (3)剪口位置不合理扣1～2分		
		环剥旺枝的正确操作	4	(1)错误操作扣4分 (2)无法操作扣4分 (3)环剥位置或剥口宽度不合理扣2～3分		
		环割旺枝的正确操作	2	(1)错误操作扣2分 (2)无法操作扣2分 (3)环割位置不合理扣1分		
		环扎旺枝的正确操作	2	(1)错误操作扣2分 (2)无法操作扣2分 (3)环扎位置不合理扣1分		
2	根据树体生长情况合理进行修剪	综合运用各种修剪方法对指定的果树合理、有效地进行修剪	20	对具体枝条的修剪处理方法不当，出现一次扣2分，扣完此项总分即止		
			50	(1)整树修剪量过小，没有达到修剪效果扣20～30分 (2)整树修剪量过重，影响次年生长结果、使产量减少的扣20～40分		
3	速度	25 min内完成对1株指定果树的整形修剪	10	每超时1 min扣5分，扣完10分即止，超时3 min即停止操作		
				按时完成修剪，但整树修剪总体质量欠佳的扣0～10分		

续表

序号	考核项目	考核内容及要求	配分	评分标准	扣分	得分
合　计			100			
		实训指导教师签字：　　年　月　日				

实训任务九　柑橘生长期整形修剪

【学习目标】

序号	技能点分解	技能要求
1	制定柑橘结果树生长期修剪方案	针对指定的柑橘结果树，制定合理的修剪方案
2	基本修剪方法的操作	能正确进行轻短截、中短截、重短截、疏剪、回缩、环割、摘心、抹芽、疏梢定枝等各种修剪方法的展示操作
3	使用各种修剪方法对果树进行合理修剪	能综合运用疏剪、短截、回缩、摘心等多种修剪方法对果树进行合理修剪整形，使树体通风透光，利于枝条生长健壮和花果生长良好
4	操作速度	25 min 内完成，最多不能超时 3 min。

【任务重点】

了解柑橘生长期修剪整形的要求。

【任务难点】

根据树势，应用多种方法对果树合理有效地修剪和整形，利于植株树冠透光通风，枝叶生长和花果生长相对平衡。

【操作流程】

1. 因树制定修剪方案

针对指定的果树生长结果状况，根据所处季节，制定相应合理的修剪方案。如果是在春季3—4月，经过冬季采果后修剪整形的柑橘结果树，此时修剪量一般较小。春季春梢生长量过多的植株要抹除部分春梢，衰退的结果树如果冬季采果后没有回缩更新骨干枝，此时回缩修剪部分骨干枝，短截部分结果母枝，太弱的结果枝则疏剪，减少整树的花果量，促进枝叶营养生长，恢复树势；树冠内有枯枝、病虫害枝、无利用价值的徒长枝和细弱枝一般要疏剪。如果在夏季5—6月对结果树修剪，长出的夏梢嫩芽全部抹除，且要反复抹除，直至该品种在当地适宜放梢时期才停止抹梢，因为零星的新梢易引发病虫为害，生长不良。夏季易长徒长枝，对有利用价值的徒长枝短截或者摘心，利于其老熟和健壮生长，无利用价值的徒长枝则疏剪；枝叶过多、树冠透光通风不良的则要开“天窗”2～3个，疏剪树冠顶部直径2～3 cm的2～3年生大枝2～4枝，使光照能照至树冠中下部及内膛，改善光照条件。对结果量大可能不易抽发秋梢的树，可在放秋梢前10～15 d，对树冠外围中上部1～2年生、直径0.5～1 cm的落花落果枝和仅着生有少数果的枝组进行回缩修剪，刺激营养生长，促进剪口以下枝段的隐芽抽生秋梢，培养作次年的结果母枝；营养生长旺盛、结果少的植株可对主枝进行环割1～2圈处理，抑制营养生长势。

2. 基本修剪方法的操作

正确进行轻短截、中短截、重短截、疏剪、回缩、环割、摘心、抹芽等各种修剪方法的展示操作。

3. 根据树势合理修剪和整形

(1)需要回缩的枝条　主要针对冬季采果后未完成回缩修剪的果树而言，树冠顶部高于2.5 m的大枝要回缩至高度在2.5 m左右。回缩修剪衰退的大枝或枝组到有健壮分枝处。树冠郁闭、光照不良的大树冠可回缩或从基部锯去生长过密、交叉重叠、衰退严重的骨干枝。树冠之间交叉枝要回缩，使树冠之间有0.8～1.0 m的空间。

(2)需要短截的枝条　可利用的徒长枝可进行短截或摘心，抑制营养生长，培养成结果枝组。放秋梢前10～15 d，对结果量大、不易抽发秋梢的果树，短剪树冠外围中上部1～2年生、直径0.5～1 cm的落花落果枝和仅着生有少数果的枝组，促进剪口以下枝段的隐芽抽生秋梢。

(3)需要疏剪的枝条　枯枝、病虫害枝、细弱枝条、落花落果枝、无叶枝、荫蔽枝和无利用价值的徒长枝都要疏剪。如果春季修剪，无花果的春梢一般全部抹除，减少新梢与花果争夺肥水，有助于减少落花果量。夏梢数量少的全部摘除，因为夏梢数量少不便喷药护梢，新梢易引发病虫为害。

(4)需要环割的枝条　旺树可环割其各主枝，在各主枝光滑处环割2～3圈，控制营养生长势。

【注意事项】

(1)柑橘生长期整形修剪通常是指3—6月的整形修剪，春夏生长期的柑橘结果树修剪的主要目的是减少生理落果，提高着果率，使树冠通风透光，培育优良的结果母枝，为下一年丰产创造条件。

(2)修剪训练操作时，双手要戴棉线手套护手，防止操作失误伤手。修剪果树最好穿着劳保服装，脚穿轻便的防滑鞋。爬上树体修剪要注意安全，脚立足点要稳实，树冠外围高处的修剪要借助人字梯。

(3)修剪操作前，要认真对树冠上下、内外进行整体观察，对树冠枝叶生长有整体了解，修剪顺序是以主枝为单位，先树冠中上部和外部，后树冠内膛和下部，先大枝后小枝。

(4)柑橘结果树在生长期修剪时，枝叶修剪总量控制在15%左右。

【技能训练】

在生长期对柑橘成年结果树进行修剪整形，改善树冠光照条件，减少病虫害，平衡开花结果和枝叶生长，正确进行轻短截、中短截、重短截、疏剪、回缩、环割、摘心等各种常用修剪方法的示范操作。

【评分表】

序号	考核项目	考核内容及要求	配分	评分标准	扣分	得分
1	基本修剪方法操作	轻短截枝条的正确操作	2	(1)错误修剪扣 2 分 (2)无法修剪扣 2 分 (3)操作不合理扣 1 分		
		中短截枝条的正确操作	2	(1)错误修剪扣 2 分 (2)无法修剪扣 2 分 (3)操作不合理扣 1 分		
		重短截枝条的正确操作	2	(1)错误修剪扣 2 分 (2)无法修剪扣 2 分 (3)操作不合理扣 1 分		
		疏除枝条的正确操作	2	(1)错误修剪扣 2 分 (2)无法修剪扣 2 分 (3)操作不合理扣 1 分		
		新梢摘心的正确操作	2	(1)错误修剪扣 2 分 (2)无法修剪扣 2 分 (3)操作不合理扣 1 分		
		环割旺枝的正确操作	5	(1)错误修剪扣 5 分 (2)无法修剪扣 5 分 (3)环割位置不合理扣 1～3 分		
		回缩修剪大枝的正确操作	5	(1)错误修剪扣 5 分 (2)无法修剪扣 5 分 (3)剪口位置不合理扣 1～3 分		
2	根据树体生长情况合理进行修剪	综合运用各种修剪方法对指定的果树合理、有效地进行修剪	20	对具体枝条的修剪处理方法不当，出现一次扣 2 分，扣完 20 分即止		
			50	(1)整树修剪量过小，没有达到修剪效果扣 20～30 分 (2)整树修剪量过重，严重影响当年和次年生长结果的扣 20～40 分		
3	速度	25 min 内完成对指定的 1 株果树的整形修剪	10	每超时 1 min 扣 5 分，扣完 10 分即止，超时 3 min 即停止操作		
				规定时间完成考核但整树修剪质量差的扣 2～10 分		
合计			100			
		实训指导教师签字：　　　　年　　月　　日				

实训任务十　龙眼采果后修剪

【学习目标】

序号	技能点分解	技能要求
1	制定龙眼结果树采果后修剪方案	针对指定的龙眼结果树,制定合理的采果后修剪方案
2	基本修剪方法的操作	能正确进行短截、疏剪、回缩、环剥、环割、疏芽定枝等各种修剪方法的示范操作
3	使用各种修剪方法对果树整体进行综合修剪	能综合运用疏剪、短截、回缩等修剪方法对果树的各类枝条进行合理修剪
4	操作速度	25 min 内完成,最多不能超时 3 min

【任务重点】

采果后龙眼结果树各类枝条的合理修剪。

【任务难点】

根据树势,应用多种方法对采果后龙眼结果树合理有效地修剪和整形,利于培养翌年良好的结果母枝。

【操作流程】

1. 策划修剪方案

观察要求修剪的龙眼结果树树体生长状况,确定龙眼采果后修剪的主要修剪方法,使成年龙眼结果树树体高度保持在 2.5 m 左右、树冠直径约 4.0 m,使翌年春季枝叶生长恢复后的树冠枝条分布均匀、数量适宜,树冠通风透光,中午时可以看见阳光通过绿叶层,在树盘地面上形成数量众多的小光斑为宜。

2. 基本修剪方法的操作

正确进行短截、疏剪、回缩、环剥、环割等各种修剪方法的示范操作,边操作边说明。

3. 根据树势合理修剪和整形

(1)需要回缩的枝条　树冠顶部高于 2.5 m 的大枝要回缩至高度在 2.5 m 以下,树冠之间交叉枝要回缩,使树冠之间有 0.8～1.0 m 的空间。回缩修剪当年采果后健壮的结果母枝和无果健壮的营养枝,每一枝条的剪口以下一般留 3～4 张复叶,全树所选留的枝条都采取同样的处理方法。

(2)需要疏剪的枝条　树冠内外枯枝、病虫害枝和细弱枝条都要疏剪。树冠枝叶过密、通风不良的部位按照去弱留强原则疏剪弱枝,树冠枝叶过密植株,间隔一定的距离疏剪树冠顶部直径 2～3 cm 的大枝 3～4 枝,在树冠上部和外围形成 2～4 个"天窗",改善树冠光照条件。采后修剪长出的秋梢在长度 10～15 cm 时需进行疏芽定枝,每一基枝选留壮梢 1～2 根。

【注意事项】

(1)修剪训练操作时,双手要戴棉线手套护手,防止操作失误伤手。

(2)修剪果树最好穿着劳保服装,脚穿轻便的防滑鞋。爬上树体修剪要注意安全,脚立足点要稳实,树冠外围高处的修剪要借助人字梯提高立足点。

(3)对径粗超过 2 cm 的枝条,回缩修剪要使用手锯锯断,使断口平整。

(4)龙眼采果后修剪通常在 8 月中下旬,枝叶茂密,荔枝蝽象成虫和若虫藏在枝叶中,当修剪枝条时因触动枝叶会刺激这些害虫,荔枝蝽象会喷射出有毒液体,这些有毒液体如果喷到人体皮肤就会造成灼伤且有可能伤及眼睛,因此夏秋季修剪龙眼和荔枝时要穿着长袖衣裤保护身体,面戴口罩和佩戴护目镜利于防护。在修剪前摇动龙眼的枝条,将藏在枝叶中的荔枝蝽象赶走。

(5)荔枝、杧果采果后修剪和整形方法与龙眼采果后修剪整形方法可以相互参考。荔枝采后修剪一般在 6—7 月,杧果采果后修剪的时间与龙眼相似,一般在 8 月中下旬进行。

(6)龙眼、荔枝、杧果采果后修剪,剪口下部长出健壮新梢是翌年良好的结果母枝,肥水充足的树体通常在修剪 15～20 d 长出许多长度在约 15 cm 的新梢,为使长出的新梢生长健壮、数量适中,须按去弱留强的原则对这些新梢进行疏梢定枝。采后修剪和疏梢定枝在训练时可分阶段进行。

(7)龙眼、荔枝、杧果主枝或主干的环割或环剥或环扎是控制树体抽生冬梢的重要措施,一般在 11 月中旬至 12 月上中旬进行。

(8)采果后修剪长出的新梢长度在 2～3 cm 时须喷杀虫剂保护新梢,避免虫害导致新梢生长不良或死亡。

(9)成年龙眼或荔枝结果树通常控制树体高度约 2.5 m、树冠直径约 4.0 m,方便管理人员对果树进行修剪、抹梢、疏花疏果、果穗套袋、采果和喷药防虫治病。

【技能训练】

对龙眼结果树进行采果后综合修剪,培养翌年结果母枝,减少病虫害,并根据枝条生长情况正确进行短截、疏剪、回缩、环剥、环割、环扎等各种修剪方法的示范操作。

【评分表】

序号	考核项目	考核内容及要求	配分	评分标准	扣分	得分
1	基本修剪方法操作	短截枝条的正确操作	3	(1)错误修剪扣 3 分 (2)无法修剪扣 3 分 (3)操作不合理扣 1～2 分		
		疏剪枝条的正确操作	3	(1)错误修剪扣 3 分 (2)无法修剪扣 3 分 (3)操作不合理扣 1～2 分		
		回缩大枝的正确操作	5	(1)错误修剪扣 5 分 (2)无法修剪扣 5 分 (3)剪口位置不合理扣 1～2 分		

续表

序号	考核项目	考核内容及要求	配分	评分标准	扣分	得分
1	基本修剪方法操作	环剥旺枝的正确操作	8	(1)错误操作扣8分 (2)无法操作扣8分 (3)环剥位置或剥口宽度不合理扣2～3分		
		环割旺枝的正确操作	6	(1)错误操作扣6分 (2)无法操作扣6分 (3)环割位置不合理扣2～3分		
2	根据树体生长情况合理进行修剪	综合运用各种修剪方法对指定的果树合理、有效地进行修剪	20	对具体枝条的修剪处理方法不当,出现一次扣2分,扣完此项总分即止		
			45	(1)整形修剪量过小,没有达到修剪效果扣20～40分 (2)整形修剪量过重,影响次年生长结果、使产量大减少的扣20～40分		
3	速度	25 min内完成对指定的1株果树整形修剪	10	每超时1 min扣5分,扣完10分即止,超时3 min即停止操作		
				规定时间完成考核但整树修剪质量差的扣2～10分		
合计			100			
		实训指导教师签字:　　年　月　日				

实训任务十一　荔枝和龙眼冬季控梢促花

【学习目标】

序号	技能点分解	技能要求
1	确定需要控冬梢促花芽环剥的植株	合理判断需要环剥和使用生长调节剂控制营养生长的生长势旺盛植株
2	螺旋环剥操作	合理地对旺树、旺枝进行螺旋环剥
3	熟悉控冬梢促花芽分化的生长调节剂名称	正确讲出控冬梢促花芽常用生长调节剂乙烯利、多效唑的名称

续表

序号	技能点分解	技能要求
4	控冬梢促花芽分化的生长调节剂使用合理时间	正确讲出用药合理时间为10月下旬至12月中旬
5	控冬梢促花芽分化的生长调节剂溶液使用浓度	正确讲出用于控梢促花乙烯利、多效唑溶液的安全有效浓度
6	速度	10 min完成操作

【任务重点】

正确进行环剥操作，熟悉控制冬梢促花芽常用的生长调节剂乙烯利、多效唑使用合理时间及安全有效的稀释浓度。

【任务难点】

准确判别旺树。

【操作流程】

1. 选择需要环剥的果树

选择生长旺盛的植株或大枝准备环剥或环割。

2. 螺旋环剥主枝

在大枝条上用环剥，深达木质部，剥口宽度0.2～0.4 cm。圈数1.5～2.0圈。剥净剥口的树皮，伤口涂抹杀菌剂保护。

3. 讲述生长调节剂使用关键事项

控冬梢促花芽常用生长调节剂乙烯利、多效唑、烯效唑，40%的乙烯利稀释1 200～1 500倍，15%多效唑稀释1 000～1 400倍，5%烯效唑稀释700～800倍。喷雾时间10月下旬至12月中旬，使用次数1～2次。

【注意事项】

(1)环剥要在晴天上午进行，伤口涂抹杀菌剂保护。

(2)弱树不环剥，只环剥生长旺盛的树。

(3)环剥刀具要锋利，环剥口要整齐，只伤及韧皮部不能伤到形成层，尤其是木质部。

(4)螺旋环剥处理后的枝条上部和下部皮层没有完全断开，但通过皮层上下输送养分的通道宽度变窄。

(5)乙烯利、多效唑、烯效唑使用次数不能超过2次，以2次为宜，浓度不能过高，否则老叶黄化脱落。

【技能训练】

口述荔枝和龙眼冬季控冬梢促花芽分化螺旋环剥、生长调节剂选择和使用方法，选择旺树或旺枝进行环剥的技能训练。

【评分表】

序号	考核项目	考核内容及要求	配分	评分标准	扣分	得分
1	控制冬梢的作用、时间(口述)	控制冬梢作用和时间	10	(1)讲述不全面扣2~8分 (2)讲述错误扣10分		
2	环剥操作	环剥部位合理	10	选择部位不当扣5分		
		环剥技术合理	30	(1)环剥过窄扣2~5分 (2)环剥过宽扣5~10分 (2)环剥刀口过深扣5~10分 (3)环剥后仍有韧皮部连接扣5~10分		
3	生长调节剂使用(口述)	调节剂名称	10	只要有一种调节剂名称答错的扣10分		
		调节剂使用时间	10	施用时间不合理的扣5~10分		
		调节剂溶液浓度	10	溶液浓度不安全有效的扣10分		
4	速度	10 min完成操作	20	每超时1 min扣5分,扣完10分即止		
				10 min完成操作全部内容,视完成质量优劣扣0~20分		
合计			100			
	实训指导教师签字: 年 月 日					

实训任务十二 葡萄生长期整形修剪

【学习目标】

序号	技能点分解	技能要求
1	制定整形修剪的方案	针对生长初期指定的葡萄结果树,制定合理整形修剪方案
2	正确进行葡萄生长初期整形修剪常用方法的操作	能进行抹芽、疏梢定枝、营养枝摘心、结果枝摘心、副梢处理、掐穗尖、绑蔓、摘除卷须、旺枝旺树环割或环剥等生长期整形修剪常用方法的展示操作
3	根据树体生长情况合理进行修剪	能综合运用各种整形修剪方法对指定的果树合理、有效地进行整形修剪
4	操作速度	20 min内完成,最多不能超时3 min。

【任务重点】

正确运用抹芽、疏梢定枝、营养枝摘心、结果枝摘心、副梢处理、掐穗尖、绑蔓等整形修剪方法。

【任务难点】

综合运用多种方法对生长期葡萄结果树芽体、花穗、新梢进行合理地整形修剪。

【操作流程】

1. 制定修剪方案

制定合理的整形修剪方案。每个节位只留一个强壮新芽；每间隔 15～20 cm 留一结果枝或营养枝；营养枝的枝条留 5～6 片叶摘心；结果枝在果穗上方新梢长到 10～12 片叶摘心；花序以下副梢全部去掉，结果枝果穗以上的副梢留顶端 1～2 个，所留副梢留 2～3 片叶反复摘心；疏去花穗基部 1～4 侧穗，剪去占穗长约 1/4 穗尖；新梢长到 30～40 cm 时要绑枝，使枝蔓均匀排列，枝条间距约 20 cm；卷须全部摘除；旺枝旺树环割或环剥 2 mm 一圈；疏果控制果穗中果粒数量。

2. 基本修剪方法的操作

正确进行抹除过多新芽、疏梢定枝、营养枝摘心、结果枝摘心、副梢处理、掐穗尖、绑蔓、摘除卷须、旺枝旺树环割或环剥、回缩修剪衰老枝等修剪方法的操作，边操作边讲解。

3. 根据树势合理修剪和整形

根据制定的整形修剪方案，进行抹芽、疏梢定枝、营养枝摘心、结果枝摘心、副梢处理、掐穗尖、绑蔓、摘除卷须、疏果、环割或环剥旺枝旺树等综合的整形修剪。

【注意事项】

(1)葡萄生长期整形修剪时间段较长，通常从 3 月开始，一直持续至 10 月，但综合整形修剪的时间主要是在 4—5 月，这段时间需要先后进行抹芽、疏梢定枝、营养枝摘心、结果枝摘心、副梢处理、掐穗尖、绑蔓、摘除卷须、疏果等工作。如果训练和考核时受葡萄生长期限制，部分操作可采用口答的方式完成。

(2)整形修剪前，要认真对植株进行整体观察，对树冠有整体了解，抹芽时去弱芽留壮芽，疏除细弱枝、病虫害枝，如果健壮枝梢数量过多也可按照去弱留强的原则疏除部分健壮枝梢。

(3)修剪结束后，收集清扫剪下的枝条放在指定之处。

【技能训练】

对生长期的葡萄结果树进行合理地整形修剪，使所留健壮枝条数量适宜、叶片数量合理，花穗(果穗)整齐和大小适宜、架面枝条分布均匀、架面通风透光。

【评分表】

序号	考核项目	考核内容及要求	配分	评分标准	扣分	得分
1	基本修剪方法(部分项目如果考核季节不符时可口述替代)	抹芽的正确操作	4	(1)错误操作扣 4 分 (2)无法操作扣 4 分 (3)操作不合理扣 1～3 分		
		疏梢定枝的正确操作	4	(1)错误操作扣 4 分 (2)无法操作扣 4 分 (3)操作不合理扣 1～3 分		

续表

序号	考核项目	考核内容及要求	配分	评分标准	扣分	得分
1	基本修剪方法(部分项目如果考核季节不符时可口述替代)	结果枝摘心的正确操作	4	(1)错误操作扣 4 分 (2)无法操作扣 4 分 (3)操作不合理扣 1～3 分		
		营养枝摘心的正确操作	4	(1)错误操作扣 4 分 (2)无法操作扣 4 分 (3)操作不合理扣 1～3 分		
		绑蔓的正确操作	4	(1)错误操作扣 4 分 (2)无法操作扣 4 分 (3)操作不合理扣 1～3 分		
		副梢处理的正确操作	3	(1)错误操作扣 3 分 (2)无法操作扣 3 分 (3)操作不合理扣 1～2 分		
		除卷须的正确操作	2	(1)错误操作扣 2 分 (2)无法操作扣 2 分 (3)操作不合理扣 1 分		
		掐穗尖的正确操作	4	(1)错误操作扣 4 分 (2)无法操作扣 4 分 (3)操作不合理扣 1～3 分		
		回缩修剪的正确操作	4	(1)错误操作扣 4 分 (2)无法操作扣 4 分 (3)操作不合理扣 1～3 分		
		环割的正确操作	5	(1)错误操作扣 5 分 (2)无法操作扣 5 分 (3)操作不合理扣 2～3 分		
		环剥的正确操作	6	(1)错误操作扣 6 分 (2)无法操作扣 6 分 (3)操作不合理扣 2～4 分		
		疏果的正确操作	6	(1)错误操作扣 6 分 (2)无法操作扣 6 分 (3)操作不合理扣 2～4 分		
2	根据树体生长情况合理整形修剪	综合运用各种修剪方法对指定的果树合理、有效地进行整形修剪	10	对具体枝条的修剪处理方法不当,出现一次扣 2 分,扣完此项总分即止		
			30	(1)整形和修剪量过小,没有达到整形修剪效果扣 10～20 分 (2)修剪量过重,影响当年生长结果扣 20～30 分		

续表

序号	考核项目	考核内容及要求	配分	评分标准	扣分	得分
3	速度	20 min 内完成 2 株指定果树的整形修剪	10	每超时 1 min 扣 5 分，扣完 10 分即止，超时 2 min 即停止操作		
				规定时间完成考核但整树修剪质量差的扣 2～10 分		
合计			100			
	实训指导教师签字：　　年　月　日					

实训任务十三　葡萄休眠期整形修剪

【学习目标】

序号	技能点分解	技能要求
1	制定整形修剪的方案	针对指定的葡萄结果树，制定合理的冬季整形修剪方案
2	正确进行葡萄冬剪的基本修剪方法的操作	能正确进行长梢修剪、中梢修剪、短梢修剪、疏剪、回缩等修剪方法的展示操作
3	根据树体生长情况合理进行修剪	能综合运用各种修剪方法对指定的果树合理、有效地进行修剪
4	速度	15 min 内完成 2 株指定果树的整形修剪

【任务重点】

综合运用各种修剪方法对休眠期葡萄进行合理有效的修剪和整形。

【任务难点】

正确运用各种修剪方法对葡萄结果树进行合理、有效修剪。

【操作流程】

1. 制定修剪方案

针对指定的葡萄结果树，根据树势制定合理的修剪方案。首先疏剪细弱枝、病虫害枝、未老熟枝，非特殊种植的葡萄一般不行长梢修剪，而健壮的枝条多行中梢修剪或短梢修剪，可行双枝更新或单枝更新，保留的芽体要成熟、饱满、粗壮，单面积架面上健壮枝条数量多的植株，如“巨峰”系葡萄每 1m^2 的架面修剪后留芽数量 20～25 个。细弱的衰老枝条可回缩修剪，使剪口芽萌发新梢，培养健壮新枝。

2. 基本修剪方法的操作

正确进行葡萄长梢修剪、中梢修剪、短梢修剪、疏剪、回缩等修剪方法的展示操作,边操作边讲解。

3. 根据树势合理修剪和整形

根据制定的修剪方案,综合运用疏剪、短截、回缩、绑蔓等方法对果树进行合理有效地修剪,疏剪细弱枝、病虫害枝、未老熟枝,中梢修剪或短梢修剪健壮的枝条,保留的芽体成熟、健壮,枝段绑扎在架线上,枝条和芽体较均匀分布在架面。

4. 清扫

收集清扫剪下的枝条放在指定之处。

【注意事项】

(1)修剪训练操作时,双手要戴棉线手套护手,防止操作失误伤手。

(2)修枝剪的剪口要锋利,使所修剪的枝条断口平整,操作便利且省力。

(3)修剪操作前,要认真对植株进行整体观察,对树冠有整体了解,修剪顺序是先疏剪细弱枝、病虫害枝、未老熟枝,再对无病虫害的健壮枝进行疏剪或短截,如果健壮枝数量过多也可按照去弱留强的原则疏剪部分健壮枝条,保留下来的健壮枝可以进行中梢修剪或短梢修剪,作下一造的结果母枝。

(4)葡萄休眠期的修剪宜在其伤流出现前进行,减少树体营养液从断口流失,但不同地区葡萄伤流期因气温回升早迟而有所不同。

【技能训练】

根据采用的架式,对冬季休眠期的葡萄结果树进行合理地修剪和整形技能操作,使所留枝条健壮、芽体饱满,架面枝条分布均匀。

【评分表】

序号	考核项目	考核内容及要求	配分	评分标准	扣分	得分
1	基本修剪方法	长梢修剪的正确操作	5	(1)错误修剪扣 5 分 (2)无法修剪扣 5 分 (3)修剪欠合理扣 1～3 分		
		中梢修剪的正确操作	5	(1)错误修剪扣 5 分 (2)无法修剪扣 5 分 (3)修剪欠合理扣 1～3 分		
		短梢修剪的正确操作	5	(1)错误修剪扣 5 分 (2)无法修剪扣 5 分 (3)修剪欠合理扣 1～3 分		
		疏剪枝条的正确操作	5	(1)错误修剪扣 5 分 (2)无法修剪扣 5 分 (3)修剪欠合理扣 1～3 分		

续表

序号	考核项目	考核内容及要求	配分	评分标准	扣分	得分
1	基本修剪方法	回缩修剪大枝的正确操作	5	(1)错误修剪扣 5 分 (2)无法修剪扣 5 分 (3)修剪欠合理扣 1～3 分		
2	根据树体生长情况合理进行修剪	综合运用各种修剪方法对指定的果树合理、有效地进行修剪	20	对具体枝条的修剪处理方法不当，出现一次扣 2 分，扣完此项总分即止		
			40	(1)整形修剪量过小，没有达到修剪效果扣 10～30 分 (2)整形修剪量过重，影响次年生长结果扣 10～30 分		
3	速度	15 min 内完成 2 株指定果树的整形修剪	15	每超时 1 min 扣 5 分，扣完 15 分即止，超时 3 min 即停止操作		
				规定时间完成考核但整形修剪质量差的扣 0～15 分		
合　计			100			
	实训指导教师签字：　　　年　月　日					

实训任务十四　果树基肥施用和根际土壤改良

【学习目标】

序号	技能点分解	技能要求
1	选择作基肥和改土材料的肥料种类	能够根据果树基肥的作用，确定需施用的肥料种类，满足果树正常生长结果的需要
2	确定施肥量	能够根据果树植株大小和生长势，确定所选用的各种肥料的合理施肥量，做到肥料足量但不浪费
3	确定施肥位置和深度	小树施肥位置选定在树盘外侧，大树施肥位置在树冠滴水线，果树基肥须挖沟深施，改良深层土壤理化性状，挖施肥沟不能伤果树的大根
4	均匀施肥	按确定的施肥量量取所用的肥料，均匀施入施肥沟，所有施入的肥料和土壤混匀，挖的施肥沟回土填平或稍高于原地面
5	速度	25 min 内完成要求的操作

【任务重点】

确定合适作基肥的肥料种类、深施基肥。

【任务难点】

确定合理的施肥量,混匀肥料和土壤。

【操作流程】

1. 判断果树生长势

对指定的果树进行观察,提出合理的施肥方案。

2. 选择肥料种类

选择可用作基肥和改良根际土壤的肥料和材料。基肥通常以厩肥、土杂肥、绿肥等有机肥及钙镁磷肥、过磷酸钙等迟效性肥料为主,复合肥等速效性肥料为辅,酸性土壤施入石灰粉降低土壤酸性。

3. 确定施肥量

根据果树树冠大小、生长势的强弱及现场提供作基肥的肥料种类,确定要施用的各种肥料和材料的合理数量。枝叶生长弱施入基肥的肥量要多,并稍加大速效氮肥施用量;如果树冠的枝叶生长旺盛,各种肥料都少施,且不施含氮量高的肥料。

4. 确定施肥位置和深度

小树基肥施肥位置选定在树盘外侧,大树冠施基肥位置在树冠滴水线,施肥沟深度 50 cm 左右、宽度 50 cm 左右,在树冠两侧挖对面施肥沟的,挖沟的长度与树冠直径长度相当,也可沿树冠滴水线挖环状沟。

5. 均匀施肥

施入施肥沟内所有肥料都要与土壤混匀,达到补充养分和改良根际土壤理化性状的作用。

6. 填平施肥沟

沟施肥料后都要回土填平施肥沟,且以稍高于原地面为宜。

【注意事项】

(1)不同种类果树基肥施用的时间不一样,葡萄等落叶果树施基肥通常在 9—10 月,柑橘等常绿果树在 12 月到次年的 1 月施基肥。

(2)结合施基肥进行土壤改良,施基肥和土壤改良材料以有机肥为主。

(3)实际基肥沟以挖对面条沟为主,方便人工挖掘或机械挖掘。

(4)挖施肥沟要尽量少伤大根,如挖伤根系,则要用枝剪剪平受伤的根系,利于伤口愈合。

(5)施入施肥沟内的所有肥料都要与土壤混匀,利于肥料分布均匀,便于根际的吸收,也能扩大土壤改良的面积。

(6)平地果园施基肥尽可能雇请大小适宜的挖掘机进园挖施肥改土沟,减少劳力投入和劳动强度,提高施肥和改土工作效率,还能节省经费。

【技能训练】

选择合适作基肥的肥料种类,量取适量的各种肥料和材料,在果树树冠两侧挖对面条沟施基肥和改土。

【评分表】

序号	考核项目	考核内容及要求	配分	评分标准	扣分	得分
1	施基肥使用肥料种类的选择(口试)	选择作基肥的肥料种类	15	(1)肥料选择不合理扣5～10分 (2)肥料选择错误的扣15分		
2	施肥量的确定	确定合理的施肥量	15	(1)施肥量不合理扣5～10分 (2)施肥量过少不能达到施基肥效果的扣15分		
3	施基肥的位置和深度	施基肥的位置和深度是否合理	25	(1)施肥位置、深度不合理扣10～15分 (2)施肥位置、深度错误扣25分		
4	施肥	施肥方法是否正确	25	(1)施入的肥料与土壤混合不均匀扣5～10分 (2)施入的肥料与土壤不混合扣25分 (3)不回土填平施肥沟的扣5～10分		
5	速度	25 min内完成要求的操作	20	25 min完成全部操作内容,视完成质量优劣扣0～20分 每超时1 min扣2分,扣完10分即止		
合计			100			
		实训指导教师签字:　　　年　月　日				

参考文献

鲍玉冬，李志鹏，郭艳玲，等．振动式蓝莓采摘机对果实收获的影响试验[J]. 湖南农业大学学报(自然科学版)，2014，40(1)：96-100.

曹明浩，庞夫花，肖坤，等．断氮处理对红颜和章姬草莓花芽分化及开花结果的影响[J]. 中国果树，2022(11)：17-22，29.

陈华蕊，陈业渊，何书强，等．乙烯利诱导杧果花芽分化与内源激素含量的关系[J]. 中国南方果树，2016，45(5)：55-58.

陈菁，陆超忠，石伟琦，等．澳洲坚果根系分布特点[J]. 热带农业科学，2017，37(6)：23-26.

陈文旭，潘鑫悦，谢坤，等．不同覆盖模式下苹果园土壤微生物残体碳积累特征及影响因素[J]. 中国果树，2022(12)：1-7，13.

崔王斌，周宏平，许林云，等．我国林果机械振动式采收装备及理论研究进展[J]. 世界林业研究，2023，36(6)：64-70.

崔学宇，李静，彭玉娇，等．不同覆盖材料对'沙田柚'果实品质及果园土壤细菌类型的影响[J]. 中国果树，2021(3)：33-38，50.

邓兰生，涂攀峰，张承林，等．长期滴灌施肥对荔枝根系生长及土壤 pH 的影响[J]. 安徽农业科学，2011，39(19)：11555-11557，11564.

邓秀新，彭抒昂. 柑橘学[M]. 北京：中国农业出版社，2013.

樊小林，戴建军，林灿开．分次施用复合肥对荔枝结果母枝叶片氮磷钾含量的影响[J]. 福建果树，2005(2)：1-3.

付亚男，李茂富，吴凡，等．A4 无核荔枝生理落果规律的观察[J]. 热带生物学报，2017，8(3)：307-312.

高丽敏，顾泽辰，贡雪菲，等．果园生草对中国果树－土壤系统生产性能影响的 Meta 分析[J]. 中国农业科技导报，2024，26(4)：184-194.

高刘，余雪标，李然，等．沼液配方肥对香蕉产量、品质及香蕉园土壤质量的影响[J]. 热带生物学报，2017，8(2)：209-215.

郭彪，蒋雪，覃富强，等．不同容积半限根栽培'阳光玫瑰'葡萄根系分布调查[J]. 中外葡萄与葡萄酒，2023(6)：26-32.

郭玉婷，伏广农，张新明，等．高州市典型荔枝园施肥状况调查与分析[J]. 安徽农业科学，2013，41(22)：9245-9246.

郭正兵，吴红．果树生产技术(南方本)[M]. 北京：中国农业出版社，2021.

海南省地方标准《农产品全产业链生产规范火龙果》(DB46/T 597—2023)(S/OL). https://

amr. hainan. gov. cn/zw/gsgg/qtgsgg/202307/P020230703309709690134. pdf

海南省地方标准《农产品全产业链生产规范荔枝》(DB46/T 595—2023)(S/OL). https://amr. hainan. gov. cn/zw/gsgg/qtgsgg/202307/P020230703309709537125. pdf

海南省地方标准《农产品全产业链生产规范香蕉》(DB46/T 594—2023)(S/OL). https://amr. hainan. gov. cn/zw/gsgg/qtgsgg/202307/P020230703309709443119. pdf

何东明,阎国荣,李树玲. 梨花芽分化研究进展[J]. 中国果树,2009(6):55-57.

何堂熹,罗聪,刘源,等. 生草栽培对杧果园土壤生境和果实品质的影响[J]. 中国南方果树,2021,50(5):106-111.

侯延杰,李鸿莉,邱宏业,等. 花粉直感对'仙进奉'荔枝效应的研究[J]. 中国南方果树,2022,51(4):53-57.

黄凤珠,朱建华,彭宏祥,等. 四季蜜龙眼根系生长与地上部生长规律的研究[J]. 南方农业学报,2012,43(7):1025-1028.

黄海生,潘瑞立. 南方果树生产技术(各论)[M]. 北京:中国农业大学出版社,2022.

黄其椿,江唐鑫,覃阳,等. 091无核沃柑在广西南宁的试种表现[J]. 中国南方果树,2020,49(3):17-20.

黄承和,朱治强,常春荣,等. 香蕉花芽分化期的生物量及其养分含量的变化[J]. 热带作物学报,2006,27(2):6-10.

贾聚金,陈香玲,孙权,等. 沃柑树冠不同结果部位光照条件对果实品质的影响[J]. 华中农业大学学报,2021,40(6):112-118.

贾钰莹,张甘雨,张婷婷,等. 果园生草及访花昆虫研究进展[J]. 中国果树,2024(4):7-16,22.

李承臻,袁秉琛,王燕茹,等. 荔枝园间作柱花草对土壤理化性质和土壤细菌群落结构的影响[J/OL]. 热带作物学报: 1-17 [2024-05-11]. http://kns. cnki. net/kcms/detail/46. 1019. S. 20240319. 1003. 002. html

李芳,刘耀婷,王祥和,等. 两个荔枝品种的果实生长发育动态观察[J]. 热带农业科学,2021,41(10):27-33.

李国良,周昌敏,杨苞梅,等. 砂糖橘养分累积分布特性研究[J]. 热带作物学报,2015,36(12):2166-2170

李国英. 为以中国式现代化全面推进强国建设、民族复兴伟业提供有力的水安全保障[N]. 人民日报,2024-03-22(015).

林玲,时晓芳,韩佳宇,等. 春光、宝光葡萄在广西南宁一年两收栽培表现及栽培要点[J]. 中国南方果树,2022,51(3):145-147,152.

林小兵,王斌强,成艳红,等. 井冈蜜柚主产区土壤重金属污染特征及风险评价[J]. 中国农业科技导报,2024,26(3):188-200.

刘丽丽,李建辉,陈骏,等. 丛枝菌根真菌在果树研究中的应用[J]. 浙江柑橘,2021,38(2):9-13.

刘鑫,张亚红,袁苗,等.'红地球'葡萄花芽分化过程中的转录组分析[J]. 中国农业科学,2022,55(20):4020-4035.

刘岩,周碧容,染军,等. 台农1号芒果的引种观察[J]. 福建果树,2001(4):23-25.

卢翔宇,邓彪,安昌,等. 金都百香 3 号冬季果实生长发育及其品质形成规律[J]. 南方农业学报,2023,54(4):1175-1185.

陆超忠,李仍然,张汉周,等. 澳洲坚果根系在土壤中生长、分布调查[J]. 云南热作科技,1997(2):12-16.

陆若辉,边武英,娄烽,等. 测土配方施肥技术在大棚草莓生产上的应用[J]. 浙江农业科学,2011(3):522-525.

罗惠格,朱维,黄泳碧,等. 阳光玫瑰葡萄生长期花芽分化形态进程及相关生理分子水平变化研究[J]. 果树学报,2023,40(1):74-87.

罗群胜,邓志文,邓真旺. 粤北山区柰李测土配方施肥技术指标体系研究[J]. 现代农业科技,2014(3):76-78,81.

马培恰,黄永敬,吴文,等. 广东柑橘无病毒繁殖体系的建立与开发利用[J]. 广东农业科学,2012,39(21):64-65.

马小川,卢晓鹏,潘斌,等. 果树水肥一体化技术研究进展[J]. 中国南方果树,2018,47(5):158-163.

毛桑隐,路志浩,张祥,等. 花粉直感对马家柚果实品质的影响[J]. 果树学报,2023,40(11):2391-2402.

彭良志,淳长品,江才伦,等. 滴灌施肥对'特罗维它'甜橙生长结果的影响[J]. 园艺学报,2011,38(1):1-6.

钱琛,范伟国,张玮玮,等. 山东高优苹果园土壤细菌多样性特征分析[J]. 山东农业大学学报(自然科学版),2024,55(1):54-62.

秦诗涵,孙继光,常坤,等. 松嫩平原黑土区土壤有机质含量时空变化及其影响因素[J/OL]. 农业资源与环境学报:1-14[2024-05-11]. https://ifgfy7789d7bbe5f747dbskpvwf9xkv0vv6nppficg.res.gxlib.org.cn/10.13254/j.jare.2023.0623

邱全敏,王伟,吴雪华,等. 华南荔枝园土壤 pH 状况及荔枝生长适宜的土壤 pH[J]. 中国土壤与肥料,2020(6):89-99.

[日]伴野潔,山田寿. 果树园艺学基础[M]. 平智,秦嗣军,译. 北京:中国农业出版社,2021.

[日]西泽隆. 全方位看草莓[M]. 张运涛,雷佳军,蒋桂华,等译. 北京:中国农业出版社,1951.

时晓芳,林玲,白先进,等. 阳光玫瑰葡萄果实生长发育及品质对不同光质的响应[J]. 南方农业学报,2021,52(6):1641-1647.

舒波,刘丽琴,王一承,等. 荔枝根毛与菌根水平年动态规律研究[J]. 热带作物学报,2016,37(6):1069-1074.

苏雪霞,刘庆辉,白翠华,等. 华南荔枝园土壤性质调查与分析[J]. 热带作物学报,2021,42(11):3165-3172.

覃群明. 玉林市荔枝园土壤养分肥力状况分析与评价[J]. 中国南方果树,2014,43(2):82-85.

唐玉娟,黄国弟,罗世杏,等. 杧果 2 个不同花芽分化时期转录组分析[J]. 南方农业学报,2018,49(7):1257-1264.

田青兰,周俊妞,吴艳艳,等．西番莲花芽分化过程观察及花生长模型的拟合[J]. 中国农业科学,2024,57(4):765-778.

王长春,等．图解果树嫁接技术．福州:福建科学技术出版社,1997.

王炳华,陈丽楠,刘秀春．优化配方施肥对桃、李、杏产量和品质的影响[J]. 江苏农业科学,2014,42(8):152-154.

王博,白扬,白先进,等．阳光玫瑰葡萄在广西南宁的引种表现及其一年两收栽培技术[J]. 南方农业学报,2016,47(6):975-979.

王国平,刘福昌．果树无病毒苗木繁育与栽培[M]. 北京:金盾出版社,2002.

王会良,龚林忠,王富荣,等．湖北省通山县枇杷园土壤养分状况与分布特征[J]. 湖北农业科学,2022,61(12):61-66.

王琦,王媛媛,李阳,等．旱作果园土壤促生菌的筛选与鉴定[J]. 果树资源学报,2023,4(6):34-37.

王迅,黎媛,赖永辉,等．果园生草对柑橘果园土壤性质与微生物群落的影响[J]. 草学,2021(2):61-65,69.

王智豪,奚昕琰,王莉,等．浙北地区红美人杂柑成花过程及其生理生化特征[J]. 浙江农业学报,2023,35(7):1571-1581.

吴夏明,周陈平,杨敏,等．小果型非转基因番木瓜新品种黄花佑的选育[J]. 果树学报,2024,41(1):193-196.

吴小巧,朱镕,钟于秀,等．海南荔枝养分投入限量标准及减量潜力分析[J]. 热带作物学报,2024,45(2):304-314.

徐宁,秦献泉,李冬波,等．台农一号百香果夏季开花坐果及果实发育规律研究[J]. 南方园艺,2019,30(1):19-20.

徐祥增,邓乐晔,张小娇,等．柚和葡萄柚花粉直感对东试早柚果实生长及品质的影响[J]. 果树学报,2024,41(4):665-678.

徐杨玉,尤小婷,陈士伟,等．不同补光时段对火龙果花芽、果实及产量的影响[J]. 热带农业科学,2023,43(6):20-23.

许瀛之,邓洋,颜开红,等．葡萄品种资源落花落果率的调查与分析[J]. 中外葡萄与葡萄酒,2017(1):41-43.

杨盛,白牡丹,高鹏,等．果树花芽分化机理研究进展[J]. 落叶果树,2017,49(6):22-25.

张航,何紫迪,孔子尚,等．'仙进奉'荔枝结果母枝质量与坐果和果实品质关系的研究[J]. 广东农业科学,2023,50(9):127-134.

张航,谢仙林,钱大伟,等．末次秋梢不同抽生期对'仙进奉'荔枝成花着果、产量和品质的影响[J]. 中国南方果树,2024,53(2):63-67.

张建光,郭庆凯,史聪平,等．土壤重金属污染对果树生长结果的影响及其治理途径[J]. 山西果树,2004(5):33-35.

张江周,刘亚男,高伟,等．我国香蕉园土壤肥力现状的整合分析[J]. 热带作物学报,2022,43(7):1401-1410.

张开春．果树育苗手册[M]. 北京:中国农业出版社,2000.

张抗萍,李荣飞,常耀栋,等．果树树形的形成机制与调控技术研究进展[J]. 果树学报,

2017,34(4):495-506.

曾理,李建福,刘建福,等.自然条件下接种 AM 真菌对柑橘果实品质的影响[J].西南农业学报,2014,27(5):2101-2105.

曾林芳,陈爱华,王成秋,等.广西富川纽荷尔脐橙园土壤和叶片营养状况研究与评价[J].中国南方果树,2012,41(5):8-12.

张绿萍,金吉林,方晓彤,等.生草栽培对火龙果园恶性杂草防控和果实商品性的影响[J].中国南方果树,2023,52(2):71-77,83.

张雯娟,张正桂,刘永忠,等.3 种常见草种对橘园杂草控制能力及对柑橘根系分布的影响[J].中国南方果树,2018,47(1):22-24,29.

张玉星.果树栽培学总论[M].4 版.北京:中国农业出版社,2011.

郑朝耀.柑橘种植技术专家谈——郑朝耀 50 年柑橘种植经验[M].长沙:湖南科学技术出版社,2017.

中共中央 国务院印发《国家水网建设规划纲要》,https://www.gov.cn/zhengce/202305/content_6876214.htm

周常勇,赵学源.柑橘良种无病毒苗木繁育体系建设[J].广西园艺,2024(4):7.

周祥,陈爱晶,张璇.大棚草莓水肥一体化滴灌施肥试验[J].浙江农业科学,2017,58(1):72-74.

朱婧,李倩磊,郭等等,等.不同施肥处理对纽荷尔脐橙根系生长及土壤生物学性质的影响[J].江苏农业科学,2021,49(10):96-102.

朱振忠,周兆禧,陈妹姑,等.榴莲果实品质与矿质元素的灰色关联度和通径分析[J/OL].中国南方果树,1-11[2024-09-04].https://hfgfy7789d7bbe5f747dbsffcwccwvqoff66wkf icg.res.gxlib.org.cn/10.13938/j.issn.1007-1431.20230637.

2023 年〈中国水资源公报〉发布.中华人民共和国中央人民政府网 https://www.gov.cn/lianbo/bumen/202406/content_6957291.htm

联合国报告:水资源危机威胁世界和平.新华网 http://www.xinhuanet.com/world/20240322/646cece896db452387a1dfca92f728f2/c.html

《南方果树生产技术》课程教学资源库(超星学习通)